初等组合最优化论
（上　册）

秦裕瑗　邓旭东　著

科学出版社

北　京

内 容 简 介

　　本书以生物进化为自然原型, 模仿导数概念与牛顿切线法, 通过建立基本变换公式与一般邻点法, 形成了研究组合最优化论的核心思想和方法. 本书分上、下两册共三篇 (12 章) 展开学术探讨, 上册 (上篇) 建立了本学科的公理系统和科学研究纲领——发现算法的方法, 指出组合型与连续型最优化理论的并行关系. 在此基础上, 下册 (中、下两篇) 对多个经典问题的各自实例进行了探讨, 整理出它们的常用求解算法, 并探讨了它们之间的相互关系.

　　本书的读者对象主要是数学相关专业的研究人员与专家学者, 也可作为数学、管理科学与工程等学科专业研究生的学习教材和科学研究工作者的参考书籍.

图书在版编目 (CIP) 数据

初等组合最优化论(上册)/秦裕瑷, 邓旭东著. —北京: 科学出版社, 2017. 8
ISBN 978-7-03-052829-2

Ⅰ. ①初… Ⅱ. ①秦… ②邓… Ⅲ. ①组合-最优化 Ⅳ. ①O122.4

中国版本图书馆 CIP 数据核字 (2017) 第 107500 号

责任编辑: 李静科 / 责任校对: 张凤琴
责任印制: 张　伟 / 封面设计: 陈　敬

科 学 出 版 社 出版
北京东黄城根北街 16 号
邮政编码: 100717
http://www.sciencep.com

北京厚诚则铭印刷科技有限公司 印刷
科学出版社发行　各地新华书店经销
*
2017 年 8 月第　一　版　开本: 720 × 1000　1/16
2018 年 1 月第二次印刷　印张: 12 1/4
字数: 241 000
定价: **78.00 元**
(如有印装质量问题, 我社负责调换)

前　　言

　　撰写本书的中心意图是为数学分支——组合最优化建立基础理论系统. 本书首先给出了组合最优化问题的定义和一般最优化原理, 这是建设基础理论工作的第一层.

　　一个数学对象的优化问题由诸多实例组成, 每个实例涉及四个集合: 论域、可行解 (最优解)、可行域以及所赋实数值 (权) 所在集合. 在论述实例时, 总会涉及集合与其子集合之间, 或集合与元素之间的关系. 本书把一般原理应用于论域和可行域, 建立了论域型和可行域型的最优化原理. 对于最基本的实例, 例如, 规定可行解的值是诸元素的值之和, 所求最小值就是一种优化的提法, 记作 (min, +) 实例. 在以后的计算过程中, 这样的实数集必须构成一个半群. 遵从一些前辈学者的见解, 本书在两个可行解 a, b 之间建立了基本变换公式: $a \Delta \tau(U, W) \in \pi^{(2)}$, 其中 $U = a_b = a \backslash b, W = b_a = b \backslash a$, 符号 Δ 表示求集合间的对称差运算, 变换规则是 $\tau(U, W) = U \cup W$. 在演算基本变换公式的过程中, (min, +) 型实例所赋的实数之间是一个加法交换群. 在此基础上, 本书引入了邻域概念, 建立了拓扑结构. 像布尔巴基学派那样, 我们识别出组合最优化的三个基本结构, 即序结构、代数结构和拓扑结构方面应有的条件, 这是建设基础理论工作的第二层.

　　而采取什么技术, 添加什么辅助公理, 让所得结构成为人们较为熟悉或者有望开展研究工作的数学结构, 并有效地表现出来, 为以后所用, 不同学者所得的结果无须一致.

　　本书以基本变换公式为核心, 直接把所得的序结构与交换群合并, 在实数集上建立了互相同构的四个具体的 (max / min, +/×) 准域, 建立了强优选准域, 提出了极优代数方法, 加上从邻域概念所得的拓扑结构, 成为建设组合最优化论基础理论的最终表现形式.

　　本书还用基本变换公式建立了邻点型和碎片型的最优化原理, 把一般原理和所建立的这四个原理依次称为第 0, 1, 2, 3, 4 最优化原理, 这是建设基础理论工作的第三层.

　　最后, 基于上述数学结构系统, 建立了拉卡托斯型的研究组合最优化问题实例的纲领, 成为发现精确方法的方法. 还论述了它们不仅是组合最优化论的基础理论系统, 也能为组合数学、普通大学教育的运筹学课程所用.

　　上述所论组成本书上篇, 共六章. 由于没有涉及计算复杂性问题, 称之为初等组合最优化论的基础理论.

　　按数学对象的代数结构, 把问题分类为集合型、向量集型和方阵集型等. 中篇有三章, 第 7 章主要用极优代数方法讨论策略优化问题 (动态规划) 实例的求解方法, 并研究诸实例之间的元型–衍生关系和方法, 我们还重建了吴学谋的首 N 阶优化原理和吴沧浦的多目标优化原理; 第 8 章用基本变换公式直接得到线性规划的改进单纯形算法; 第 9 章用极优代数方法主要讨论同顺序流水作业排序问题.

　　下篇分三章. 第 10 章按科学研究纲领整理树的优化实例的诸种算法; 第 11 章以极优代数的幂矩阵为工具, 系统地讨论路的优化问题; 第 12 章建立了匹配优化原理, 像求解不定积分的方法那样, 在 Q 类图形上求解诸多匹配优化数字例.

　　论述过程中, 本书: ① 直接从问题的定义与一般原理得到了五种八个求解实例的初等方法 (合称为第 0 类方法), 再在上述四个新建的最优化原理上代数地导出各自 4 类求解实例的方法; ② 提出了一般优化扩充方法, 统一地求解了数列 (首 N 阶) 型、向量集 (多目标) 型与多项式型提法的广义策略优化实例; ③ 证明了策略优化问题与网络中两点间路的优化实例的同构性; ④ 用极优代数方法求解了策略优化问题的诸实例.

　　在高等数学中, 求解连续型最优化问题的基本方法是导数概念与牛顿切线法的组合, 记作〖(导数)+(牛顿切线法)〗. 在组合最优化论中, 我们用基本变换公式把可行解 a 的改变度簇 $\mathbf{C}(a)$ 理解为导函数, 则求解诸多实例的迭代法是〖(基本变换公式)+(一般邻点法)〗. 这不仅是对前者的一种摹写, 而且当人们把生物两性交配而得到的种子 (胎儿) 作为生物繁衍后代的基本手段时, 它们都是对达尔文的生物进化过程〖(种子 (胎儿))+(世代传承)〗的摹写. 这样, 我们在连续型与离散型最优化两套理论之间尝试实现数学形式上的统一性方面做出了进一步的工作.

　　第一作者从 20 世纪 70 年代中期开始接触动态规划至今, 40 年来学术方向一直没有改变, 1994 年 70 岁退休, 以此把学术工作分为前、后两期. 原本有从 1993 年开始花五年时间写成组合最优化基础理论的计划, 出乎意料地工作至今才告一段落. 期间有三年时间因病接受治疗, 感谢武汉同济医院章咏裳、周四维、庄乾元三位教授精心反复的治疗. 在审读清样阶段, 又因肺癌放疗术后体力下降, 终于用 20 天时间完成了审读, 使得本书的撰写和出版在艰难曲折的过程中完成. 庆幸本书最终出版面世.

　　在构思、撰写本书的过程中, 第二作者邓旭东同本人讨论了大量的相关学术问题, 并且对书中实例进行了演算, 共同完成了本书的撰写和编审工作.

　　在本书即将脱稿之际, 眼前不时地浮现出一位位学者慈祥友善的容貌, 亲切的叮嘱、讨论和询问的情景. 四十年来, 许多同行学者们关注我们在学术上的摸索与进展, 在此深深地感谢他们.

　　我要特别感谢林诒勋教授, 自我们从 1978 年在烟台学术会议上结识起, 他一直是我工作的见证人. 他先后五六次评审我的 (包括本书) 专著和教材, 我们经常书信来往, 在参加的多个学术会议上, 我们当面交谈, 他给了我很多的支持、指点和鼓励, 几乎在本书各章中都有他的见解, 本书所采用的基本术语 "基本变换公式" 也是遵从他的建议.

学术交流非常重要, 几乎每次参加会议, 我总是先准备好将要请教的问题, 这样得益会更多. 我深切感谢湖北省数学学会和运筹学会的同仁们, 还要感谢唐国春教授, 自 1990 年成立中国运筹学会排序专业委员会至今, 他每次为我安排学术交流等事项.

40 年来武汉科技大学的领导, 几任党委书记和校长尤泽贵、丁永昌、任德麟、孔建益教授, 管理学院两任院长潘开灵与邓旭东教授给予了我很多的帮助和支持, 在此表示衷心的感谢.

为了一件跨时几年甚至几十年才能完成的学术研究工作, 没有和睦的家庭是不可想象的. 一个学者能够得到家庭成员如此的理解和支持是幸福的, 我真诚地感谢妻子傅赛珍老师在生活上的关心和学术上对我的全面支持. 感谢长女明建、次女明复和女婿杨磊.

再次感谢所有关心本书出版的学者们, 也欢迎大家对本书提出指正意见和建议.

秦裕瑗

2016 年 11 月于武汉科技大学

上 册 摘 要

本书以组合最优化问题的定义、一般最优化原理以及所建立的基本变换公式为基础, 建立初等组合最优化论, 分上、中、下三篇依次讨论基础理论、代数型与网络型优化问题.

上册 (上篇) 建立了组合最优化学科的公理系统和科学研究纲领——发现算法的方法, 指出组合型与连续型最优化理论的并行关系, 在此基础上, 下册 (中、下两篇) 对多个经典问题的各自实例进行了探讨, 整理出它们的常用求解算法, 并探讨了它们之间的相互关系.

上篇为基础理论部分, 共分为六章. 第 1 章是基本概念与初等方法. 首先界定本学科中的最基本概念、术语和约定, 把涉及某个数学对象 XYZ 的组合最优化问题记作 Problem XYZ, 或问题 XYZ, 如果它指定了论域 S 和某个提法 ij, 就说有一个实例, 记作 Instance XYZ-ij: S, 或实例 XYZ-ij: S, 实例总涉及四个集合: 论域、可行解 (集)、可行域和权值集. 问题和实例可以从不同的角度进行分类, 如可以按照数学对象的代数特征分为集合型、向量型以及矩阵型等, 也可以按照其图论和网络特征或按照管理、生产实际任务等进行分类 (第 1.6 节). 在第 1.5 节枚举了若干常见的提法, 同一个问题中, 又按照诸种常见的论域和提法组成多个实例, 还直接从实例的定义出发, 列出五种八个求解实例的初等方法, 如枚举法、隐枚举法、同解法等 (第 1.7–1.8 节), 合称为第 0 类方法.

第 2 章是论域型与可行域型最优化原理. 对一般最优化原理建立其公理形式、应用于实例的论域, 建立第 1 (论域型) 最优化原理及其解带的图示, 依次公理地演绎出七种求解方法中的五种方法, 它们是去劣法、扩展法、递推法、生成法、分治法, 贪婪法在第 7.2 节讨论, 破圈法在第 10.2 节讨论, 它们统称为第 1 类求解方法. 把一般最优化原理应用于实例的可行域, 建立了第 2 (可行域型) 最优化原理, 得到三个分支定界法, 称为第 2 类求解方法.

第 3 章是基本变换公式. 布尔巴基学派创意地指出 "在学术上, 更为重要的事是在两个可行解之间建立基本关系并发展其理论". 在问题 XYZ 的某个实例中, 设 a, b 是可行解, 且 $U \equiv a_b = a \backslash b$, 则有基本变换公式: $b = a \Delta \tau(U, W)$, 其中 $W = b_a = b \backslash a$, 符号 Δ 表示求集合间的对称差运算, 变换规则是 $\tau(U, W) = U \cup W$. 集对 (U, W) 称为互易对, 集对 $(\varnothing, \varnothing)$ 称为平凡的互易对, 常用 I 表示.

设实例 XYZ: S 有可行解 a, 考虑集对 (U, W), $U \subseteq a, W \subseteq S \backslash a$, 使得 $a \Delta \tau(U, W)$ 是可行解, U 叫做关于 a 的可行碎片, 而 W 是关于 a 的自由碎片. 说 (U', W') 是

互易对 (U, W) 的一个 (真) 子互易对, 如果它的两项不同时为空集或者不同时等于 U 与 W, 而且能使 $a\Delta\tau(U', W')$ 是可行解.

如果非平凡互易对 (U, W) 没有真子互易对, 则说公式是关于 a 的一个简单互易对, 或者是 a 的一个改变度, b 是 a 的一个 (1 步) 邻点 (紧邻).

关于提法一般包含四件事: 论域的元素赋值范围, 确定碎片与可行解值的规则, 优化的规则 (一般有以大者为优, 或者以小者为优等), 以及答案组成的规则, 主要指求最优值, 以及求一个或者求所有的最优解与相关的信息等.

前三件事就是要指明所赋实数从属的数学系统, 而可行集、碎片都有 (主) 值与参数值, 例如, 碎片 $U \in \Re$ 有参数值 $f(U)$ 和主值 $g(U)$, 通常在讨论一般目标函数时, 还用 $h(a)$ 来讨论.

用点表示实例的可行解, 它按提法, 对应一个值 (权). 实例的可行域画在平面上, 是一个点集. 两个紧邻可行解 a 与 b 之间, 用边 ab $(\overline{ab})$ 相连, 用式子 (a_b, b_a) 作为边的 "值".

这样, 可行域在平面上和 3 维空间中建立了几何直观模型. 在每个可行集 a 可以建立邻域概念, 即让可行域引入一种拓扑结构, 类似于微分学中一元、二元函数在直角坐标系中的图形表示.

第 4 章是邻域型与碎片型最优化原理. 先建立第 3 (邻域型) 最优化原理, 得到求解实例的一般邻点法和多个迭代方法, 记作〖(基本变换公式)+(一般邻点法)〗. 简单讨论了巡回商问题, 再让公式中有一个可行解是最优解, 建立了人们远未开发的第 4 (碎片型) 最优化原理, 熟知的 Bellman 最优化原理只是其最为简单的一种特殊情形.

第 5 章是极优代数方法. 无论从基本变换公式、第 4 最优化原理或者从 Bellman 最优化原理, 都能直接得到一个强优选准域系统, 证明了四个具体的 $(\max / \min, + / \times)$ 强优选准域互为同构, 进而提出了求解属于一个问题的诸多实例间的同构方法, 显示了强优选准域是组合数学中自身产生出来的推理与计算工具, 而不是 "输入性" 的代数系统.

以强优选准域为基础, 建立了极优代数方法, 它是熟知的实代数以外的另一种值得注意的代数工具. 通过数字例建立木桶原理和恋人游模型的思路和方法, 讨论了包括全日制普通高等学校运筹学教学大纲中涉及的问题, 例如, 背包问题、资源分配问题、动态库存问题、火车时刻表问题等, 显示极优代数在组合最优化的可能应用.

第 6 章是组合最优化问题的研究纲领. 论述了基本变换公式在组合最优化论中起到核心作用, 犹如拉格朗日有限增量在微分学中所起的作用. 基本变换公式是对导数概念与拉格朗日中值定理的一种摹写, 函数 $h(x)$ 的导函数 $h'(x)$ 与可行解 a 的改变度簇 $\mathbf{C}(a)$ 相对应. 微分学中求解连续型函数最优解的基本方法记作〖(导数)+(牛顿切线法)〗, 它与求解离散型最优化实例的方法〖(基本变换公式)+(一般邻点法)〗并行不悖. 不仅这后者是对前者的模拟, 甚至说, 它们都是对大自然中生物进化过程〖(两性交配的种子)+(世代繁衍)〗的摹写.

本章建立了布尔巴基型的数学结构系统, 论述了它们不仅是组合最优化论的基础理论系统, 也是为组合数学所用的基础理论系统, 还建立了拉卡托斯型的研究组合最优化问题实例的纲领, 发现精确方法的方法, 并表示成框图.

建立基本变换公式的思路和表达形式是如此的简单明白, 使得在组合最优化中干净利落地建立了拓扑结构和代数结构, 这是出人意料的.

以上六章组成初等组合最优化论的基础理论.

目　　录

(上　册)

（下　册）

中篇　代数对象型的优化问题

第 7 章　集合型三个优化问题

第 8 章　向量集型优化问题

第 9 章　方阵集型全排列优化问题

下篇　网络对象型的优化问题

第 10 章　树的优化问题

第 11 章　路的优化问题

第 12 章　匹配优化问题

全书结束语

参考文献

名词索引

附录

　　附录 A　特性集

　　附录 B　方法与子程序集

　　附录 C　实例按提法分类

　　附录 D　问题按代数结构分类 1.6

　　附录 E　全书例题汇编

上篇　基本理论

　　本书以组合最优化问题的定义、一般最优化原理和基本变换公式为基础, 分上、中、下三篇展开讨论. 上篇构成上册, 下册包括中、下两篇.

　　上篇共 6 章, 组成组合最优化论的基本理论部分.

　　第 1 章　基本概念与初等方法.

　　第 2 章　论域型与可行域型最优化原理.

　　第 3 章　基本变换公式.

　　第 4 章　邻域型与碎片型最优化原理.

　　第 5 章　极优代数方法.

　　第 6 章　组合最优化问题的研究纲领.

第 1 章　基本概念与初等方法

名不正, 则言不顺; 言不顺, 则事不成.

——孔子《论语·子路》

本章集中讨论组合最优化的基本问题, 由三部分组成.

(1) 介绍几个组合最优化的简单例题, 讨论组合最优化问题的定义、基本概念和分类方法.

(2) 讨论五种八个求解组合最优化问题诸实例的初等方法.

(3) 简单介绍组合最优化问题的计算复杂性.

1.1　几个组合最优化问题

首先介绍几个组合最优化的例题.

1.1.1　数的优化问题

例 1.1　设集 $S = \{p_j : 1 \leqslant j \leqslant n\}$ 中每个元素 p_j 的值是自然数 r_j, 这些值的全体记作 $T = \{r_j : 1 \leqslant j \leqslant n\}$. 总的题目是在 (S, T) 上讨论各种优化题目, 总称为**数的优化问题**. 把这个二元集称为题目的论域. 对于它, 可以有多种求最优 (大、小) 数的说法, 称为提法. 指定了论域和提法所构成的题目称为实例. 有时还给它们起一个名字, 或者给以一个编号.

最为简单的一个提法是: 求解一个其值最小的元素.

用我们现在的说法, 把集 S 中每一个单元集, 即只含一个元素的集, 作为可行解, 可行解的值就是所含元素的值. 求一个其值最小的可行解, 称为问题的一种提法. 把最小型称为一种提法, 把论域 (S, T) 与提法 "和值最小型" 所组成的题目称为数的优化问题的一个实例.

第二个提法是: 从集 S 中任取其值互不相等、基数为 k 的集作为可行解, 它的值规定等于诸元素的值之和, 求一个其值最小者, 把 "和值最小型 k 元集" 称为一种提法. 由论域 (S, T) 与提法 "和值最小型 k 元集" 所组成的题目称为数的优化问题的另一个实例.

第三个提法是: 求解所有的其和值最小型 $k \, (\leqslant n)$ 元子集.

第四个提法是: 求解其值第 k 小的元素, 等等.

实例之间可能存在种种关系. 例如, 第一个提法是第四个提法的特例, 等等.

上面的各个提法中, 有的可以把求最小换为求最大, 有的可以把和值改为积值, 把求一个最优解改为求所有的最优解, 把元素的值从自然数改为实数, 而得到另外的一些题目.

所以数的优化问题是由相当多的实例所组成的.

1.1.2   图论型优化问题

例 1.2   设有一个赋值无向图 G, 它有六个顶点 $V = \{v_j : 1 \leqslant j \leqslant 6\}$, 由若干条连接顶点的边组成边集 E. 每条边都赋有一个取自实数集 W 的一个数, 称为边的值或权, 设图 G 有

$$(E, W) = \{v_2 v_4 : 1, v_2 v_3 : 2, v_3 v_4 : 2, v_2 v_6 : 3, v_1 v_6 : 4, v_3 v_6 : 4,$$

$$v_1 v_2 : 5, v_4 v_5 : 5, v_5 v_6 : 5, v_1 v_5 : 7\}.$$

图 1.1 是 G 的一个图形, 记作 $G(V, E, W)$.

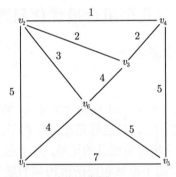

图 1.1   赋值无向图 $G(V, E, W)$

以图 1.1 为模型, 可以设想出诸多对象和种种提法与之组成的组合最优化问题.

树的优化问题   在图 1.1 中, 由 5 条边

$$v_2 v_4 : 1, \quad v_2 v_3 : 2, \quad v_2 v_6 : 3, \quad v_5 v_6 : 5, \quad v_1 v_5 : 7$$

所导出的子图是一个边数为 5 的树, 记作 T, 它关联了图 G 的所有顶点, T 称为图 G 的支撑树, 树 T 的和值等于 18 (=1+2+3+5+7). 问图 G 中哪个支撑树的和值最小?

树 T 的峰值规定为诸边的值中最大者, 所以上面所讲的支撑树的峰值是 7 (= max $\{1, 2, 3, 5, 7\}$). 问图 G 中哪个支撑树的峰值最小?

一般而言, 在赋值连通图中求最优支撑树和它的值称为树的优化问题. 在赋值正立方体图 (论域) 中求和值最小型 (提法) 的支撑树是树的优化问题的一个实例.

具体到在图 1.1 中求一个和值最小型的支撑树或者峰值最小型的支撑树的题目称为树的优化问题的两个数字例.

匹配优化问题 在赋值图 G 中, 把互不相邻的边子集称为匹配, 求各种提法的最优匹配称为匹配优化问题的实例. 具体到图 1.1, 例如, $\{v_2v_4:1, v_1v_6:4\}$ 是由两条互不相邻的边所组成的匹配, 它的和值等于 5. $\{v_1v_5:7, v_2v_4:1, v_3v_6:4\}$ 是由三条互不相邻的边构成子集, 它是一个匹配. 若这个匹配和图的所有顶点相关联, 则称这个匹配是完美的, 它的和值等于 12, 问图 G 中哪个完美匹配的和值最大? 这是匹配优化问题的一个数字例.

投递员优化问题 设图 G 是某个邮递员投递信件的街区图. 例如, 在图 1.1 中, 下面的路

$$v_1v_2:5, \quad v_2v_4:1, \quad v_4v_3:2, \quad v_3v_2:2, \quad v_2v_3:2,$$

$$v_3v_6:4, \quad v_6v_2:3, \quad v_2v_6:3, \quad v_6v_5:5, \quad v_5v_4:5,$$

$$v_4v_5:5, \quad v_5v_1:7, \quad v_1v_6:4, \quad v_6v_1:4$$

就是一个从某个顶点出发走遍所有路线至少一次, 回到该出发点的一个投递线路, 它的长度, 即诸边的值之和为 52. 这样的投递线路选择有多条, 问哪条投递线路最短? 像这样的投递线路称为投递线路问题的一个数字例.

巡回商优化问题 巡回商从一个城市出发, 前去几个指定的城市访问一次而且仅一次, 最后回到原地. 他安排一条旅行线路, 就有一个旅程. 像图 1.1 中的 G, 从 v_1 出发, 有一条旅行线路:

$$v_1v_2:5, \quad v_2v_3:2, \quad v_3v_4:2, \quad v_4v_5:5, \quad v_5v_6:5, \quad v_6v_1:4,$$

旅程等于 23. 这样的旅行线路选择有多条, 问哪条旅行线路最短? 人们称这是巡回商优化问题 (traveling saleman problem, 问题 TSP) 的一个数字例.

以上的这些问题都是在赋值连通图中, 讨论某个图论对象 (树、匹配等) 的优化问题. 把这种问题称为**图论型优化问题**.

投递员优化问题和巡回商优化问题, 可以认为是来自城市管理的问题, 也可以把它们归结为图形上的优化问题.

例 1.3 **最短路优化问题.** 设有赋值连通有向图 $N = (V, L, W)$, V 是图的顶点集, L 是有向边集. 每条有向边都赋有一个实数值, 取自某个实数集 W, 指定两个顶点 u 和 v, 规定路长等于各边的值之和. 求一条从 u 到 v 的最短路.

首先, 从有向边集 L 中任意取一个子集, 记作 a. 如果它的导出子图是一条从 u 到 v 的有向路, 它的各条边的值之和等于路长. 它是一个可能要讨论的对象, 称为可行集. 其次, 在所有可能要求的对象中, 找出和值最小的, 把这些对象称为可行解, 其和值最小的称为最优解.

这是组合最优化中的一个题目, 叫做**和值最短 (型) 路的实例**. 模仿例 1.1 或例 1.2 的种种提法, 读者可以设计出种种实例. 其全体构成**路的优化问题**.

有时人们把赋值无负回路有向图称为**网络**, 则路的优化问题也说是一种网络型优化问题.

1.1.3　管理型优化问题

例 1.4　在管理科学中, 可以有多种优化问题.

投资问题　把资金投入一个项目几年后可以得到一笔收益. 不同的资金量, 或者不同的项目、不同的期限, 往往未必得到相同的收益. 假设这些已经有测算的信息, 现在有一笔资金在 5 年内, 可以投入几个项目. 问如何分配这笔资金, 使总收益更大一些, 甚至最大呢? 这是一种投资问题.

工程统筹问题　一项工程由若干个工序所组成, 完成每个工序所需工期是已知的. 工序之间往往有先后关系和种种约束, 需要由项目施工经理来安排施工计划, 工程完工的天数 (工期) 可能因不同的安排而不一样. 如何安排, 使得工期最短? 有一个解决这种题目的方法叫做**统筹法**.

产品结构优化问题　某工厂可以生产若干种产品, 已知生产各产品一个单位所需诸种资源各多少和售后可获利润若干. 给定了各种资源限量, 生产部门确定一个生产 (哪几种各多少的) 方案, 就能创造一笔利润, 各种方案得到不同的利润. 问如何组织生产, 使总利润最大? 这是产品结构优化问题.

运输问题　几个矿区有相同品位的精矿粉各若干, 几个冶炼厂各需精矿粉若干吨. 运输部门确定一个运输方案, 发生一笔运输总成本, 不同方案发生不同的总成本. 问如何组织, 使总成本最低? 这是一种最简单的运输问题.

1.2　组合最优化的定义

1.2.1　定义

下面的组合最优化定义直接采自马仲蕃的文献 [马2][①] 所给的条目:

组合最优化是在给定有限集的所有具备某些特性的子集中, 按某种目标找出一个最优的子集的一类数学规划.

用 π-ABC 或 ABC∈ π 表示具有一组性质 π 的事物 ABC, 上述定义可以写成如下形式.

定义 1.1　组合最优化 (离散最优化) 是一类数学规划.

[①] 本书中, 常在文字后紧跟符号 "[··]", 表示前文所涉及文献、学者姓名、专业词汇等, 都可以按所列的文字和编码在书末的附录中找到.

一个关于 XYZ 的问题, 是指: 对于 $\pi^{(1)}$ 集 S, 在其所有的 $\pi^{(2)}$(子) 集中, 求一个 $\pi^{(3)}$ (优化) 集.

本章集中讨论组合最优化的各个基本概念, 包括它的定义, 问题的提出直接涉及论域、数学对象和提法三个部分. 例如, 要在赋值连通图上求某两个顶点之间的最优路, 是一个组合最优化问题. 赋值连通图是论域, 路是数学对象, 求某两点间的最优路是提法.

人们将按问题的来源、数学对象的代数结构以及规定的提法, 对问题进行分类, 按其实例, 讨论求解的方法和相关事项.

1.2.2 论域、对象与提法

我们约定, 性质 $\pi^{(1)}$ 集 S 的基数总是有限而巨大的自然数.

设有问题 XYZ, $\pi^{(1)}$ 集 S 叫做**论域**.

一个问题的论域往往涉及不止一个更为简单的集. 如果论域是赋值图 $G(V, E; W)$, 它就涉及图的顶点集 V, 边集 E, 以及与边相关的值集 W. 如果所论问题的 $\pi^{(2)}$ 集是关于顶点子集的, 常把 V 作为主集; 如果是关于边子集的, 常把 E 作为主集.

在求解所论问题的实例时, 由于解题者的思路, 可能从论域中的某种集合入手, 它当然与对象的性质相关, 从论域中考虑的子集称为主集.

如果所给的论域 $(S, \cdots, P; q, \cdots, r)$ 是以 S 为主集, 记作 $S= (S, \cdots, P; q, \cdots, r)$. 说 $(S', \cdots, P'; q', \cdots, r')$ 是它的一个子集, 是指 $S' \subseteq S, \cdots, P' \subseteq P; q' \subseteq q, \cdots, r' \subseteq r$, 而且 S 与 $S', \cdots, P'; q', \cdots, r'$ 之间的关系就问题而言是相容的或有意义的. 在不致引起误解时, 简称 S' 是 S 的一个子集.

我们约定: 今后总把论域的主集作为全集, 全集中的子集简称为集, 通常用初始几个斜体、大写拉丁字母来表示, 例如, A, B, C, D 等. 而集簇则用花体、大写字母, 如用计算机软件 Mathtype 的符号表 Mathmatica 5 中的写法, S 中的集簇 (类) 记作 $\mathscr{F}$.

用数学概念描述的事物个体叫做**数学对象**, 一般用 XYZ 表示**对象**. S 的 $\pi^{(2)}$ 集叫做问题的**可行域**或**可行解**或**可行集**, 常用初始几个斜体、小写拉丁字母来表示, 例如, a, b, c, d 等. 可行集 a 所含的元素叫做关于 a 的**可行元素**, 而 $S \backslash a$ 中的元素叫做关于 a 的**自由元素**.

可行集簇叫做**可行域** (**解、集**), 记作 $\mathscr{D}$.

当我们把可行解理解为点, 把可行域理解为一个 (点) 集. 为下面行文的方便, 把 $\mathscr{D}$ 说作一个集、集簇或可行域.

论域 S 的一个子集叫做**碎片** (fragment), 如果它属于某个可行集, **碎片簇**记作 $\mathfrak{R}$.

在探讨理论问题时, 为了方便, 我们约定: 论域 S 中的每个元素属于某 (几) 个可行集, 或者说, S 的任一元素都是碎片, 否则这一元素本来就不该留在 S 之中. 当然, 任意给定一个实例时, 出现一些非碎片的元素是可能的. 例如, 如果所给的向量集 P 中含有一个零向量, 而任务是求一个最大线性无关组, 零向量就不会出现在碎片簇中, 因为任何一个含有零向量的向量集都不会线性无关.

$\pi^{(3)}$ 是量度规则. 一般包含四件事:

(1) 规定论域 S 的元素、碎片、可行集 (解) 取值的范围.

(2) 确定碎片与可行集 (解) 的值的规则.

(3) 优化的含义, 一般有以大者为优、以小者为优, 还是以其他什么为优.

(4) 所求答案的规则, 主要指求最优值、求一个或者求所有的最优解与相关的信息.

相应于论域和对象, 把一组量度规则 $\pi^{(3)}$ 叫做它们的一个**提法**. 例如, 有 "规定元素的值是实数, 可行解的值等于它的元素的值之和 (简称为**和值**), 求一个和值最大的可行解". 这就是所论问题的一个提法.

1.2.3　问题、实例与数字例

在微分学中所研究的最大、最小函数值问题的目标函数一般是在闭区间上的可微函数, 凡是所论问题的具体目标函数只要满足可微性, 求解的算法在分析上是一致的. 至于组合最优化问题, 迄今所能研究的目标函数主要还只限于某几种 "线性型" 的表述 (提法), 才能得到一些成果. 而且, 即便仅仅提法有些不同, 相应实例的求解算法甚至也不尽相同.

在数学分析中, 连续函数在一个有定义的点处对应一个值. 在组合最优化中则不同, 无论所给什么赋值规则, 可行解 (集) 有按这规则所对应的值, 除此之外还对应有可行解 (一个子集) 的基数, 所以至少对应两个值. 通常把确定最优值的一个叫做 (**主**)**值**, **目标函数** $\pi^{(3)}$ 的集叫做实例的**优化解**或**最优解**.

在组合最优化中, 有一个关于对象 XYZ 的优化问题, 记作

$$\text{问题 XYZ.} \tag{1.2.1}$$

如果指定了论域 S 和提法 (即包括指定目标函数以及所指的优是取大或取小), 这样的题目称为问题 XYZ 的一个**实例**, 写作

$$\text{实例 XYZ: } S. \tag{1.2.2}$$

符合对象 XYZ 的条件的集合 a 是可行解, 其全体是可行解簇, 通常称为可行域, 记作 $\mathscr{D} = \mathscr{D}(\text{XYZ})$. 规定目标 (泛) 函数为 $h(a)$, 于是, (1.2.1) 是在可行域 $\mathscr{D}$ 上

求目标函数的最优 (大、小) 值. 于是, 把 (1.2.2) 写成下面的形式也不为过:

$$\text{实例 XYZ: } S, \text{opt}\{h(a), a \in \mathscr{D}\}, \tag{1.2.3}$$

其中 opt 是 max 或者 min. 如果所给的题目像图 1.1 的具体图形、集合表示的论域和具体数字的目标函数时, 称为**数字例**.

面对 "问题 XYZ", 只需把所描述的事情理解清楚. 面对 "实例 XYZ-j: S", 需要在所指定的论域类型与具体的提法下, 写出求解它的办法. 至于 "数字例 XYZ-j: S", 需要回答用什么办法求解以及得到的具体答案是什么.

在生活中, 人们常常用到 "问题" "实例" 和 "数字例" 这些名词, 我们按常义来理解. 但是在组合最优化这个数学分支中有了界定, 以后遇到它们时, 需要分辨所在场景而确认其意义.

选用各种类型的 $\pi^{(1)}$ 集 S 和各种指定的 $\pi^{(3)}$ (优化) 量度规则, 得到多个关于 XYZ 问题的**实例**. 必要时, 可以对它们进行编号, 例如, 记作 "实例 XYZ-j: S". 求解实例的任务是给出求解它的办法, 称为**算法**.

关于对象 XYZ 的一个实例, 指定了一个 $\pi^{(1)}$ 集 S, 让所有参数赋以确定的数值, 有明确的求解任务, 这样所组成的题目, 说它是 "数字例 XYZ-j: S", 求所规定的任务即所谓的答案.

讨论问题 XYZ 的第 j 个实例和它的数字例的最优解, 有问题、实例 j 和数字例三个层次. 人们口头上, 甚至为了便于行文, 有时含混地说题目, 再讨论或求解问题 XYZ.

1.2.4 目标函数与答案

求解所论实例 XYZ 的结果, 通常包括求得最优解的算法, 甚至评注.

求解所论数字例 XYZ 的结果, 通常包括所求得的最优解、最优值以及相关的信息, 它们的全体称为**答案**.

实例 XYZ 可以写作

$$\text{opt} \{g(a): a \in \mathscr{D}\}. \tag{1.2.4}$$

最优值可以写作

$$m = \text{opt} \{g(a): a \in \mathscr{D}\}. \tag{1.2.5}$$

满足 $g(a) = m$ 的可行解 a 就是实例 XYZ 的一个最优解.

按照定义, 实例 XYZ 只要从所有的可行解中求得一个最优解就足够了, 但是还有许多别的提法. 例如, 寻找所有的最优解, 即由 (1.2.5), 求集合 $\{a \in \mathscr{D}: g(a) = m\}$ 等.

1.2.5　算法与方法

对于问题 XYZ 的一个实例, 求解它的**算法** (algorithm) 是一组规则, 能够用来在有限多个步骤内得出该实例的任意一个数字例的答案.

问题类的一个**方法** (method) 是一组规则, 对属于这个类的某些实例, 能够用这组规则经过有限步调整, 导得各自实例的算法.

在众多的方法和算法中, 有一些为求最优解服务的某些部分反复出现, 本身又具有某种独立性, 有时把它 “抽” 出来, 为以后引用, 这个部分叫做**子程序** (subroutine).

对于一个问题或问题类, 人们根据所给的论域、对象和提法的性质、特征和原理来求解这问题的几个实例, 或者这个问题类中各自的某些实例, 构成实例组. 它们有些特别简单的数字例组可以直观地立刻得到求解的办法. 但是, 一般而言, 人们要以已有的知识为基础, 花另外的工夫, 设想出求解的办法, 有的存在缺点, 甚至错误, 有的显得十分笨拙, 而有的显得非常精巧, 令人叫绝. 这时人们确实需要严格论证, 求得的结果正是所求的答案, 探明所论的办法如何进行改进, 在什么条件下失效, 等等. 这样的一个过程称为**算法 (方法) 设计**.

1.3　正 则 实 例

1.3.1　定义

定义 1.2　在实例 XYZ: S 的可行域 $\mathscr{D}$ 上有目标函数 $g(a)$. 对于任意一个 $\pi^{(1)}$ 子集 $A(\subset S)$, 实例 XYZ 的可行域 $\mathscr{D}'$ 上的目标函数是 $l(a)$. 如果对于 $a \in \mathscr{D} \bigcap \mathscr{D}'$, 总有 $g(a) = l(a)$, 那么称问题 XYZ 是**正则的**. 把在 A 上的实例 XYZ 叫做 S 上实例 XYZ 的一个子实例. $A = \varnothing$ 或者 S 时, 说子实例是平凡的, 否则是**真子实例**.

问题 XYZ 称为正则的, 如果它的实例都是正则的.

把它写成一个命题, 并用标识符 $P_0^{(0)}$ 来标记:

$P_0^{(0)}$: 在 S 上的实例 XYZ 是正则的.

说 S 上的 $P_0^{(0)}$-实例 XYZ 是简单的, 如果它没有真子实例.

正则性可以把组合最优化的问题分为两类.

众多的组合最优化问题以及它们的实例都是正则的, 但是, 也有不是正则的.

例 1.5　Savage 决策判据[S 1]. 设 $P = \{p_j : 1 \leqslant j \leqslant m\}$ 是给定的策略集, $\theta = \{\theta_k : 1 \leqslant k \leqslant n\}$ 是自然状态集, $l(p_j, \theta_k)$ 是采用了 p_j 而发生自然状态 θ_k 时所遭受的损失. 策略 p_j 的损失向量写成

$$p_j = [l(p_j, \theta_1) \ \ l(p_j, \theta_2) \ \cdots \ l(p_j, \theta_n)].$$

决策者当然希望发现一些方法以使所得的最优解的损失按某种标准是最小的. 在人们对自然状态一无所知的前提下, 有一些方法可用.

经济学家 Savage 提出的决策判据: 他先定义一个理想点 (向量) l 如下:

$$l = [l(\theta_1) \quad l(\theta_2) \quad \cdots \quad l(\theta_n)], \tag{1.3.1}$$

其中

$$l(\theta_k) = \min\{l(p_j, \theta_k) : 1 \leqslant j \leqslant m\}. \tag{1.3.2}$$

理想点 l 与策略 p_j 之间的 "距离" 定义为

$$\rho(p_j, l) = \max\{l(p_j, \theta_k) - l(\theta_k) : 1 \leqslant k \leqslant n\}, \tag{1.3.3}$$

而称由下式得到的策略 p^*:

$$\rho(p^*, l) = \min\{\rho(p_j, l) : 1 \leqslant j \leqslant m\} \tag{1.3.4}$$

是按照 Savage 决策判据的最优策略.

把上述的讨论作为一个问题, 实例 SAVAGE: $P = \{p_j : 1 \leqslant j \leqslant m\}$, 任务是在策略集 P 中用 Savage 的判据 (1.3.1)—(1.3.4) 求解一个最优策略. 实例的论域是 P, 每一个策略是一个可行解, Savage 决策判据是定义在集 P 上的目标函数. 因为理想点 l 是由实例的论域所决定的, 实例 SAVAGE: $A\ (\subset P)$ 与实例 SAVAGE: P 的目标函数不必相同, 所以不是正则问题.

上面讨论的是关于损失的问题, 当然还有关于获利的问题和计算公式.

例 1.6 **对分问题**是在一个实数集中把它分成两组, 使它们对应的值之差最小.

一个简单的实例是: 在集合 $S = \{p_j : 1 \leqslant j \leqslant n\}$ 中, 元素 p_j 的值等于实数 r_j. 规定子集 a 的值等于 a 中诸元素的值之和, 并记作 $\|a\| \equiv \sum\{r_j : p_j \in a\}$. 问如何把集 S 分为两个部分, 使得它们的值之差最小.

把 S 作为论域. 不失一般性, 把 S 中其值不超过 $\frac{1}{2}\|S\|$ 的任意一个子集 a 作为可行解, 其全体组成可行域 $\mathscr{D}$. 按题目的要求, 作目标函数 $g(a) = \|S \backslash a\| - \|a\|$. 任务是: 在其可行域 $\mathscr{D}$ 上, 找一个使目标函数最小的可行解, 即最优地对分集 S. 它的提法中, 可行解的值是和值型的, 把这件事说作是和值型对分实例, 这属于组合最优化中的一个问题.

除了和值型以外, 集的值还有别的定义的办法: 例如, 规定 a 的值等于 a 的诸元素的值之积, 即它们的积值, 等等. 所有各种提法的对分问题组成**对分问题**.

由于目标函数 $g(a)$ 可以写作

$$g(a) = (\|S\| - \|a\|) - \|a\| = \|S\| - 2\|a\|.$$

它与论域 S 的值有关, 实例, 从而问题不是正则的.

例 1.7　Steiner 树问题. 在欧氏平面直角坐标系中, 有三个点 $A(0,0)$, $B(5,0)$ 和 $C(2,3)$, $\triangle ABC$ 的周长可用熟知公式算出, 把三角形的支撑树说成是这三个点的支撑树, 它可由任意两条边构成, 规定支撑树的值为其边的长度之和, 可以验算, 最小支撑树的值约为 7.85.

如果在这个三角形中添加一个点 $D(2,2)$, 和从它到顶点 A,B,C 的直线边, 得到一最小支撑树的值约为 7.43. 一个完全四边形 $ABCD$, 它的支撑树由无回路的三条边所组成, 可以算出, 这四个点可以得到 4 个支撑树.

这表明, 在平面直角坐标系中, 按这样的办法, 对给定的一个点集, 有一个最小支撑树, 得到一个值. 如果对这个点集添加若干个点, 所得集的最小支撑树的值可能比未加点时的小.

在欧氏平面直角坐标系中, 给定点集 A, 在允许添加若干个点的条件下, 求最小支撑树与它的值, 这样得到的最小支撑树叫做点集 A 的 **Steiner 树**.

如何求 Steiner 树是一个著名的题目.

它是一个组合型的题目, 譬如按照 [林 1] 定义, 它是最优化的一个题目. 但是我们还不知道如何论述或者如何把它转化为某一个等价的题目, 使它满足本书的定义 1.1, 归入我们的研究范围内.

1.3.2　正则实例的一般表示形式

求解组合最优化问题的一个实例, 需要分两个阶段, 一是布局, 二是求解.

譬如说, 例 1.1 数的优化问题的一个实例是在二元集合 (S, T) 中, 要求在这个集合中求 k 个其值互不相等的元素, 且其和值最小.

第一阶段是布局. 求一个含有 k 个其值互不相等的元素子集, 且其和值最小. 我们把它说成是第 4 个实例, 记作实例 SMALLEST-4: (S, T), 把集 S 作为主集, 任意取一个 k 元子集, 记作 a, 当然 a 中各个元素的值组成的集也随之取出, 把 a 称为可行集, 算出它的和值. 在主集 S 中取尽所有的可行集, 把每个可行集理解为一个点, 其全体称为可行集簇或者可行域, 这样形成了一个系统, 我们可以在这个系统中讨论诸种事情.

第二阶段, 进入实施求解的算法, 直至得到实例的答案. 这时, 第一阶段所说的可行集与可行集簇分别改称为可行解与可行域.

这是一个正则问题的实例. 把它写成下面的形式

$$\{P_0^{(0)}\}\text{-实例 SMALLEST-4: } (S, T).$$

因为本书以下总是讨论各个正则问题的实例, 把上式简写为

$$\text{实例 SMALLEST-4: } S.$$

再讨论例 1.3, 它是在网络中求指定两点间的一条最短路与它的和值, 这是一个关于路的优化问题. 我们求解它的实例的思路是:

在布局阶段, 把网络 $N = (V, L, W)$ 中的有向边集 L 作为主集. 在其中取两个顶点 u 与 v, 任取一个边子集, 如果它们在网络 N 中的导出子图是一条从 u 到 v 的路, 默认地, 把相关的有向边的值和顶点取出, 得到路的和值. 说路是可行集, 它的全体构成可行集簇, 成了一个系统.

在求解阶段, 上述的系统中, 可行集改称为可行解, 可行集簇改称为可行域.

1.4 特性集 *List* PPP

1.4.1 特性集的标识符

除了组合最优化问题的正则性 $P_0^{(0)}$, 我们还将列出关于 $\pi^{(i)}(i = 1, 2, 3)$ 集的基本性质和公理, 用标识符记作 $P_j^{(i)}$ 或 $P_{jk}^{(i)}$, 再用 $P_{jk}^{(4)}$ 记作最优化原理的特性. 可能还有什么别的特性, 用增加上标中的数字加以记载, 把它们汇集在一起, 成为特性集 [秦7], 记作 *List* PPP. 于是

$$List\ \mathrm{PPP} = \{\mathrm{P}^{(0)}, \mathrm{P}^{(1)}, \mathrm{P}^{(2)}, \cdots, \mathrm{P}^{(u)}\},$$

其中

$$\mathrm{P}^{(i)} = \{\mathrm{P}_0^{(i)}, \mathrm{P}_1^{(i)}, \mathrm{P}_2^{(i)}, \cdots, \mathrm{P}_{s_i}^{(i)}\}$$

及

$$\mathrm{P}_j^{(i)} = \{\mathrm{P}_{j0}^{(i)}, \mathrm{P}_{j1}^{(i)}, \mathrm{P}_{j2}^{(i)}, \cdots, \mathrm{P}_{jt_j}^{(i)}\}$$

汇集成一个特性表, 目的是便于人们研究问题时查考、引用和管理.

1.4.2 关于 $\pi^{(1)}$ 集的特性

集的序关系是重要的.

所谓**无序集**是指: 它的任意两个元素都没有序关系, 或者在论证过程中, 无须涉及元素之间的序关系.

除了无序外, 我们列出以下两个特性.

$P_{01}^{(1)} : \pi^{(1)}$ 集是半序的.

$P_{02}^{(1)} : \pi^{(1)}$ 集是全序的.

在集中取子集是一种基本运算. 在向量集中, 线性无关集的子集是线性无关的, 而线性相关集的子集则可能是线性独立的, 也可能不是. 图论中, 回路的任一真子图都不再是回路. 连通图的真子图可能是连通的, 也可能不是. 而简单图 (即无自

圈也无重边的图) 的任何真子图是简单的. 这些表明取子集的情形是复杂的. 但是, 一个 $\pi^{(1)}$ 集 S 的子集也只有这三个可能性. 接受这一事实, 便于引用.

一个 $\pi^{(1)}$ 集是**简单的**, 如果它的任意子集都不是 $\pi^{(1)}$ 集, 或者在论证过程中, 无须涉及它的子集问题.

写下其他两种情形, 作为特性如下:

$P_1^{(1)}$: 半下传性 (semi-heredity). $\pi^{(1)}$ 集的某些子集是 $\pi^{(1)}$ 集.

$P_2^{(1)}$: 全下传性 (heredity). $\pi^{(1)}$ 集的每一个子集都是 $\pi^{(1)}$ 的.

1.4.3 关于 $\pi^{(2)}$ 集的特性

对于 $\pi^{(2)}$ 集, 除了简单性外, 也有下面两个特性.

$P_1^{(2)}$: 半下传性. $\pi^{(2)}$ 集的某些子集是 $\pi^{(2)}$ 集.

$P_{11}^{(2)}$: 对于每一个 $\pi^{(2)}$ 集 A, 存在一个 $x \in A$, 使得 $A \backslash x \in \pi^{(2)}$.

$P_2^{(2)}$: 全下传性. $\pi^{(2)}$ 集的每一个子集都是 $\pi^{(2)}$ 的.

设集 S 是 $P_1^{(1)}$ 的, 它有一个 $P_1^{(1)}$ 真子集, 设为 S_1, 它又可能有一个 $P_1^{(1)}$ 真子集, 设为 S_2, 等等. 最终会有一个 $P_1^{(1)}$ 真子集 S_k, 它不再含有 $P_1^{(1)}$ 真子集, 这样的 S_k 叫做 S 的一个**简单子集**. 对于 $P_1^{(2)}$ 的可行解 a, 同样地, 最终会有一个 $P_1^{(2)}$ 的可行解 a_k, 它不再含有 $P_1^{(2)}$ 真子集, 这样的 a_k 叫做 a 的**简单可行解**.

对于 $P_2^{(1)}$ 的论域 S, 它的简单子集总是由 S 的一个元素所组成的集. 对于 $P_2^{(2)}$ 的可行解 a, 简单可行解是由它的任意一个元素所组成的.

在向量集中, 线性相关集的任何一个母集是线性相关的, 而线性无关集的母集可能是线性无关的, 也可能是线性相关的, 任何一个基的母集总不是线性无关的. 还有, 给定一个连通图 G 和 $H \subset K \subseteq G$, 如果图 H 是一个支撑连通子图, 于是子图 K 是连通的. 如果 H 不含有圈, K 不必也不含有圈. 如果 H 是一个支撑树, K 就一定含有圈. 我们可以列出 $\pi^{(i)}(i=1,2)$ 集的对偶性质. 当然要限制在某一个范围内, 例如, 在图 G 内, 一个 $\pi^{(1)}$ 集是**极端的**, 如果它没有 $\pi^{(1)}$ 真母集, 或者不涉及它的母集. 这些特性有时会用到, 但为了简单起见, 不一一列为特性集中的成员.

1.5 目标函数与提法

1.5.1 目标函数

目标函数说明可行解与其值之间的关系.

对于实例 XYZ: S, 论域中一个对象 XYZ, 即可行解, 记作 a, 对应一个值, 所以在可行域 $\mathscr{D}$ 上有一个函数 $h(a)$. 记作

$$\{h(a) : a \in \mathscr{D}\}, \tag{1.5.1}$$

或者简写作 $h(a)$.

最简单的目标函数是求可行解的基数, 即基数型函数, 用标识符 $\mathrm{P}_{11}^{(3)}$ 来表示, 以后常记作 $f(a)$:

$$\mathrm{P}_{11}^{(3)} : f(a) = |a|. \tag{1.5.2}$$

有许多目标函数可以用数学式子来表述. 设实例 XYZ: S 的论域是 $S = \{p_j : 1 \leqslant j \leqslant n\}$, 每个元素 p_j 的值记作实数 r_j. 有可行解为 $\{p_{\alpha_1}, p_{\alpha_2}, \cdots, p_{\alpha_t}\}$, 它的值用抽象符号摹乘 $\otimes$ 的连乘式 $r_{\alpha_1} \otimes r_{\alpha_2} \otimes \cdots \otimes r_{\alpha_t}$ 来表示, 可行解的值是可行域上的函数, 用标识符 $\mathrm{P}_{12}^{(3)}$ 表示这样的目标函数:

$$\mathrm{P}_{12}^{(3)} : g(a) = r_{\alpha_1} \otimes r_{\alpha_2} \otimes \cdots \otimes r_{\alpha_t}. \tag{1.5.3}$$

如果 $\otimes$ 是常义乘法, 实例有积值型目标函数, 如果 $\otimes$ 是常义加法, 实例就有和值型目标函数.

(1.5.2) 讲的是基数型目标函数. 我们把常说的 "主元素没有赋值" 理解为主元素没有赋以不同的值, 或者说, 赋以同一个异于 0 的值, 从而不妨说主元素所赋的值总是等于实数为 1 的型式.

我们约定, 碎片的值与所属可行解的值有相同的计算规则和函数.

当目标函数 (1.5.3) 中 $\otimes = +$ 表示目标函数值是诸值之和, 又以大者为优, 可以用 $\oplus = \vee = \max$ 来表示, 一个**和值最大 (型)**关于 XYZ 的实例可以有下面的表达方式:

$$(\vee, +) \sum_{\oplus} \{r_{\alpha_1} \otimes r_{\alpha_2} \otimes \cdots \otimes r_{\alpha_t} : a \in \mathscr{D}\}$$

或者

$$\{\mathrm{P}_{12}^{(3)}, (\vee, +)\}\text{-}g(a).$$

改变上述式子 "$\otimes = +, \oplus = \vee = \max$", 还可以记载和值最小、积值最大以及积值最小, 得到另外三个提法, 来表示相关的实例.

在 (1.5.3) 中, 如果 $\otimes = \vee$, 我们还有峰值型目标函数

$$g(a) = r_{\alpha_1} \vee r_{\alpha_2} \vee \cdots \vee r_{\alpha_t}.$$

即从可行解 a 的诸元素的值之中取最大者, 把这种目标函数叫做**峰值型**. 如果 $\otimes = \wedge$, 相应的目标函数叫做**谷值型**. 一般地, 取值的范围设在某个实数集 Q 中, 选优用 $\oplus$ 来表述, 或者取大, 或者取小.

1.5.2 提法的分类

指定 $\pi^{(1)}$ 论域和 $\pi^{(2)}$ 对象, 可以有不少的提法 $\pi^{(3)}$ 和由它们中的一个组成的组合最优化问题的一个实例.

下面所陈列的是一些常见的提法.

提法 1　和积型 (max/min, +/×).

　　提法 11　基数值最优;

　　提法 12　和值最优;

　　提法 13　积值最优.

提法 2　峰谷型.

　　提法 21　峰值最优;

　　提法 22　谷值最优.

提法 3　条件型.

　　提法 31　参数值最优的条件下, 主函数值最优;

　　提法 32　主函数值最优的条件下, 参数值最优;

　　提法 33　参数值等于指定数的条件下, 主函数值最优;

　　提法 34　峰谷值差最优.

提法 4　广义型.

　　提法 41　首 N 阶优化解;

　　提法 42　多目标有效解.

提法 5　全体型. 所有最优解.

上述诸提法中有两点约定:

一是基数值最优的提法 11, 等价于和值主函数中各个元素的值均等于 1. 即提法 11 可以理解为提法 12 的特殊情形.

二是实例中如果未提全体型时, 默认为任意求一个最优解.

这些提法所涉及的主函数都是 "线性" 的. 再加上种种条件, 可以简单说作 "四种形式的 '线性' 函数: 和积峰谷、外加条件、推广和全体". 关于最优是指最大或者最小, 必要时再予以说明. 譬如有实例 XYZ-12(ALL): S, 它是求全体和值最小型的可行解.

1.6　组合最优化问题的代数分类

根据组合最优化问题的定义 1.1, 我们一方面用它验证当前所讨论的题目是否属于本学科; 另一方面, 为了论述方便, 又常常按论域、对象和提法分类探讨. 科学中用种种观点对所研究的对象进行分类总是值得尝试的. 在第 1.1 节中讨论图论型、网络型、管理型的组合优化问题就是按问题来源的论域进行分类的; 第 1.5.2 节是按问题的提法进行分类的. 人们用具有共同数学模型来分类, 如各种数学规划问题类、线性规划、非线性规划等. 现在, 我们问, 定义 1.1 中所讲的 "有限集" 是什么? 按线性代数知识来说, 可以考虑, 或者是普通的集合, 或者是向量集, 或者是方阵集, 等等. 我们应该可以按这种代数对象把组合最优化问题进行分类.

在赋值有限集上的优化问题总记作 PP. 有五个问题类, 依次标记为 PPj.

第 1 类是关于普通集合的五个问题, 它们是:

PP11 初等子集优化问题. 在赋实数值有限集 S 中, 子集的值等于它的诸元素的值之和 (积), 求其值最优、基数最优的子集.

拟阵是具有可扩性公理的独立系统, 即满足 $\{P_2^{(1)}, P_2^{(2)}, P_5^{(2)}\}$ 的系统.

PP12 拟阵优化问题. 在赋值拟阵中, 规定计算基集值的公式, 求其值最优的基集.

PP13 策略优化问题(离散动态规划). 给定有限状态序列以及状态之间的赋值表, 子序列称为策略或者可行解, 如果它的首项、末项各是状态序列的首项、末项; 子序列的每个中间项总是前一项所做决策而形成的状态. 作为决策, 总发生一个决策值, 策略值等于各项决策值之和, 求其值最优的策略.

还有讨论以排序论为背景的全排列优化问题 PP14 和以著名的巡回商问题为背景的问题 PP15, 叙述如下:

PP14 全排列优化问题. 给定赋值有限集, 它的全排列称为可行解, 在计算其值的规则下, 求其值最优解.

PP15 圆型全排列优化问题. 给定有限集与元素之间的赋值表, 把圆形全排列称为可行解, 求其值最优解.

第 2 类是关于 m 维向量集的优化问题.

设有赋值向量集 (P, q, r), 其中

$$P = [p_{ij}]_{m \times n}, \quad q = [q_i \quad q_2 \quad \cdots \quad q_j \quad \cdots \quad q_m]^{\mathrm{T}}, \quad r = [r_1 \quad r_2 \quad \cdots \quad r_j \quad \cdots \quad r_n].$$

在 P 中第 j 列 p_j 是 m 维列向量, 它的值是 r_j. 矩阵 P 与列向量 q 之间组成线性方程组 $Px = q$, 列向量 $x = [x_1 \quad x_2 \quad \cdots \quad x_n]^{\mathrm{T}}$ 的诸分量称为组合数. P_α 是指向量集 $\{p_{\alpha_1} \quad p_{\alpha_2} \quad \cdots \quad p_{\alpha_m}\}$ 或矩阵 $[p_{\alpha_1} \quad p_{\alpha_2} \quad \cdots \quad p_{\alpha_m}]$, $r_\alpha = [r_{\alpha_1} \quad r_{\alpha_2} \quad \cdots \quad r_{\alpha_m}]$, $x_\alpha = [x_{\alpha_1} \quad x_{\alpha_2} \quad \cdots \quad x_{\alpha_n}]^{\mathrm{T}}$. 基集 a 是最大独立向量组.

如果没有说明, 约定 $|a| = m$, 并默认 $q \geqslant 0$.

在赋值向量集 P 中, 基集 $a = P_\alpha$ 是可行解, 如果它是向量 q 的线性组合, 规定为 $g(a) = r_\alpha x_\alpha$, 求其值最优解. 写作 $\max\{r_\alpha P_\alpha^{-1} q : P_\alpha \subset P\}$.

把向量集的优化问题记作 PP2, 它的子类问题依次用标识符 PP2j 来标记. 下面只列出四个问题.

PP21 非负组合基集优化问题 (线性规划). 在三元组 (P, q, r) 中, 求解

问题 LP: $\max\{r_\alpha P_\alpha^{-1} q : P_\alpha \subset P, x_\alpha = P_\alpha^{-1} q \geqslant 0\}$.

还有以下几种问题：

PP22   整数型组合子集优化问题 (整数 (线性) 规划).

$$\text{问题 ILP：} \max\{r_\omega x_\omega : P_\omega x_\omega = q, x_\omega \text{ 是自然数向量}\}.$$

它有一个特殊情形, 称为**初阶整数线性规划**.

$$\text{问题 ILP：} \max\{r_\alpha P_\alpha^{-1} q : P_\alpha^{-1} q \text{ 是自然数向量}\}.$$

PP23   混合型整数规划.

PP24   {0,1} 型规划.

还有矩阵型的优化问题, 记作 PP3, 列出了一个问题.

PP31   方阵全排列优化问题. 在实代数或在第 5 章将要建立的极优代数中, 有 n 个 m 维方阵 $M(j)$. 选定诸方阵的一个全排列, 它们的连乘积的某行某列元素是一个实数, 作为全排列的值, 求一个全排列, 使其值最优.

再有第 4 类, 记作 PP4, 只列出一个问题.

PP41   满足性问题.

最后列一个补遗类. 它是第 5 类, 记作 PP5, 有

PP5   其他.

本书没有涉及二次以及更一般目标函数的组合最优化问题.

这样的五层 11 个问题所组成的代数分类是初步. 熟悉组合最优化的学者立刻看出, 这只是把人们熟知的那些题目编排在一起, 如此而已. 而且极有可能还有某些代数对象所组成的问题应该列入第 5 类中.

(1) 在 PP2 中本来应该列出的组合基集优化问题 $\max\{r_\alpha P_\alpha^{-1} q : P_\alpha \subset P\}$ 可以编号为 PP20. 我们不知道, 有哪些来自生产实际的组合最优化问题可以归结为这个问题. 另一方面, 这是一个答案十分简单、已经解决了的问题, 可以证明, "在约束条件 $AX = A_0$ 之下, 最小化 $C'X$. 只有如下两种可能结果：(i) 无解 (无可行解或无最优解); (ii) 对于所有可行解 X, $C'X$ 等于常数". 因此, 这个问题没有列入这个代数分类表中.

(2) 极优代数上的 PP13 与 PP31 在第 9 章讨论全排列优化问题中有应用.

(3) 限于本书的任务, 只是简略地讨论 **PP15 巡回商问题**, 更没有涉及 **PP41** 满足性问题, 它们都是 NP 问题.

1.7   两个初等方法

1.7.1   描述求解过程的几种方法

对于给定的实例 XYZ, 可以有四种办法描述求解过程 (方法、算法、子程序), 它们是自然语言 (叙述) 法、公式法、图形法和结构化语言法.

自然语言 (叙述) 法最为直接、明白, 无须其他三个办法所必需的任何预备知识.

公式法是大学生、中学生最为熟悉的办法. 在组合最优化中, 某些问题的实例也有求最优解的代数公式. 例如, 可以用代数公式建立求解最优路实例和属于动态规划题目的公式. 但是远不是每个实例的求解过程都能用公式法来描述的.

图形, 尤其是框图, 能够表述动作的顺序, 明显直观, 再加上使用说明、注记, 常常胜过严格的细节说明.

更为主要的是结构化语言法, 就是经过处理了的自然语言叙述法, 即常说的编程序法. 它用若干条有序的语句 (statement) 所组成的过程, 计算机会自动地按规则执行, 一般是从头到尾逐条执行. 但其中往往需要改变某些次序执行, 称为流程控制. 它们有条件控制结构、循环控制结构和转向控制结构等. 至于是否明显出现 if···then···else, for, while, switch 等文字格式是不重要的.

今日, 人们总期盼让计算机计算、求解一个个问题的各种实例, 算法是基本手段. 所以, 编制程序是异常重要的事, 甚至有人认为这是科学与艺术的一个分界线. $A = B^{[P\ 1]}$ 是一本机器证明涉及二项式系数求和公式的书, Knuth D E 为这书写了前言, 第一句话就说: 人们足够理解的又能让计算机懂得的东西是科学 ("Science is what we understand well enough to explain to computer").

在组合最优化中, 人们把求解许多实例的过程编制成程序, 供读者阅读, 更供计算机 "使用". 但是要求普通学生直接阅读与理解这些程序, 比之于阅读题目的答案的公式表示, 往往要困难得多. 所以, 在书本上记载程序时, 原则上说, 在许多语句前端, 编有序号和名字, 甚至写一些必要的自然语句, 给读者以帮助. 语句的最为基本的名字有: 给定、已知 (条件)、任务、初始、构造、计算、判定、改进和答案等. 复杂的语句还用若干个子语句合成.

1.7.2 枚举法

人们可以应用最优解的必要条件, 设计求解实例的各种方法.

根据定义 1.1, 可以得到两种方法: 枚举法 (包括隐枚举法) 和同解法 (包括归结法和分支法), 称它们是初等方法. 本节讲枚举法.

最优解有一个简单明白、近于无聊的必要条件: 最优解是论域中的 $\pi^{(2)}$ 子集.

所以求解的一个方法是, 首先用下面的公式系统地搜索论域 P 的所有子集 $\mathscr{F}$:

$$\prod_n = \prod_{\otimes} \{(e \oplus p_j) : 1 \leqslant j \leqslant n\},$$

其中 $\otimes$ 是集合 P 中的形式乘法, 设想 e 是单位元素, 空集用 $\varnothing$ 表示, $\oplus$ 是一个形式加法. 这两个运算满足交换律、结合律和分配律, 再用特性 $\pi^{(2)}$ 得到所有可行解, 最后用特性 $\pi^{(3)}$ 得到答案, 即最优值和所有最优解.

　　这是求解实例 XYZ: $P = \{p_j : 1 \leqslant j \leqslant n\}$ 的最为初等的 (**全**)**枚举法** (enumeration method), 记作 "$M_0^{(0)}$: 枚举法".

$M_0^{(0)}$: 枚举法

00001 给定. 实例 XYZ: P.

00002 符号. 主集: $P = \{p_j : 1 \leqslant j \leqslant n\}$, 实数集: $T = \{r_j : 1 \leqslant j \leqslant n\}$, r_j 是元素 p_j 的值.

00005 任务. 求解实例的最优值 m^* 和所有最优解, 记作 $\mathscr{D}^*$.

00011 初始. $tmp := e$.

00021 计算. 依次写出 P 的所有子集, 取 $j := 1$.

00022 如果 $j \geqslant n$, 停止, 转到 00031.

00023 作 $tmp := tmp \otimes (e \oplus p_j)$.

00024 作 $j := j+1$, 转到 00022.

00031 计算. 从 tmp 中取出所有 $\pi^{(2)}$ 集, 得到可行解簇 $\mathscr{D}$, 记作 $tmp := \pi^{(2)}(tmp)$.

00041 答案. 从 tmp 中取出所有 $\pi^{(3)}$ 集, 记载实例的最优值 m^* 以及全体最优解, 记作 $\mathscr{D}^* := \pi^{(3)}(tmp)$.

　　我们还将得到求解种种题目的种种方法. 为了便于以后引述, 把这些方法汇集成**方法集**. 像特性集那样, 记作 $List : M$, 即 $\{M_j^{(i)}(M_{jk}^{(i)})\}$.

　　标识符 $M_j^{(i)}$ 表示第 i 类第 j 个方法.

　　$M_{jk}^{(i)}$ 表示方法 $M_j^{(i)}$ 的第 k 个改进方法. $j = 0$ 时常常表示最基本的方法.

　　$i = 0$ 表示从定义 1.1 直接得到的初等方法, 是第 0 类的方法.

　　$i = 1, 2, 3, 4$ 时, 依次为从第 $1, 2, 3, 4$ 最优化原理得到的方法.

　　还有近似方法、启发式方法、随机方法等, 需要继续编号.

　　因此, 枚举法的标识符是 $M_0^{(0)}$, 后面将要讲的两个隐枚举法的标识符是 $M_{01}^{(0)}$ 和 $M_{02}^{(0)}$, 同解法与枚举法是两个不同思路所得到的方法. 把两个同解法记作 $M_{11}^{(0)}$ 和 $M_{12}^{(0)}$ 等.

　　在一个方法 $M_j^{(i)}(M_{jk}^{(i)})$ 里的语句的序号记作 $ijkyz$ $(ij(kl)yz)$. 我们规定:

　　$yz = 01$—04 表示所给问题的名称, 说明有关论域、对象、提法以及值集所必备的条件或者符号的意义.

　　$yz = 05$ 表示实例的求解任务.

　　y 表示语句的次序, 而 yz 表示语句 y 的第 z 个子语句.

　　以后也都按这样的格式来书写所有的子程序、方法和算法.

枚举法直接来自定义 1.1, 这有一点像用导数的定义直接寻求函数 $f(x)$ 的导数的手续. 枚举法可以求解每一个组合最优化问题的所有数字例. 如果一个数字题的规模很 "小"(例如, 所给的图的顶点集的规模很小等), 枚举法常常能够起到很好的作用. 可是, 现实世界中, 数字例的规模 n 往往是很 "大" 的. 在枚举法的语句 00023 中, 要考虑 2^n 项, 这个项数是所谓随 n 指数型 (爆炸型) 增长的, 就是说, 如果 $n = 10, 2^n \geqslant 1000$; 如果 $n = 20, 2^n \geqslant 1000000$, 等等. 如果, 譬如说 n 等于 1000, 我们如何把项数多如黄河沙粒的子集一一列出? 这一步要花多少时间? 再花多少时间做以后的工作?

第一, 枚举法是根据定义来求解实例的初等方法, 按章办事, 直观明白. 但是它 "言之有理, 行之往往很难奏效".

第二, 计算机是最为重要的计算工具. 时至今日, 计算机已经飞速发展, 运行速度达到每秒千万亿次的程度, 硬盘具有海量的存储能力, 还可以同时使用若干台计算机分工合作地计算 (即并行地计算), 发展出云计算、云存储等概念和装置等. 早年关于组合最优化的许多著作里, 十分强调, 为了节约算法的开支 (时间、空间、费用), 所求解的实例需要在理论上进行深入探讨, 需要追求有效算法. 现在随着计算机软硬件技术的快速发展, 算法涉及的占用计算机空间问题、耗费时间问题和花费问题也得到了一定程度上的解决.

但是, 追求有效性始终是一项科学的原则, 在每门学科里, 数学的每一个分支里, 无一例外. 发展理论, 发现新的方法和算法, 是学科的基本文化, 它能使人更深入地认识事物的本质, 使得论证得到简化, 使计算成为容易的事, 寻求更为有效的求解算法是组合最优化的中心课题, 理论成果可能得到意想不到的效果. 有一篇报告说, 关于某些求解非线性偏微分方程, 1975 年的方法比 1945 年的速度提高了约 10 个数量级!

第三, 人们发现一个算法 (方法) 之后, 在计算机上实现时, 需要数据结构和算法语言的知识. 人们运用软、硬件的知识和编制程序的技巧, 有时还可以使算法的有效性进一步提高, 甚至大为提高.

我们约定: 为了思路简明起见, 本书一般不讨论因为利用计算机的软、硬件进步改进算法有效性的细致研究.

1.7.3 隐枚举法

如果所给的实例具有额外的特性, 人们自会期盼能够从枚举法推导出有用的方法. 譬如考虑一类特殊的实例, 即 $P_2^{(2)}$ 实例, 它具有下面的特性.

$P_2^{(2)}$: **全下传性**. $\pi^{(2)}$ 集的每一个子集都是 $\pi^{(2)}$ 的.

它等价于下面的命题.

如果集 A 有一个子集不是 $\pi^{(2)}$ 的, 则 A 不是 $\pi^{(2)}$ 的.

我们规定:

(i) $\prod\limits_0^{\wedge} \equiv e;$

(ii) $\prod\limits_{j+1}^{\wedge}$ 等于从 $\prod\limits_j^{\wedge} \otimes (e \oplus p_{j+1})$ 中删去所有非 $\pi^{(2)}$ 集而得到的结果.

应用它, 得到两个方法, 叫做**隐枚举法**和**改进隐枚举法**. 一个是先列出所有的可行解, 再从 (主) 值求出最优值和所有的最优解; 另一个是同时计算碎片和它们的值, 再得到答案.

$\mathbf{M}_1^{(0)}$: 隐枚举法

01001 给定. $\mathrm{P}_2^{(2)}$-实例 XYZ: S .

01002 符号. 主集 $P = \{p_j : 1 \leqslant j \leqslant n\}$, 诸 r_j 是 p_j 的值, 它们都是实数.

01005 任务. 求所有最优解簇 $\mathscr{D}^*$.

01011 初始. $tmp := e$.

01021 计算. $j := 1$.

01022 答案. 如果 $j \geqslant n$, 停止, 所求答案是簇 $\mathscr{D}^* := \pi^{(3)}(tmp)$.

01023 作 $tmp := tmp \,\hat{\otimes}\, (e \oplus p_j)$, 即算出 $tmp \otimes (e \oplus p_j)$, 并删去所有非 $\pi^{(2)}$ 的项.

01024 作 $j := j+1$, 转到 01023.

如果把元素 p_i 和它的值 r_i 写成一个单项式 $r_i p_i$, 又把两个单项式的 $\otimes$ 乘法规定为

$$(r_i p_i) \otimes (r_j p_j) = (r_i \otimes r_j) p_i p_j,$$

其中, 元素 $p_i p_j \equiv p_i \otimes p_j$, 它的值等于 $r_i \otimes r_j$, 如果 $\mathrm{P}_2^{(2)}$ 实例的目标函数是 $\mathrm{P}_{12}^{(3)}$, 即得改进隐枚举法.

$\mathbf{M}_{11}^{(0)}$: 改进隐枚举法

01101 给定. $\{\mathrm{P}_2^{(2)}, \mathrm{P}_{12}^{(3)}\}$-实例 XYZ: S .

01102 符号. $P = \{p_j : 1 \leqslant j \leqslant n\}$: 主集, r_j 是 p_j 的值, 它们都是实数.

01105 任务. 求最优值和所有最优解 $\mathscr{D}^*$.

01111 初始. $tmp := e$.

01121 计算. $j := 1$.

01122 答案. 如果 $j \geqslant n$, tmp 中的最优系数是所求的最优和值, 而簇 $\mathscr{D}^* := \pi^{(3)}(tmp) = \{$系数最优的那些项$\}$.

01131 作 $tmp := tmp \,\hat{\otimes}\,(e \oplus r_j p_j)$.

01132 作 $j := j+1$, 转到 01122.

定理 1.1 (i) 实例可以用隐枚举法求解, 当且仅当实例属于 $P_2^{(2)}$-类;

(ii) 实例可以用改进隐枚举法求解, 当且仅当实例属于 $\{P_2^{(2)}, P_{12}^{(3)}\}$-类.

1.8 同 解 法

1.8.1 同解法概念

定义 1.3 对于对象 XYZ 和所规定的提法, 有两个论域 S 和 T 可以和它们分别配伍, 得到实例 S 和实例 T. 设它们有相同的答案, 而就某个标准来说, T 不比 S "差", 就说实例 T 是实例 S 的一个**改进实例,** 写作: 实例 $T \preceq$ 实例 S, 简记作 $T \preceq S$. 两者之间的关系写成

$$T = \rho(S), \tag{1.8.1}$$

其中 ρ 叫做**改进子** (improvor).

定义 1.4 **改进规则**是一组规则, 它们能断定所给实例是否可以改进, 并能完成相应任务. 就是说, 对于实例 S,

(i) 如果可改进, 规则能构造出一个改进实例 T;

(ii) 如果不可改进, 规则能够断定集 S 本身是否就是实例 S 的一个最优解.

有两类改进规则, 构成两类方法.

第一类是:

对于 (i), 已经有 (1.8.1);

对于 (ii), 如果实例 S 可改进, 就有 $\rho(S) = S$, 或者宣称实例没有最优解.

给定实例 XYZ: S. 如果有一个改进子 ρ, 使得

$$S^{(0)} \equiv S, \quad S^{(1)} = \rho(S^{(0)}), \quad S^{(i+1)} = \rho(S^{(i)}), \quad i = 1, 2, \cdots, \tag{1.8.2}$$

而且存在一个正整数 t 有 $S^{(t)} = \rho(S^{(t)})$, 则所给实例有一个最优解 $S^{(t)}$. 改进子 ρ 提供的方法叫做**第一同解法**.

一般地, 如果有一个改进子序列

$$\rho^{(1)}, \rho^{(2)}, \cdots, \rho^{(k)}, \cdots, \tag{1.8.3}$$

且有

$$S^{(i+1)} = \rho^{(i+1)}(S^{(i)}),$$

这个改进子序列 (1.8.3) 当然提供另一个同解方法.

更为一般的是, 从改进规则的定义可见, 我们无须事先列出改进子序列 (1.8.3) 的全体, 只要得到当前实例后, 能够按照所给的规则得到下一个改进子就足够了. 我们把这样的方法叫做**第二同解法**. 它们组成求解组合最优化实例的第二种初等方法.

有时, 改进规则还要求如下的规则:

(iii) 设有指定正整数 t ($\leqslant +\infty$), 如果 $S^{(t+1)} \neq S^{(t)}$, 则断定实例 (在 t 步之内) 没有最优解.

$\mathbf{M}_2^{(0)}$: 同解法

02001 给定. 实例 XYZ: S.

02002 符号. ρ: 改进子, t: 正整数.

02005 任务. 求一个最优解.

02011 $j := 1$, $tmp := S$.

02021 计算. $tmp1 := \rho(tmp)$.

02031 答案. 如果有 j ($\leqslant t$), 使得 $tmp1 = tmp$, 停止, tmp 是一个最优解.

02032 如果 $j = t$ 且 $tmp1 \neq tmp$, 停止, 实例从 S 出发经过 t 步改进, 未能得到最优解.

02041 改进. $tmp := tmp1$, 且 $j := j + 1$, 转到 02021.

$\mathbf{M}_{21}^{(0)}$: 简单同解法

02101 给定. 实例 XYZ: S.

02102 符号. $RULE$: 构造改进子的规则, t: 给定的正整数.

02105 任务. 求一个最优解.

02111 初始. $j := 1$, $tmp := S$.

02121 构造. 按 $RULE$ 对 tmp 构造改进子 ρ.

02122 计算. $tmp1 := \rho(tmp)$.

02131 答案. 如果 $j < t$ 且 $tmp1 = tmp$, 停止, tmp 是一个最优解.

02132 如果 $j = t$ 且 $tmp1 \neq tmp$, 停止, 用规则 $RULE$ 经 t 步没有得到最优解.

02141 改进. $tmp := tmp1$ 且 $j := j + 1$, 转到 02121.

1.8.2　分支法

还有一种同解法称为分支法.

在图 G 中讨论对象 XYZ 的优化实例, 它的最优解记作 XYZ(G). 譬如说, 对象是子集所组成, 任意选定一条边 $v_i v_j$, 如果它确实不是所求最优对象 XYZ 的边, 它本来就在 G 中, 应该删去, 得到子图, 记作 $G_1 = G \backslash \{v_i v_j\}$. 如果 $v_i v_j$ 是所求最优对象 XYZ 的一条边, 则把边放在一旁备用, 在余下的子图中, 根据 XYZ 的特性, 可能还要随之删去某些边或顶点, 所得的子图, 记作 G_2. 于是, 图 G 中最优对象 XYZ 必然在 G_1 或者 $\{v_i v_j\} \otimes G_2$ 之中. 而求解图 G 中 XYZ 实例的手续写成公式如下:

$$\mathrm{XYZ}(G) = \mathrm{XYZ}(G_1) \oplus \mathrm{XYZ}(v_iv_j) \otimes \mathrm{XYZ}(G_2)$$
$$= \varnothing \otimes \mathrm{XYZ}(G_1) \oplus \{v_iv_j\} \otimes \mathrm{XYZ}(G_2)$$
$$= [\varnothing\ \{v_iv_j\}] \otimes \left[\begin{array}{c} \mathrm{XYZ}(G_1) \\ \mathrm{XYZ}(G_2) \end{array}\right].$$

这里的运算符 $\oplus, \otimes$ 是关于集合的 "与" 或 "并", 例如

$$\{a\} \oplus \{b\} = \{\{a\}, \{b\}\}, \quad \{a\} \otimes \{b\} = \{a \otimes b\} = \{a \bigcup b\}.$$

这个手续来自这样的思考, 边 v_iv_j 或者不是、或者是所求对象最优解的一条边, 而得到两个子图上的优化实例. 这是二者取其一, 是一种 "分支", 称之为关于边的分支法. 把它记作

$$\mathbf{M}_3^{(0)} : \textbf{边分支法}.$$

还可以讨论关于顶点的分支法, 记作

$$\mathbf{M}_{31}^{(0)} : \textbf{顶点分支法}.$$

为了节约篇幅, 这两个方法的细节就不一一写出了.

1.8.3 归结法

归结法是数学甚至自然科学中广泛运用的一个方法, 用一元一次方程求解四则应用题, 用解析几何法证明几何定理, 都是归结法的具体实现. 微分学中把实际实例化为求极大、极小实例 UVW, 先根据这实际实例建立函数关系 $y = f(x)$, 再求解它的最优解的必要条件 $f'(x) = 0$, 这也是归结法. 可以看到, 可以用各种技术建立种种的实例 UVW 通过必要条件来实现.

$$\mathbf{M}_4^{(0)} : \textbf{归结法}$$

04001 已知. 实例 XYZ.

04002 条件. 记载 XYZ 的应有特征.

04005 任务. 求它的一个 (所有) 解.

04011 转化. 通过某种技术, 把实例 XYZ 归结为实例 UVW, 记作 UVW(XYZ).

04021 用任意一个方法求解实例 UVW(XYZ).

04022 得到实例 UVW(XYZ) 的所有解集.

04031 从解集中找出满足条件 04002 的一个 (所有) 解.

04032 分析. 如果是空集, 实例 XYZ 无解; 如果解集上的基数等于 1, 实例 XYZ 有唯一解; 如果基数大于 1, 实例 XYZ 有多个解.

04041 将所得的解改用实例 XYZ 的术语写出所求的解, 而得到实例的答案.

至此, 我们得到求解组合最优化问题的实例的几个初等方法, 如下:

$M_0^{(0)}$: 枚举法.

$M_1^{(0)}$: 隐枚举法; $M_{11}^{(0)}$: 改进隐枚举法.

$M_2^{(0)}$: 简单同解法; $M_{21}^{(0)}$: 同解法 1.

$M_3^{(0)}$: 边分支法; $M_{31}^{(0)}$: 顶点分支法.

$M_4^{(0)}$: 归结法.

我们把这五种八个求解方法汇集为初等方法集, 称为第 0 类方法, 记作 $M^{(0)}$.

1.9　连通性的判别子程序

在图论中, 连通性是一个非常重要的概念, 许多时候需要识别有向图或无向图上的与连通性有关的事项. 而这项工作将反复出现, 本身又具有某种独立意义, 为了不时引用, 像第 1.2.4 节讲的, 把它 "抽" 出来, 这个部分叫做 "判别连通性子程序". 并用标识符 $S_1^{(0)}$ 表示, 字母 S 是 "子程序" 的英文单词 subroutine 的第一个字母, 子程序将归并入方法集.

判别连通性的思路是简单的: 端点为 s 的树上各个顶点都是可以从顶点 s 经过路到达的, 或者说与 s 连通. 子程序的任务就是做出所有从 s 经过路到达可能的顶点. 对于有向图和无向图, 这个子程序只有细微的差别. 在无向图中, 它构造含有 s 的一个树, 而在有向图中, 则构造一个极大的树形图 (arborescence), 即有根 s 无圈有向树.

$S_1^{(0)}$: 判别连通性子程序

0101 给定. 有向 (无向) 图 $G(V, E)$.

0102 符号. 集合 R: 从 s 可以经过路到达的顶点集; 工作集 Q; 集合 $T \subset E(G)$: 使得 (R, T) 是一个根为 s 的树; v, w 是图中两个顶点, (v, w) 是图的边.

0105 任务. 判定图是连通的.

0111 初始. 令 $R := \{s\}$, $Q := \{s\}$ 与 $T := \varnothing$.

0121 如果 $Q = \varnothing$, 停止, 如果 $R = V$, 则图 $G(V, E)$ 是连通的; 否则, 由 R 导出的子图是图 G 的一个连通分支.

0122 选取一个 $v \in Q$.

0131 选取 $w \in V(G) \backslash R$, 使得 $e = (v, w) \in E(G)$.
　　如果不存在这样的 w, 则令 $Q := Q \backslash \{v\}$, 并转到 0121.

0141 令 $R := R \bigcup \{w\}$, $Q := Q \bigcup \{w\}$ 以及 $T := T \bigcup \{e\}$, 转到 0122.

定理 1.2　图的连通性的判别子程序是正确的.

证明 在任何一步, (R, T) 是一个树. 假设在最后, 有一个顶点 $w \in V(G) \backslash R$, 它是能够从 s 到达的. 设 P 是一条 s-w-路, 设 (x, y) 是 P 的一个边, 而 $x \in R$, $y \notin R$. 因为 x 已经添入到 R, 而后的某一步, y 添入 Q, 子程序在 x 从 Q 移出之前是不会停止的. 但是在 0131 已经作了, 仅当没有边 (x, y) 且 $y \notin R$.

在 0122 中没有规定如何明确选取顶点 $v \in Q$, 通常有两个明确取出顶点 v 的方法可用, 它们是深探法 (depth-first search, DFS) 和广探法 (breadth-first search, BFS). 在 DFS 中, 让 Q 是一个序列, 选取最后进入 Q 的顶点 v, 换句话说, Q 的元素是后进先出, 而在 BFS, 则是先进先出.

前一个规则有点像顾客站队购物, 先到先接受服务, 而后一种像货架上商品的流程, 后上架的商品先卖出.

子程序 DFS 的思想远在 19 世纪就已经引入数学, 由 DFS 算得的树 (树形图) (R, T) 叫做 DFS-树, 由 BFS 算得的叫做 BFS-树. 对于 BFS-树有以下的重要性质.

定理 1.3 BFS-树包含从 s 到每个可达顶点的一个基数最小路, 对于从 s 到所有 $v \in V(G)$ 的基数 $\text{dist}_G(s, v)$ 可以在线性时间内得到.

证明 应用 BFS 到 (G, s), 并添加两个命题: 在初始 (子程序的 0111), 加 "令 $l(s) := 0$", 而在 0124, 加 "令 $l(w) := l(v)+1$". 于是对于所有的 $v \in R$ 有 $l(v) = \text{dist}_{(R,T)}(s, v)$, 再有, 在子程序的每一步, 如果 v 是当前查验的顶点 (在 0122 选定的), 这时没有顶点 $w \in R$ 使得 $l(w) > l(v)+1$ (因为顶点是按其值 l 非减的顺序查验的).

假设当算法结束时, 有一个顶点 $w \in V(G)$ 使得 $\text{dist}_G(s, w) < \text{dist}_{(R,T)}(s, w)$; 设 w 是从 s 在 G 中具有最小的距离而具有这个性质. 设 P 是在 G 中的 s-w 最短路, 而设 $e = (v, w)$ 或者 $e = \{v, w\}$ 是 P 中最后一条边, 就有 $\text{dist}_G(s, v) = \text{dist}_{(R,T)}(s, v)$, 但是 e 不属于 T. 更有

$$l(w) = \text{dist}_G(s, w) < \text{dist}_{(R,T)}(s, w)$$
$$= \text{dist}_G(s, v) + 1 = \text{dist}_{(R,T)}(s, v) + 1 = l(v) + 1.$$

这个不等式联合上面的观察证明了: 当 v 从 Q 移出时, w 不属于 R, 但是由于边 e 的存在, 与 0131 矛盾.

我们当然可以写出关于深探子程序 DFS 与广探子程序 BFS 并记作

$$\mathbf{S}_{11}^{(0)}: \text{判别连通性的 DFS 子程序}$$

与

$$\mathbf{S}_{12}^{(0)}: \text{判别连通性的 BFS 子程序}.$$

与判别连通性子程序 $S_1^{(0)}$ 相比较, 关于 DFS 与 BFS 的两个子程序仅在关于集合 Q 改为序列之后作相应的修改, 就可得到, 只列出标识符 $S_{11}^{(0)}$ 和 $S_{12}^{(0)}$, 而不一一写出子程序了.

人们认为判别连通性的子程序是重要的. 我们可以用它枚举顶点全体, 计算所给图的连通分支数; 如果各个顶点都赋有值 (即权), 寻求一个或全体权 (值) 最优 (大、小) 值顶点 (集); 在有向图中寻求相应的各种题目, 等等.

1.10　计算复杂性与多项式 P 问题

1.10.1　计算复杂性

设问题 XYZ: S 有一个实例, 它有一个算法, 要问它的有效性如何? 如果有了两个甚至多个算法, 除了它们各自的有效性之外, 还问哪一个更为有效? 这个简单而自然的想法对于研究数学各个分支, 甚至证明问题都是重要的, 而对组合最优化更是一个重大而有趣的题目, 那就是计算复杂性. 从 20 世纪 70 年代起, **计算复杂性**迅速发展成为一个重要的领域 [C 4].

指定的一个问题 XYZ 和它的指定的某个实例, 测算它的一个算法的复杂程度和比较不同算法的优劣, 在获得一套合理的规则之前, 需要对研究环境做一些必要的安排. 我们有以下四个约定.

(1) 问题的规模 (大小). 问题是所有实例的全体, 实例中具有若干参数. 我们选取其中的一个或几个作为它的主参数, 把这些参数的某个函数作为实例的**规模**, 并从两个方面来度量所述算法求解问题的代价: 或者是有关所需运行时间的**时间复杂性**; 或者是有关所需储存空间的**空间复杂性**.

我们这里仅讨论前者, 并把时间复杂性简称为**复杂性**. 当然关于空间复杂性也有相应的概念和理论.

如果数学对象和图相关, 实例是 XYZ: $G = G(V, E, W)$, 论域的顶点集 V 的基数 n 和边集 E 的基数 m 是两个参数, 按照对象的特性, 可以把顶点集基数 n 作为主参数; 作为实例的规模, 也可以把边集的基数 m 作为主参数; 作为实例的规模. 还可以, 例如, 把 $m + n$ 作为实例的规模.

(2) 算法的主运算. 一个算法中有各种运算, 它们可能归结为某些基本运算, 例如, 加减乘除、比较 (取大、取小) 等. 可选择其中的一个或几个作为主运算, 并约定: 每执行主运算一次等于一个单位时间, 执行非主运算所需时间规定忽略不计, 那么求解实例的过程中所作主运算的时间与实例的规模大小相关.

(3) 时间分析. 即便用同一个算法求解所论实例的规模相同的各个数字例, 所需的时间往往各不一样. 原则上说, 可以尝试采用它们的最优 (即时间最少) 情形、平均值情形或最劣情形来分析.

通常是不用最优情形分析的. 因为, 最优情形往往缺少代表性. 许多情形, 总有平凡的数字例, 它是无须计算就能得到答案的.

平均值分析是关于规模为 n 的所有数字例所花运算时间的期望值分析, 这似乎是一个很好的选择. 但是大多数情况中, 很难度量. 而且, 什么样的数字例是 "平均" 意义的数字例呢? 另一个严重的困难是, 如何分析平均行为, 迄今似乎还没有公认的好办法.

最劣情形分析是可行的, 而且具有通用性. 那些规模为 n 最劣情形的实例的特征往往容易描述, 某一个算法求解它所需运行时间是 n 的一个函数, 把它作为这个算法求解所论实例的运行时间函数, 例如 $F(n)$. 如果另有一个算法, 它对应着另一个运行时间函数, 例如 $G(n)$.

(4) 两个简化技术. 运行时间函数通常是复杂的, 而人们的主要兴趣在于: 随着 n 越来越大时, 探求一个算法的运行时间函数的性态和比较两个算法的有效性. 用数学分析的语言来说, 就是讨论无穷大 $F(n)$ 的性态和比较两个无穷大 $F(n)$ 和 $G(n)$ 的关系. 无穷大本来分为指数型、多项式型和对数型三种, 并用形式尽量简单的同阶无穷大来替代所给的无穷大.

例如, 所论实例的主参数的规模是 n.

如果算法 ABC 需要作 $1000n$ 次 (主) 运算, 用它的一个同阶无穷大 n 来替代 (系数为 1 的、n 的一次单项式该是形式最为简单的), 并说这个算法求解所论实例的复杂性 (即运行时间) 是 n 的 1 次 (阶)(多项式) 的 , 记作 $O(n)$.

对于许多的图的算法, 不失一般性, 总假设所论的图是简单而且连通的, 因此边数 m 和顶点数 n 有关系: $n-1 \leqslant m \leqslant n^2$. 有重边发生时, 我们仅考虑其中一条边. 本书中无论何时说一个图是一个算法的输入部分, 总假定这个图采用邻接列表形式.

至于数之间的初等运算, 假定顶点上和边上的初等运算仅花常数时间, 包括查验一条边, 确定它的端点以及找到列表中的位置的时间. 运行时间用参数 n 和 m 来量度, 一个运行时间为 $O(m+n)$ 的算法称为**线性的**. 所以有如下定理.

定理 1.4　图的连通性的判别子程序 $S_1^{(0)}$, 以及关于 DFS 与 BFS 的两个子程序 $S_{11}^{(0)}$ 和 $S_{12}^{(0)}$ 都可以在 $O(m)$ 时间内完成.

如果算法 DEF 的运行时间为 $2n^2+50n$, 用同阶无穷大 n^2 来替代 (这个二次单项式该是最为简单的了). 说这个算法的复杂性是 (n) 的 2 次 (阶) 的, 记作 $O(n^2)$.

设第三个算法 GHI 的计算复杂性是 $O(n \log n)$, 这是对数型的.

设第四个算法 JKL 的复杂性为 2^n 的, 记作 $O(2^n)$, 这是指数型的.

Knuth (1976 年) 把上面的讨论和符号推广如下.

$O(s(n))$ 是一个满足下面条件的函数簇类: 如果 $f(n)$ 属于它, 表明存在两个正的常数 C 和 n_0, 使得对于所有 $n \geqslant n_0$, 有 $|f(n)| \leqslant Cs(n)$.

如果函数 $f(n)$ 属于 $O(s(n))$, 记作 $f(n) \in O(s(n))$ 或者 $f(n) = O(s(n))$.

我们可以用下面的规则对符号 O 进行加法和乘法运算.

定理 1.5   如果 $f(n) = O(s(n))$ 和 $g(n) = O(r(n))$, 则

$$f(n) + g(n) = O(s(n) + r(n)),$$

以及

$$f(n)g(n) = O(s(n)r(n)).$$

1.10.2 多项式算法

定义 1.5   如果实例 XYZ: S 的一个算法的复杂性属于 $O(n^k)$, 其中 k 是一个正整数, 那么称这个算法是 k 次 (阶) 多项式 (polynomial) 的.

如果问题的某个实例有一个多项式 (界) 的算法, 则不仅说这个问题的所论实例是多项式的, 而且说这个问题是多项式的. 如果实例有两个多项式的算法, 一个是 h 阶的, 另一个是 k 阶的, 其中 $h < k$, 我们还说这个实例是 h 阶 (多项式) 的.

多项式问题的全体组成多项式问题类, 或者说, **P 问题类**.

因为 $n^{k-1} \leqslant n^{k-1}\log n \leqslant n^k$, 即当 n 趋向于无穷时, $n^{k-1}\log n$ 界于 $k-1$, k 次多项式之间, 所以通常把对数型 $O(n^{k-1}\log n)$ 算法归结为多项式算法.

Edmonds 把多项式算法叫做**好算法**, 或**有效算法**.

算法 GHI 是指数型的, 它是非有效的.

1.11   几 点 注 记

多项式算法有较好的 "封闭性", 即几个多项式算法可以结合起来解同一个实例的某些特殊情形. 一个多项式算法可以利用另一个多项式算法作为其 "子程序", 并且最后的结果仍是一个多项式算法.

经验表明, 对于大多数问题而言, 一旦找到了多项式算法, 那么, 经过研究者的努力, 很快就会发现新的多项式算法, 对比两种算法实际所用的时间, 从理论上讲相当于降低了多项式的阶数, 并且常常可以降到 3 次甚至更低. 相反, 指数算法, 如果有同次数的两个算法, 还要讨论最高次数的系数的大小, 以区别算法的优劣. 而在比较多项式型和指数型的算法时, 一般对多项式的次数不再细分.

一旦找到了多项式算法, 那么所论实例的一切指数型算法很快就会被抛弃.

本书将讨论若干个多项式问题, 但是不为追求阶数细微减小的算法而占用太多的篇幅. 可能那些阶数更低的多项式算法的出现有其自身的理由, 除非是另一个思

路所得的产物, 只是为了编写本书的初衷 "去小知而大知明, 汇众知以明其道" 不顾及这方面的工作了.

本书的目的在于把组合最优化这门数学分支的基础部分作一番整理. 对有些概念、术语和方法给以明确的界定. 有的和某些著作的见解不尽相同.

第一点, 关于学科的定义, 每门学科以及属于该学科的各种概念都有各自的定义. 由于历史发展的阶段不同, 人们认识事物的侧面不同, 甚至个人的偏好不同, 同一个学科或概念, 有几种不同的定义是常见的事. 选定其中的一个, 有时, 相比于别的定义, 会被认为有片面性. 但是, 这样做, 比不加定义要好.

本来我们已经有了组合数学的定义, 例如, [孙 1] 中提到: "组合数学研究的对象泛称格局. 所谓格局包括图、设计、算法过程、数学系统、工作程序等." 因此也可以把组合最优化定义为研究、求解最优格局问题的学问.

又有学者说: "组合最优化是通过对数学方法的研究去寻找离散事件的最优编排、分组、次序或筛选等."

更有学者说: "在组合 (最优化) 问题里, 是从一个无限集或者可数无限集里寻找一个对象 —— 典型地是一个整数, 一个集合, 一个排列, 或者一个图."

[林 11] 中讲得更为广阔而清楚: "亦称离散最优化 (discrete optimization), 它是组合数学 (离散性数学) 与最优化理论的交叉学科, 研究对象是各种组合构形的最优化问题. 所谓组合构形是指有限个事物的配置方式, 包括集合选取、位置安排、连接结构、作业布局、资源分配以及排序、划分、装填、覆盖、染色等. 概括地说, 有一个基础集 X 表示事物之集和一个状态集 Y 表示事物呈现的状态 (如位置、颜色、标号); 一个组合构形就定义为从 X 到 Y 的映射 $f: X \rightarrow Y$, 表示每一个元素处于一个状态, 构成一种配置方式. 一种组合构形的优劣往往用它的某个参数 v 来衡量, 如某种特定元素的个数或权重, 或时间、长度、费用等性能指标. 组合最优化问题的一般形式是求一个满足一定条件的组合构形 f, 使其目标参数 v 达到最大 (小) 值".

它们都比定义 1.1 要宽得多.

给一个学科下定义, 往往要求这个定义最好能够清楚地界定讨论的范围, 涵盖众多的、熟知的、公认应属于此的问题, 还要求理论研究和算法发现时, 这个定义本身更易于操作, 更具有一定的构造性.

像组合最优化, 其诞生不久, 正处于发展阶段, 今日选择了一个定义, 只是立此照存, 便于探讨问题. 将来随着出现众多新的题目, 积累大量新的研究和应用成果, 产生了新的思路, 会产生新的定义. 这该是科学发展中正常规律的事.《礼记》有一句话: "止, 而后能观". 确定定义是研究学问的一种科学方法.

我们之所以宁愿采用定义 1.1 作为编写本书的一个出发点, 一是许多著名学者采用这个定义, 二是定义具有有限性、可操作性和子集型, 它和几个子集型最优化原理能够配伍, 开展工作. 当然这样的定义与上述学者的定义相比要狭窄得多, 譬如例 1.7 的 Steiner 树问题就不在本书范围之内.

第二点, 关于求解题目的工具问题. 组合最优化问题的一个数字例, 如果它的规模很小, 往往仅靠纸上笔算, 无须理论也能得到答案. 大量的生产实际任务, 归结为某个问题的实例, 其规模往往是巨大的, 而理论的研究更是注意一般性, 也是以大规模为前提的. 如何合理组织有关数据, 更易于获得题目的理论和答案, 发现新的推理和计算工具是有积极意义的. 一般而言, 有两个方面: 一种是或者从数学宝库中发现合用的工具, 或者发现崭新的数学系统; 另一种是有效地编制各种程序, 甚至软件包, 让计算机进行计算.

第三点, 关于术语的使用. 人们常常把某些生活和工程名词转化为自己学科的专业术语, 给出明确的定义, 有时甚至和本学科的有些论著也不一致. 例如, 问题、方法和算法等; 又如, 树、路等. 但是, 在一般讨论或行文时又很难进一步严格区分. 请读者注意上下文和严格的定义, 以区分它们的实际意义.

> 科学成就的重要性往往并不只是表现为在已有的材料上添加新东西, 对于科学的进步来说, 使已有的但是烦难的研究领域条理化、简单化和明确化, 这样一种探讨绝不是次要的. 通过这样的探讨, 有助于 (或至少有可能) 从整体上来观察、理解和把握这门科学 ······ 即在解决新问题的同时寻求使老问题化难为易的方法, 在已有的材料之间建立新的联系, 同时使许多个别研究的分散支流汇入一条统一的河道.
>
> 　　　　　　　　　　　　　　　　　　　　　　　库朗《希尔伯特》

第 2 章　论域型与可行域型最优化原理

工欲善其事, 必先利其器.

——孔子《论语·卫灵公》

一般最优化原理是半序型的原理. 把它应用到组合最优化实例的论域以及可行域, 建立了第 1 (论域型) 与第 2 (可行域型) 最优化原理, 以发展它们的理论和性质, 并得到相关实例类的求解方法.

本章由三部分组成.

(1) 讨论集合形式和公理形式的一般最优化原理的基本性质.

(2) 讨论第 1 (论域型) 最优化原理的代数和几何性质, 建立 $\{P_2^{(1)}, P_2^{(2)}, P_1^{(4)}\}$-实例的解带 $\mathscr{FFD}$, 提出求解实例的三个思路, 得到求解它们的去劣法、扩展法和递推法. 此外, 还有生成法和分治法.

(3) 讨论第 2 (可行域型) 最优化原理, 建立三个分支定界法.

2.1　引　　言

第 1 章讨论了组合最优化实例的定义和它的基本事项. 本章讨论第二个题目——什么是最优化?

先谈一个命题.

身高命题. 全体本科新生身长最高者, 在自己的班级中也是最高的. 这是社会实践中为人们普遍接受的一个命题.

我们要仔细分析这类命题, 期盼从中受到启发, 以建立一个能用数学语言表示的一般最优化原理.

在一个大学里, 全体学生是集合 S, 把它的本科新生作为集合 D, 张三所在的一个班级的学生是子集 A、每个元素 s_j 对应一个身高 r_j, 它是一个实数. 作为学生的一个指标 (所赋的值), 这年级学生身高是由, 譬如说, 在区间 $[1.40, 1.85]$ 米的有限个实数所组成的实数集 $r = \{r_j\}$. 这里有局部 A、元素 s_j 和指标 r_j.

身高命题的论域写作 (S, T). 所谓从 S 中取一个整体 D, 是指从 S 中取出子集 D 以及论域中与 D 所有相关的信息. 说 "$s_j < s_k$" 是指具有关系 $r_j < r_k$ 的两个元素, 等等. 特别地, 我们可以把论域 (S, T) 简写作 S.

用集合的术语来讲, 身高命题可以说作: "在集合中, 如果整体中的最优集 (解) 在局部, 则它 (们) 是局部最优的". 这是一种在集合中, 讨论它的子集与元素之间的关系命题.

上面所说的身高命题, 无须限于所在班级, 总体无须限于全年级的学生, 不仅可以收缩到若干个班级、该年级的所有男同学, 还可以扩大到全校的大学本科生, 等等. 我们不仅可以论述学生的身高, 把身高改为上学期末的总成绩、某次运动会某项体育竞技成绩等, 这个命题同样能够被接受.

把 S 的子集全体记作子集簇 $\Re$, D 是子集簇 $\Re$ 中的一员, 具有从属关系 $A \subseteq D \in \Re$.

但指标为朋友数, 即相邻数, 命题就不能肯定成立.

在集合 A 中如果存在一个二元关系 R, 满足下列三个性质:

(i) 反身性: 对于每一个 $a \in A$, 总有 aRa;

(ii) 传递性: 如果 $a, b, c \in A$, aRb, bRc, 则 aRc;

(iii) 反对称性: 对于任何两个元素 $a, b \in A$, aRb, bRa, 则 $a = b$,

则说集合 A 是一个具有关系 R 的偏序集 (partially ordered set, poset), 记作 "偏序集 (A, R)".

如果还有以下性质:

(iv) 顺序性: 对于任何两个元素 $a, b \in A$, 总有 aRb, 或者 bRa,

则称集合 A 具有关系 R 的全 (**有**)**序集** (ordered set), 记作 "有序集 (A, R)".

在组合最优化中, 赋予元素的值 (权) 常常是实数域中的数, 通常就是有理数或整数, 用 r 表示. 采用符号 $\prec$ 来表示元素之间大小优劣, 并以符号 $\prec$ 左侧为优, 右侧为劣.

有时, 两点之间有 5 条长度等于 7 的路用二元数组 (5,7) 来表示. 这时, 两个二元组, 假如另一个二元组是 (3,9), 在没有添加别的条件时, 就无法辨认它们之间的大小、优劣.

为了简化本书内的系统, 我们把偏序集与全序集统称为 "序集".

在实数集中, 我们常常直接用实数间的 $\leqslant$ (即 $=$ 或者 $<$) 关系来表示偏序集,

自反律: $x \leqslant x$.

反对称律: $x \leqslant y, y \leqslant x$, 则 $x = y$.

传递性: $x \leqslant y, y \leqslant z$, 则 $x \leqslant z$.

常用 POSET 或者 (POSET, $\leqslant$) 表示.

人们论述优化元素时总默认, 在这个命题中的论域 (S, r) 上, 讨论对象 XYZ 的组合最优化实例时, 通常总隐含有一个规则集 $\rho = \{\rho_1, \rho_2\}$, 其中:

规则 1: 记作 ρ_1, 把所论集合 S 作为论域, 可以用规则构造出作为整体的合格的集合 D, 并在它之中做出作为局部的合格的子集 $A (\subseteq D)$;

规则 2: 记作 ρ_2, 合格的集合是指能够识别或者算出集合中所指定的元素或者子集. 例如, 把优化元素或最优解集, 记作 D^* (A^*).

所以关于学生身高的命题是, 在一个论域 (S, POSET) 中有若干个合格的可作为整体的集簇记作 $\Re$, 从中任选一个集合 D 作为整体, 它的最优元素在局部 $A \subseteq D$ 之中, 则有身高命题优化元素之间的关系.

对于 $A \subseteq D \in \Re$, 如果有一个 $x \in A$, 使得 $A \backslash \{x\}$ 中每一个 y, 总有 $x > y$, 则说 x 是集合 A 的最大 (优) 元. 这时, 还说局部最优元 x 是关于整体 D 的极优元. 由 A 中所有的极优元所组成的集合记作 A^*.

我们假设, 在半序集 POSET 中所取出讨论的集合 A, D 总有极优元素集 A^*, D^*.

D^* 是 D 的优化集, D^* 中的元素是优化元素. $\overline{D} = D \backslash D^*$ 是关于 D 的非优集, 其元素是自由 (非优) 元素.

2.2　一般最优化原理

因为上节所述身高命题具有一定的普遍意义, 我们从它开展工作, 建立以下的基本命题:

$\text{P}^{(4)}$: **最优化原理**. 整体最优解在局部是最优的.

写成如下的集合形式:

$\text{P}_0^{(4)}$: **一般最优化原理 (集合形式)**. 设有 (S, POSET) 及 $A \subseteq D \subseteq S$, 如果 $D^* \subseteq A \subseteq D$, 则 $D^* \subseteq A^*$.

定理 2.1　如果 $\text{P}_0^{(4)}$ 成立, 则有

$$\overline{A} \subset \overline{D}. \tag{2.2.1}$$

证明　分两种情形来证明.

"在局部之中" 的情形, 有 $\overline{A} = A \backslash A^* \subset D \backslash A^* \subset D \backslash D^* = \overline{D}$.

"在局部的部分" 的情形, 如果 $A \bigcap D^* \neq \varnothing$, 有 $A \bigcap D^* \subset A^*$, 于是

$$A \backslash A^* \subset A \backslash (A \bigcap D^*), \tag{2.2.2}$$

$$\overline{A} \subseteq (A \bigcap (D^* \bigcup \overline{D})) \backslash (A \bigcap D^*)$$

$$= ((A \bigcap D^*) \bigcup (A \bigcap \overline{D})) \backslash (A \bigcap D^*)$$

$$= A \bigcap \overline{D} \subset \overline{D}. \tag{2.2.3}$$

这就是 (2.2.1).

定理 2.2　$\overline{A} \subset \overline{D}$ 成立的充要条件是

$$\overline{A} \bigcap D^* = \varnothing. \tag{2.2.4}$$

证明　$\overline{A} \subset \overline{D}$ 是指 $\overline{A}$ 中的元素不能在 D^* 之中, 所以有 (2.2.4).

反之, $\overline{A} \subset A \subset D = D^* \bigcup \overline{D}$, 由 (2.2.4), 即得 $\overline{A} \subset \overline{D}$.

这两个定理可以把一般最优化原理写成如下两个变形.

定理 2.3　在满足一般最优化原理的条件下,

(i) 局部非优的元素在整体是非优的, 即不在整体的最优集之中;

(ii) 一个元素不能既是整体最优的, 又是局部非优的.

定理 2.4　如果 $P_0^{(4)}$ 成立, 条件 $A^* \bigcap D^* \neq \varnothing$ 成立的充要条件是

$$A \bigcap D^* \neq \varnothing. \tag{2.2.5}$$

证明　我们有

$$A \bigcap D^* = (A^* \bigcup \overline{A}) \bigcap D^* = (A^* \bigcap D^*) \bigcup (\overline{A} \bigcap D^*).$$

由定理 2.2 得 $\overline{A} \bigcap D^* = \varnothing$. 由 (2.2.5) 得 $A^* \bigcap D^* \neq \varnothing$.

定理 2.2 说明, $(A^* \bigcup B)^* = (A \bigcup B)^*$.

用文字来叙述定理 2.4, 把条件 $A^* \bigcap D^* \neq \varnothing$ 说成: 整体 D 有最优元素是局部 A 的最优元素当且仅当有整体最优元素在局部 A 之中.

又可以说, 局部的最优元素是整体的最优元素, 当且仅当有整体最优元素在局部之中.

如果在论域 S 中, 选一个整体 D, 实例 D 的最优解记作 D^*, 把整体分为 $A \bigcup B$, A 是 D 的局部, 它有最优解 A^*, 其余的是自由元素集 $\overline{A}$. 作

$$A = A^* \bigcup \overline{A}, \quad A^* \bigcap \overline{A} = \varnothing,$$

在 $\overline{A}$ 中任取一个非空子集 $\overline{A}$, $A^* \bigcup \overline{A} \subset A$, 左端所含的可行解不会比 A^* 更优. 所以有

$$(A^* \bigcup B)^* = (A \bigcup B)^*.$$

2.3　序集型优化原理

2.3.1　定理形式的原理

林诒勋于 1992 年 [林 8] 把第 2.2 节两种论述写成如下定理形式.

定理 2.5 (序集型优化原理 I)　设集合 $P_1^{(1)}$-POSET 具有最优元素, 且 $A \subseteq D \subseteq$ POSET, "整体 D 的最优元素 d^* 是局部最优的" 成立的充要条件是命题 "整体最优元素 d^* 含在局部 A 之中" 成立.

定理 2.6 (序集型优化原理 II) 设集合 POSET 具有最优元素, 且 $A \subseteq D \subseteq$ POSET, "局部 A 的最优元素 t^* 是整体 D 的最优元素" 成立的充要条件是 "有整体最优元素在局部 A 之中".

林诒勋把这两个定理作为半序型的最优化原理, 作为研究组合最优化的基本原理. 林诒勋指出: 这是两个 "几乎是不证自明的" 充要性定理; "富有戏剧性的是, 集合论中这两个近乎废话的平凡命题在最优化的各个领域被人们普遍地运用着, 并改编成一些深奥的原则和原理". 他明确指出, 可以用于 Bellman 最优化原理 (属于本书以后将要讨论的第 4 最优化原理)、分支定界法 (属于第 2 最优化原理) 和线性规划的原设对偶方法. 还指出, 人们在研究各种连续最优化实例时, 反复不断地、自觉不自觉地在利用它们, 依此得到了许多应用.

这两个原理都是用充分必要条件的形式陈述的. 前一个是讲从整体最优解到局部最优解成立的条件, 后一个是讲从局部最优解到整体最优解成立的条件.

原理 II 可以由原理 I 得到, 因为最优元素必须在所论集合之中. "整体 D 的最优元素 d^* 是局部最优的" 本身包含 "整体最优元素 d^* 在局部之中". 原理 I 的充分性是自明的.

因此我们可以把原理 I 的以下必要性命题作为基础, 称它为一般最优化原理.

$P_0^{(4)}$ 偏序型最优化原理: 如果 "整体 D 的最优元素 d^* 含在局部 A 中" 成立, 则 "整体 D 的最优元素 d^* 是局部最优的" 成立.

学习林诒勋的著作, 看他得心应手地应用这两个原理讨论诸个实例, 深受启发. 他实在是让一般最优化原理通过种种组合分析和论述, 直接应用到所论的各个组合最优化实例之中. 而本书的工作是多走了一步, 就是在后面几章中, 让一般最优化原理分别应用到各个问题的各个实例的论域、可行域、可行解与最优解, 考察它们是否成立, 用那些能够成立的原理来讨论各个实例.

看来, 从一般最优化原理 $P_0^{(4)}$ 出发讨论组合最优化实例是可以尝试的一种途径.

再次强调, 一般最优化原理以及本书后面所讲的诸种最优化原理都是必要性的命题, 对它们都有以下的问题: 所论的原理在什么条件下成立? 对于我们所需研究的实例, 是否成立? 如果成立, 我们才能问下一个问题: 靠这个原理能做些什么工作?

2.3.2 公理形式的原理

用公理形式来描述 $P_0^{(4)}$ 如下.

$P_0^{(4)}$: 一般最优化原理 (公理形式). 在全序集 $\pi^{(1)}$-POSET S 上, 有对象 XYZ 的组合最优化实例. 设在子域 A ($\subseteq S$) 上的最优解记作 A^*.

$P_{01}^{(4)}$: 唯一性. A 有唯一解 A^*, 写 $A = A^* \bigcup \overline{A}$, $A^* \bigcup \overline{A} = \varnothing$.

$P_{02}^{(4)}$: 合理性. $A^* \neq \varnothing$, 当且仅当 $A \neq \varnothing$.

$P_{03}^{(4)}$: 方法公式. $(A^* \bigcup B)^* = (A \bigcup B)^*$.

定理 2.7   (i) 若 $|A| = 1$, 则 $A^* = A$;

(ii) $(A^*)^* = A^*$;

(iii) 若 $A^* \subseteq C \subseteq A$, 则 $C^* = A^*$.

证明   (i) 只含一个元素的集合 A 只有一个非空子集, 即 A 本身. 由 $P_{02}^{(4)}$ 得 $A^* = A$.

(ii) 在 $P_{03}^{(4)}$ 中, 令 $B = \varnothing$, 即得.

(iii) 由 $A^* \subset C \subset A$, 有 $C = A^* \bigcup H$ 且 $H \subseteq A$, 所以

$$C^* = (A^* \bigcup H)^* = (A \bigcup H)^* = A^*.$$

定理 2.8   (i) $(A \bigcup B)^* = (A \bigcup B^*)^*$;

(ii) $(A \bigcup B)^* = (A^* \bigcup B^*)^*$;

(iii) $(\bigcup \{A_j : 1 \leqslant j \leqslant t\})^* = (\bigcup \{A_j^* : 1 \leqslant j \leqslant t\})^*$.

定理 2.9 $P_{03}^{(4)}$ 成立的充要条件是:

(i) 若 $A \subseteq D$, 则 $\overline{A} \subseteq \overline{D}$;

(ii) $(A^* \bigcup B)^* \subset (A \bigcup B)^*$.

证明   写

$$A \bigcup B = (A \bigcup B)^* \bigcup \overline{(A \bigcup B)}, \tag{2.3.1}$$

$$A \bigcup B = (A^* \bigcup B) \bigcup \overline{A} = (A^* \bigcup B)^* \bigcup \overline{(A^* \bigcup B)} \bigcup \overline{A}. \tag{2.3.2}$$

充分性. 分两种情形来讨论.

情形 1: $A \bigcap B = \varnothing$, 由 $A \subset A \bigcup B, (A^* \bigcup B) \subset A \bigcup B$ 及 (i), 有

$$\overline{A} \subset \overline{A \bigcup B}, \quad \overline{A^* \bigcup B} \subset \overline{A \bigcup B},$$

于是

$$\overline{A} \bigcup \overline{(A^* \bigcup B)} \subset \overline{(A \bigcup B)}.$$

因为 $A \bigcap B = \varnothing$, (2.3.1) 与 (2.3.2) 的右端是 $A \bigcup B$ 的两种划分. 于是

$$(A \bigcup B)^* \subset (A^* \bigcup B)^* \tag{2.3.3}$$

和 (ii) 合并, 即得 $P_{03}^{(4)}$.

情形 2: $A\bigcap B \neq \varnothing$, 令 $B_1 = B\backslash(A\bigcap B)$, 则

$$(A\bigcup B)^* = (A\bigcup B_1)^* = (A^*\bigcup B_1)^*.$$

$$(A^*\bigcup B)^* = (A^*\bigcup(A\bigcap B)\bigcup B_1)^* = ((A^*\bigcup(A\bigcap B))^*\bigcup B_1)^*.$$

应用定理 2.7 (iii) 于 $A^* \subset A^*\bigcup(A\bigcap B) \subset A$, 有 $(A^*\bigcup(A\bigcap B))^* = A^*$, 从而得
$$(A^*\bigcup B)^* = (A^*\bigcup B_1)^* = (A\bigcup B)^*,$$
即 $P_{03}^{(4)}$ 成立.

必要性. 由 $P_{03}^{(4)}$, 显然有 (ii). 现在讨论 (i).

设 $A \subseteq D, D = A\bigcup B$ 与 $A\bigcap B = \varnothing$. 由 $P_{03}^{(4)}$, (2.3.1) 与 (2.3.2), 有

$$\overline{A}\bigcup\overline{A^*\bigcup B} \subset \overline{A\bigcup B},$$

所以

$$\overline{A} \subset \overline{A\bigcup B} \quad 或 \quad \overline{A} \subset \overline{D}.$$

定理 2.10 (i) $\overline{A\bigcup B} \subset \overline{A\bigcup B}$;
(ii) $\overline{A\bigcap B} \subseteq \overline{A}\bigcap\overline{B}$.

2.4 序集及其优化原理

一般最优化原理 $P_0^{(4)}$ 是一个简洁的命题, 命题之中隐含有某些默认的东西.

按照定义 1.1, 每个组合最优化实例涉及三种基数有限的集合, 论域, 可行域和可行解. 当然后者还有它的特殊情形——最优解. 此外, 可行解还具有规定值 (权), 通常人们规定它是一个实数.

首先把一般最优化原理应用到论域和可行域, 建立两个最优化原理.

在论域 S 上, 把主集 D 作为整体, 其子集 A 为局部. 如果实例 XYZ: A 及实例 XYZ: D 都有最优解, 那么 $P_0^{(4)}$ 可以写成如下的原理.

$P_1^{(4)}$: **第 1 (论域型) 最优化原理**. 对于实例 XYZ: S, 设论域是 S, $A \subseteq D \subseteq S$. 如果整体 D 的最优解在局部 A 之中, 则它是局部 A 的最优解.

可行域 $\mathscr{D}$ 是可行解的全体, 最优解是其中的一员, 把这建立成可行域型最优化原理, 还把它称为第 2 最优化原理, 用标识符 $P_2^{(4)}$ 来表示.

在可行域 $\mathscr{D}$ 中, 设 D 作为整体, 它的任意一个子集 A 作为局部, $A \subseteq D \subseteq \mathscr{D}$. 有下面的最优解的关系:

$P_2^{(4)}$: **第 2 (可行域型) 最优化原理**. 实例 XYZ: S 的可行域是 $\mathscr{D}$, 设 $A \subseteq D \subseteq \mathscr{D}$, 整体 D 的最优解在局部 A 之中, 它是局部最优解.

上述诸特性的标识符 $P_0^{(4)}, P_1^{(4)}$ 与 $P_2^{(4)}$ 的上标 4 表示有关最优化的特性和原理, 添加下标, 依次表示序集型、第 1 和第 2 最优化原理.

在微分学中, 人们熟知, 最优化实例的极优解未必是 (整体) 最优的. 但是, 如果函数是凸 (凹) 的, 则极优解一定是 (整体) 最优的. 把这个特性移植到组合最优化之中.

我们说, 实例 XYZ: S 是**精确的**, 如果它的极优解 a 总是整体最优的.

当然, 并不是所有的组合最优化实例都是精确的. 把这个概念写成特性如下:

$P_5^{(5)}$: 实例 XYZ: $S = (P, T)$ 是精确的, 如果它的极优解 a 总是整体最优的.

再强调一次, 论域型与可行域型的原理是直接应用一般最优化原理的 "整体与局部" 命题于实例的论域和可行域而得到的命题.

2.5　第 1 (论域型) 最优化原理

2.5.1　原理的性质

在第 2.1 节中我们已经把一般最优化原理应用于所给实例的论域 S, 得到论域型最优化原理如下:

$P_1^{(4)}$: **第 1 (论域型) 最优化原理**. 对于实例 XYZ: S, 设 $A \subseteq D \subseteq S$, 整体 D 的最优解是局部 A 的最优解, 如果它在局部之中. 　　　　　　　　　　　(2.5.1)

下面总假设, 凡在公式中出现的式子 $A, A \bigcup B, A^* \bigcup B, D$ 等都默认是全集 S 的 $\pi^{(1)}$ 集, 且以它们为论域的相应实例都有各自的最优解. 实例 XYZ: A 是实例 XYZ: D 的一个子实例, 常常简记作实例 A, 它的 (最优) 解记作 A^*.

把实例 XYZ: A 的最优解记作 A^*, 应该这样来理解: 在整体 D 中取一个集合 A, 设它是若干个具有特性 $\pi^{(2)}$ 的集合, 即在 A 中有若干个可行解, 从中得到唯一的最优解, 就是 A^*, 称为局部的最优解.

定理 2.11　在实例 XYZ: S 中, 如果

(i) 唯一性. 对于论域中每一个 $\pi^{(1)}$ 集, 总有唯一的最优解;

(ii) 存在性. $\pi^{(1)}$ 集的最优解非空, 当且仅当该集是非空的;

(iii) $A \subset D$,

则第 1 最优化原理 (2.5.1) 与下面的公式等价:

$$D^* \subseteq A \subseteq D \text{ 成立的充要条件是 } A^* = D^*. \qquad (2.5.2)$$

证明　必要性. 由第 1 最优化原理, 当 $D^* \subseteq A \subseteq D$, 则 D^* 是 A 的最优解. 本来, 局部最优解是 A^*, 由于 (i), A 的最优解是唯一的, 所以有 (2.5.2).

充分性. 由 $A^* = D^*$ 及 $A \subseteq D$, 立刻有

$$D^* = A^* \subseteq A \subseteq D.$$

一方面, $D^* \subseteq A \subseteq D$ 表明, 整体 D 的最优解 D^* 在局部 A 之中; 另一方面, $D^* = A^* \subseteq A$ 表明, D^* 就是局部的最优解. 即整体最优解是局部最优的, 这就是第 1 最优化原理.

定理 2.12 在实例 XYZ: S 中, 如果

(i) *唯一性.* 对于论域中每一个 $\pi^{(1)}$ 集合, 总有唯一的最优解;

(ii) *存在性.* $\pi^{(1)}$ 集合的最优解非空, 当且仅当该集合非空,

则下面的命题等价:

(1) 第 1 最优化原理 (2.5.1);

(2) $(A\bigcup B)^* \subseteq A \subseteq A\bigcup B$ 成立的充要条件是 $(A\bigcup B)^* = A^*$;

(3) $(A\bigcup B)^* \subseteq A^*\bigcup B \subseteq A\bigcup B$ 成立的充要条件是 $(A^*\bigcup B)^* = (A\bigcup B)^*$.

证明 在定理 2.11 中, 令 $D = A\bigcup B$, 得 (1) 与 (2) 的等价性.

在定理 2.11 中, 用 $A^*\bigcup B$ 和 $A\bigcup B$ 依次替代 A 和 D, 得 (2) 与 (3) 的等价性.

2.5.2 公理形式

第 1 最优化原理中满足定理 2.12 的两个条件, 把原理写成如下的集合形式的公理系统.

$P_1^{(4)}$: **第 1 (论域型) 最优化原理 (公理形式)**. 在实例 XYZ: S 中, 设实例 $A\ (\subseteq S)$ 的最优解记作 A^*.

$P_{11}^{(4)}$: 唯一性. A 有唯一解 A^*, 写 $A = A^*\bigcup \overline{A}$, $A^*\bigcup \overline{A} = \varnothing$.

$P_{12}^{(4)}$: 合理性. $A^* \neq \varnothing$ 当且仅当 $A \neq \varnothing$.

$P_{13}^{(4)}$: 方法公式. $(A^*\bigcup B)^* = (A\bigcup B)^*$.

这里需要对这三条公理作一点说明.

首先, 在形式上, 这个公理系统与一般最优化原理的一致, 但是论述对象各有不同.

人们应用公理于论域时, 前提是每个集合 A 的最优解总是唯一存在, 演算有唯一答案. 关于论域中的集合, 带有优化算子 $*$ 的式子, 例如, 函数 $h((A)^*)$ 的意义是求集合 A 上的最优解的值. 即从集合 A 中寻求它的最优解, 记作 $(A)^*$, 找得的结果是 A^*, 它的值等于 $h(A^*)$.

在讨论具体的数字例的过程中, 可能在某个集合 A 中发生有多个最优解的情形, 譬如说有 $(A)^* = A_1^*$ 或者 A_2^*. 它们有相同的值, 即 $h(A_1^*) = h(A_2^*)$, 甚至写作 $(A)^* = A_1^* = A_2^*$. 这时右边的两个式子在集合意义上是不必相等的, 只是这两个最优解的值相等.

对于 $(A\bigcup B)^* = (A^*\bigcup B)^*$ 也是指 $h((A\bigcup B)^*) = h((A^*\bigcup B)^*)$.

把 $*$ 看成一个运算子, 称为**第 1 类优化算子**.

把一般最优化原理应用于一个实例的论域, 我们提出第 1 最优化原理. 而讨论上述公理系统时, 要在论域的任何 $\pi^{(1)}$ 子集上能讨论同样的实例, 还要保证最优解的子集依然具有局部最优性, 即具有第 1.4.2 节所定义的论域下传性 $P_1^{(1)}$ 和可行解的下传性 $P_1^{(2)}$. 我们事后确认地指出, 能够讨论第 1 最优化原理 $P_1^{(4)}$ 的前提是, 所论实例应具有特性 $P_1^{(1)}$ 和 $P_1^{(2)}$, 甚至具有特性 $P_2^{(1)}$ 和 $P_2^{(2)}$, 独立系统 $\{P_2^{(1)}, P_2^{(2)}\}$ 是基本重要的. 我们有如下定义.

定义 2.1　满足 $\{P_2^{(1)}, P_2^{(2)}, P_1^{(4)}\}$ 的实例叫做**第 1 类优化实例**.

定义 2.2　在 $\{P_2^{(1)}, P_2^{(2)}, P_1^{(4)}\}$-实例 XYZ: S 中, 从 A 到 A^* 的映射 $*$ 是**第 1 类优化算子**, 在本章中简称为优化算子.

例 2.1　(i) 数的优化问题的实例 (例 1.1) 满足第 1 最优化原理.

(ii) 和值最短路实例 (例 1.3) 满足第 1 最优化原理.

(iii) SAVAGE 决策判据的实例 (例 1.5) 和对分实例 (例 1.6) 都不满足第 1 最优化原理.

2.6　基　本　性　质

把定理 2.7—定理 2.10 直接移来成为关于第 1 最优化原理的基本性质. 我们还有如下定理.

定理 2.13　$P_{13}^{(4)}$ 成立的充要条件是

$$(A^* \bigcup \{p\})^* = (A \bigcup \{p\})^*. \tag{2.6.1}$$

证明　必要性. 显然.

充分性. 就 B 的基数进行数学归纳法.

如果 $A = A^*$, (2.6.1) 是一个等式. 下面考虑 $A \neq A^*$ 的情形.

归纳初值: 对于 $|B| = 1$, 显然.

归纳假设: 假设当 $|B| < m$ 时, $P_{13}^{(4)}$ 成立.

归纳终结: 设 $|B| = m$, 令

$$B = B_1 \bigcup B_2, \quad B_1 \bigcap B_2 = \varnothing,$$

其中 $|B_1| = m - 1$ 及 $|B_2| = 1$.

$$
\begin{aligned}
(A \bigcup B)^* &= ((A \bigcup B_1) \bigcup B_2)^* = ((A \bigcup B_1)^* \bigcup B_2)^* \\
&= ((A^* \bigcup B_1)^* \bigcup B_2)^* = ((A^* \bigcup B_1) \bigcup B_2)^* \\
&= (A^* \bigcup (B_1 \bigcup B_2))^* = (A^* \bigcup B)^*.
\end{aligned}
$$

于是对所有基数为 m 的集合 B, $\mathrm{P}_{13}^{(4)}$ 总成立.

定理 2.14 如果 $C \subset A$, $A = A^*$, 则 $C = C^*$.

证明 由定理 2.9 (i) 及 $C \subset A$, 我们有 $\overline{C} \subset \overline{A}$, 由 $A = A^*$ 及 $\overline{A} = \varnothing$, 有 $\overline{C} = \varnothing$, 从而得 $C^* = C$.

把论域 S 中所有子集合的全体记作 $\mathscr{F}$, 称为子集簇.

定义 2.3 A 是优化集, 如果 $A^* = A$, 在实例 XYZ: S 中, 优化集簇记作 $\mathscr{F}^*(\subseteq \mathscr{F})$.

簇 $\mathscr{F}^*$ 有 "足够多" 的元素. 它至少有空集、单元集以及任一优化集的任意子集.

为了讨论下面的反例与以后十分重要的应用, 我们这里介绍**多阶段有向图** $D(V, L)$, 它是一种特殊的有向图. 它的顶点集 V 有一个 $(n+1)$-划分

$$V^{(0)}, V^{(1)}, \cdots, V^{(i)}, \cdots, V^{(n)}.$$

任何一条有向边的始点如果是第 $i-1$ 顶点集 $V^{(i-1)}$ 中的某个顶点 $v_j^{(i-1)}$, 则它的终点一定是第 i 顶点集 $V^{(i)}$ 的某个顶点 $v_k^{(i)}$, 这条有向边记作 $l_{jk}^{(i)} \equiv v_j^{(i-1)} v_k^{(i)}$. 把顶点子集 $V^{(i-1)} \bigcup V^{(i)}$ 的导出子图称为图的第 i 阶段, 它是一个单向二分图. 把这 n 个阶段合在一起, 得到一个 n 阶段有向图. 如果各条有向边都赋有值, 则称为**赋值多阶段有向图**.

例 2.2 **终端集实例** (覃国光). 在多阶段有向图中, 第 i 阶段可以用一个矩阵 STAGE (i) 来表示, 它的元素是 0 或 1, 有向图 $D(V, L)$ 可用下式来表示:

$$\text{STAGE}(1) \bigcup \text{STAGE}(2) \bigcup \cdots \bigcup \text{STAGE}(n). \tag{2.6.2}$$

$D(V, L)$ 中每一个顶点 $v_j^{(i)}$ 有出度 $\delta_D^+(v_j^{(i)})$ 和入度 $\delta_D^-(v_j^{(i)})$, 一个多阶段有向图的终端集是由出度为零的有向边所组成的边子集.

设 A 是任意一个边子集, 它的导出子图 $D[A]$ 是一个多阶段有向图, 它有一个终端集, 记作 $A^* \equiv \{uv \in A : \delta_A^+(v) = 0\}$.

在 $D = D(V, L)$ 中, 把有向边集 L 作为主集, 提出一个终端集实例:

$$\text{实例 HEAD: } D = D(V, L),$$

其任务是找一个 L 的子集, 使得它的导出子图的终端集有最大基数.

特性 $\mathrm{P}_0^{(0)}$, $\mathrm{P}_2^{(1)}$, $\mathrm{P}_2^{(2)}$, $\mathrm{P}_{11}^{(4)}$ 及 $\mathrm{P}_{12}^{(4)}$ 显然都成立. 对于两个边子集 $H \subset K$ ($\subset L$), $D[H]$ 是 $D[K]$ 的子图, 且 $\delta_H^+(v) \leqslant \delta_K^+(v)$. 如果 $uv \in \overline{H}$, 则 $uv \in \overline{K} \cdot \overline{H} \subset \overline{K}$. 定理 2.9 (i) 成立.

设有一个三阶段有向图, 每个阶段都是完全单向二分图. 写

$$L^{(i)} = \{uv \in \text{STAGE}(i), 1 \leqslant i \leqslant 3\},$$

取
$$B = L^{(1)}, \quad A = L^{(2)} \bigcup L^{(3)},$$

于是
$$(A \bigcup B)^* = L^{(3)} \quad \text{和} \quad (A^* \bigcup B)^* = L^{(3)} \bigcup L^{(1)}.$$

可见定理 2.9 (ii), 从而 $\mathrm{P}_{13}^{(4)}$ 不成立, 终端集实例不满足第 1 最优化原理.

2.7　带 $\mathscr{F}$ 与带 $\mathscr{F}^*$

定义 2.4　(i) 系统 (S, μ) 是一个**半群**, 如果运算 μ 具有结合性.

(ii) 半群是可交换的, 如果运算 μ 具有交换性.

(iii) 系统是 μ **幂等**的, 如果对于所有 a, 都有 $a \mu a = a$.

(iv) 半群 (S, μ) 是一个**带** (band), 如果它是 μ 幂等的.

(v) 如果 S 中存在一个元素 e, 使得每个 a, 都有 $e \mu a = a$, 则 e 叫做 μ **单位元素**.

(vi) 如果运算符 $\mu = \oplus$, 则对于每个 a, 都有 $z \oplus a = a$, 则 z 叫做 $\oplus$ **零元素**.

μ 单型半群 (带) 是具有单位元素的交换半群 (带).

在下面, 我们规定 $A \oplus B \equiv A \bigcup B$ 及 $A \tilde{\oplus} B \equiv (A \bigcup B)^*$.

定理 2.15　(i) $\{\mathscr{F}, \oplus\}$ 是一个单型交换带, $\oplus$ 零元素为 $\varnothing$;

(ii) $\{\mathscr{F}^*, \tilde{\oplus}\}$ 是一个单型可交换带, $\tilde{\oplus}$ 零元素为 $\varnothing$.

证明　(i) 按定义, 自明.

下面证明 (ii). 对于 $A, B, C \in \mathscr{F}^*$, 有
$$(A \tilde{\oplus} B)^* = ((A \bigcup B)^*)^* = (A \bigcup B)^* = A \tilde{\oplus} B,$$

于是 $A \tilde{\oplus} B \in \mathscr{F}^*$, 由
$$(A \tilde{\oplus} B) \tilde{\oplus} C = ((A \bigcup B)^* \bigcup C)^* = (A \bigcup B \bigcup C)^*,$$

又
$$A \tilde{\oplus} (B \tilde{\oplus} C) = (A \bigcup (B \bigcup C)^*)^* = (A \bigcup B \bigcup C)^*,$$

所以有
$$(A \tilde{\oplus} B) \tilde{\oplus} C = A \tilde{\oplus} (B \tilde{\oplus} C),$$

即结合律成立.

交换律也成立. 它是 $\tilde{\oplus}$ 幂等的, 因为
$$A \tilde{\oplus} A = (A \bigcup A)^* = A^* = A.$$

空集 $\varnothing$ 是 $\tilde{\oplus}$ 零元素, 因为

$$\varnothing \,\tilde{\oplus}\, A = (\varnothing \bigcup A)^* = A^* = A.$$

所以, $\{\mathscr{F}^*, \tilde{\oplus}\}$ 是具有 $\tilde{\oplus}$ 零元素的交换带, 即单型交换带.

定理 2.16 (i) $\mathscr{F}^* \subset \mathscr{F}$;

(ii) 从 $A\,(\in \mathscr{F})$ 到 $A^*\,(\in \mathscr{F}^*)$ 的映射是同态映射, 记作 →, 或者说算子 $*$ 是同态映射.

证明 显然有 (i), 下面只证 (ii).

设 $A \to A^*, B \to B^*$, 因为

$$(A \bigcup B)^* = (A^* \bigcup B^*)^*,$$

即有

$$A \oplus B \to A^* \,\tilde{\oplus}\, B^*.$$

定理 2.17 对于 A^*,

$$\mathscr{F}_{A^*} = \{H \in \mathscr{F}^* : H^* = A^*\},$$

于是 $\{\mathscr{F}_{A^*}, \tilde{\oplus}\}$ 是一个可交换带.

证明 对于 $H, K \in \mathscr{F}_{A^*}$,

$$(H \bigcup K)^* = (H^* \bigcup K^*)^* = (A^* \bigcup A^*)^* = (A^*)^* = A^*,$$

即 $H \,\tilde{\oplus}\, K \in \mathscr{F}_{A^*}$. 交换律与幂等性成立是显然的.

定理 2.18 簇 $\mathscr{F}$ 有一个关于簇 $\mathscr{F}^*$ 的带划分, 即划分的每一项都是一个带.

证明 每一个 $A \in \mathscr{F}$ 属于一个带 $\mathscr{F}_{A^*}$, 而对于 $A^* \neq B^*$, $\mathscr{F}_{A^*} \bigcap \mathscr{F}_{B^*} = \varnothing$, 所以有

$$\mathscr{F} = \bigcup \{\,\mathscr{F}_{A^*}:\ A^* \in \mathscr{F}^*\}.$$

下面, 我们给出关于分解公式与投影算子的概念.

对于 $A \in \pi^{(1)}$, 有 $\mathrm{P}_{11}^{(4)}$:

$$A = A^* \bigcup \overline{A}.$$

若 $\overline{A} \in \pi^{(1)}$, 实例 $\overline{A}$ 有它自己的优化集 $(\overline{A})^*$, 而它的 $\mathrm{P}_{11}^{(4)}$ 可以写作

$$\overline{A} = (\overline{A})^* \oplus \overline{\overline{A}}.$$

为方便计, 令

$$\overline{A} \equiv A^{(2)}, \quad (\overline{A})^* \equiv A^{2*}, \quad \overline{\overline{A}} \equiv A^{(3)}, \quad (\overline{\overline{A}})^* \equiv A^{3*}.$$

一般地, 有

$$A^{(i)} = A^{i*} \oplus A^{(i+1)}.$$

定理 2.19　实例 XYZ: S 的 $\pi^{(1)}$ 集 A 可以唯一地写成以下公式:

$$A = A^* \oplus A^{2*} \oplus A^{3*} \oplus \cdots \oplus A^{h*} \oplus A^{(h+1)}, \tag{2.7.1}$$

其中 $A^{(h+1)} \notin \pi^{(1)}$.

定义 2.5　公式 (2.7.1) 叫做 A 关于优化算子 $*$ 的 h **阶分解公式** (resolution formula) 或**泰勒展开式**, $A^{(h+1)}$ 称为**余项**, A^{i*} 叫做 A 的 i **阶优化集**.

特别地, $\mathrm{P}_{11}^{(4)}$ 表明 A^* 是 1 阶优化集.

例如, 在一个实数集 S 中, 所有的最小数是相等的, 组成一个子集, 记作 s_0, 称为 0 阶最小数. 在 $S \backslash \{s_0\}$ 中所有最小数集构成子集 s_1, 称为 S 中的 1 阶最小数. 依次可以定义各阶最小数集. 在某个实数集中, 譬如是一个公司人员的工资单, 有一个首 2 阶最小数实例. 设实数集 S 已经排成单调增加的序列且诸数互不相等,

$$S = \{s_0, s_1, s_2, s_3, s_4, \cdots, s_7\},$$

我们有

$$S^* = (s_0, s_1, s_2), \quad S^{1*} = (s_3, s_4, s_5), \quad S^{2*} = (s_6, s_7).$$

定理 2.20　对于 $\{\mathrm{P}_2^{(1)}, \mathrm{P}_2^{(2)}, \mathrm{P}_1^{(4)}\}$-实例 XYZ: S, 存在最小的数 k 使得 $A^{(k+1)} = 0$.

从 $\{\mathrm{P}_2^{(1)}, \mathrm{P}_2^{(2)}, \mathrm{P}_1^{(4)}\}$-实例的论域可以分解为有限多个优化集合 $\{A^{i*} : 1 \leqslant i \leqslant k\}$ 的 $\oplus$ 并, 或者说 A 等于 $\{A^{i*}\}$ 的 $\oplus$ 和.

定义 2.6　在系统 $\{S, \theta\}$ 中, θ 是一个**投影算子** (projector), 如果对于每一个 $A \subset S$, 都有 $\theta(\theta(A)) = \theta(A)$.

定理 2.7 (ii) 的另一种叙述如下.

定理 2.21　优化算子 $*$ 在 $\mathscr{F}$ 中是一个投影算子.

1993 年 5 月, 本书第一作者访问新疆大学数学系. 张福基教授首先指出算子 $*$ 的投影性质. 以此为契机, 作者做了如下的算子与带之间的性质的讨论.

模仿向量空间的理论, 带 $\mathscr{F}$ 与带 $\mathscr{F}^*$ 之间具有某些几何性质. 如图 2.1 所示, 对于 $A, B \in \mathscr{F}$ 及 $A^*, B^* \in \mathscr{F}^*$, $\mathrm{P}_{11}^{(4)}$ 与 $\mathrm{P}_{12}^{(4)}$ 说明向量 A $(\neq \varnothing)$ 在 $\mathscr{F}^*$ 有唯一的一个投影向量 $A^* (\neq \varnothing)$; $A \oplus B$, $A^* \oplus B$ 以及 $A \oplus B^*$ 具有相同的投影向量 $A^* \tilde{\oplus} B^*$. 这与常义向量的投影性质一致.

定义 2.7　A **垂直于** B, 如果 $A = (A \bigcup B)^*$ 且 $B = \overline{A \bigcup B}$.

定理 2.22　对于实例 A, 有

(i) A^* 垂直于 $\overline{A}$;

(ii) 如果 $B \subset \overline{A}$, 则 A^* 垂直于 B;

(iii) 对于 (2.7.1) 的任一集合 $\{A^{j*}: j \in \{j_0, j_1, j_2, \cdots, j_\alpha\}\}$, $j_0 < j_1 < j_2 < \cdots < j_\alpha$, A^{j_0*} 垂直于 $\bigcup\{A^{j*}: j \in \{j_1, j_2, \cdots, j_\alpha\}\}$;

(iv) A^{i*} 与 A^{j*} 垂直.

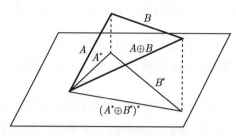

图 2.1 可行解的投影示意图

证明 由定义 2.7 得, (i), (iv) 是 (iii) 的一个特殊情形. (2.7.1) 表示

$$A^{(j_0)} = A^{j_0*} \oplus A^{(j_0+1)},$$

$$\bigcup\{A^{j*}: j \in \{j_0, j_1, j_2, \cdots, j_\alpha\}\} \subset A^{(j_0+1)}.$$

由定理 2.8 (iii),

$$A^{j_0*} = (A^{j_0*}\bigcup\{A^{j*}: j \in \{j_1, j_2, \cdots, j_\alpha\}\})^*,$$

从而有 (ii).

2.8 解带 $\mathscr{F}\mathscr{F}^*\mathscr{D}$

定义 2.8 $\{\mathrm{P}_2^{(1)}, \mathrm{P}_2^{(2)}, \mathrm{P}_1^{(4)}\}$-实例 XYZ: S 的**解带** (solution band), 记作 $\mathscr{F}\mathscr{F}^*\mathscr{D}$, 由三个集簇所组成: S 的子集簇 $\mathscr{F}$、优化集簇 $\mathscr{F}^*$ 和可行域 $\mathscr{D}$.

把集合簇中任何一个集合理解为一个点, 则解带成为一个图.

例 2.3 在赋值简单图 $G = (V, E; W)$ 中, 求一个和值最大无圈子图 (即最大森林), 记作实例 FOREST: $G = (V, E; W)$, 把边集 E 作为主集, 子图的主值等于诸边的值之和. 在图 G 中, 每个子图可以构成一个实例. 一个森林的子图仍是一个森林, 每个森林是可行解. 因此和值最大森林实例具有 $\mathrm{P}_2^{(1)}$, $\mathrm{P}_2^{(2)}$, 是第 1 类实例.

设有数值题 $G = (V, E; W)$, 其中 $V = \{v_1, v_2, v_3, v_4\}$ 以及

$$E = \{v_1v_2 : 2, v_2v_3 : 3, v_3v_4 : 2, v_1v_4 : 1, v_1v_3 : 4\}$$

$$\equiv \{2v_1v_2, 3v_2v_3, 2v_3v_4, 1v_1v_4, 4v_1v_3\}.$$

每个森林 A, 一方面, 构成一个数字题; 另一方面, 是一个可行解, 而且 A 本身是一个和值最大解. 这个题目有关系 $\mathscr{F}^* = \mathscr{D}$ 成立.

对于另一个赋值图 $G' = (V, E; W')$, $V = \{v_1, v_2, v_3, v_4\}$ 以及

$$E = \{2v_1v_2, 3v_2v_3, -2v_3v_4, 1v_1v_4, 4v_1v_3\}.$$

两个图的差别只是 v_3v_4 的值一正一负. 这时, 如果 $A = \{v_1v_2, v_2v_3, v_3v_4\}$, 它是一个森林, 数字题 FOREST: A 的解是 $\{v_1v_2, v_2v_3\}$, 而不是 A 本身, 于是 $\mathscr{F}^*$ 不总是等于 $\mathscr{D}$.

而对于具体的最优化原理或者具体的实例可能还会发现各自专属的集合模型.

对于第 1 类最优化实例, 我们已经得到了解带、方法公式 $P_{13}^{(4)}$ 和投影算子概念, 让解带 $\mathscr{F}\mathscr{F}^*\mathscr{D}$ 作为专属第 1 类实例的几何表示, 一种直观模型.

解带中含有实例的论域的所有子集, 这里所说的优化集是可行集, 最优集是实例所求.

$S \in \mathscr{F}$ 是解带的一个点, 它是所给实例的论域.

为了方便, 我们假定空集合 $\varnothing$ 是可行域 $\mathscr{D}$ 中的一个解. 于是 $\varnothing \in \mathscr{F} \bigcap \mathscr{F}^* \bigcap \mathscr{D}$ 是解带的一个点, 它是实例的平凡可行解, 是带 $\mathscr{F}^*$ 的 $\oplus$ 零元素.

$S^* \in \mathscr{F} \bigcap \mathscr{F}^*$ 是解带的一个点, 所求的最优解 (集).

一个第 1 类实例有解带 $\mathscr{F}\mathscr{F}^*\mathscr{D}$ 的几何表示如图 2.2(a) 所示, 从它至少可以设计出三个基本求解实例的思路.

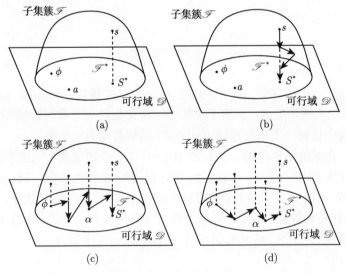

图 2.2　解带 $\mathscr{F}\mathscr{F}^*\mathscr{D}$ 图

第一, 像在图 2.2(b), 从 S 出发, 在 $\mathscr{F}$ (尤其在 $\mathscr{F}_{S^*}$) 中沿一条路前进, 最终到达点 S^*.

第二, 像在图 2.2(c), 从特殊的可行解 $\varnothing$ 出发, 主要沿一条交错于 $\mathscr{F}$ 与 $\mathscr{F}^*$ 之间的路前进, 最终到达点 S^*, 甚至仅限于 $\mathscr{F}^*$ 之内的路前进, 直至点 S^*.

第三, 像在图 2.2(d), 选取 $\varnothing$ 或者任意一个可行解 a 作为初始可行解, 在 $\mathscr{D}$ 中逐步改进当前可行解, 直至找到最优解 S^*.

从前两个思路将得到下两节要讲的五个方法.

而第三个思路, 一是与第 1 最优化原理没有直接联系; 二是它相当于在可行集簇图中讨论求解方法. 这在第 5 章再进行讨论.

2.9 去劣法、扩展法与递推法

所有 $\{P_1^{(1)}, P_1^{(4)}\}$-实例构成 $\{P_1^{(1)}, P_1^{(4)}\}$ 实例类.

对于 $\{P_1^{(1)}, P_1^{(4)}\}$-实例 XYZ: S, 设 A, B, $A \bigcup B$, $A^* \bigcup B \in \pi^{(1)}$, 有

$$P_{13}^{(4)} : (A^* \bigcup B)^* = (A \bigcup B)^*,$$

导得求解实例的两个方法.

一个过程, 记作 DELETE, 是从这等式的右端推到左端, 得到**去劣** (自由元素)**法** (deletion method), 用标识符记作 $M_1^{(1)}$. 设有实例 XYZ: S, 如果能够把 S 写为 $A \bigcup B$, 而且在 A 中能够求出 A^*, 即从 A 中删去所有关于 A^* 的自由元素, $A \bigcup B$ 与基数较小的 $A^* \bigcup B$ 是同解的. 如果能反复施行, 就能得到最优解.

$\mathbf{M}_1^{(1)}$: 去劣法

10101 已知. $\{P_1^{(1)}, P_1^{(4)}\}$-实例 XYZ: $S = (P, \cdots)$, 而 P 是主集.

10105 任务. 求最优解.

10111 初始. $tmp := P$.

10121 答案. 若 $(tmp)^* = tmp$, 停止, tmp 是所求最优解.

10131 改进. 找一个 $\pi^{(1)}$ 集合 A 具有以下条件:

$$tmp = A \bigcup B, \quad A \bigcap B = \varnothing \;\; 且 \;\; A^* \neq A.$$

10132 $tmp := A^* \bigcup B$, 转到 10121.

去劣法是一种同解法.

应用 $P_{13}^{(4)}$ 的另一个过程是, 从等式的左端推向右端: 如果 A 的优化集是 A^*, 增添了集合 B, 还能求出 $(A^* \bigcup B)^*$, 就等于求出了 $(A \bigcup B)^*$. 这个思路得到**扩展法** (extension method).

$$\mathbf{M}_2^{(1)} : \text{扩展法}$$

10201 已知. $\{P_1^{(1)}, P_1^{(4)}\}$-实例 XYZ: $S = (P, \cdots)$, 而 P 是主集.

10205 任务. 求最优解.

10211 初始. 对主集 P 作划分: $P = \varnothing \bigcup B_1 \bigcup B_2 \bigcup \cdots \bigcup B_h$, 使得

$$A_0 \equiv \varnothing, \quad A_{j+1} = A_j \bigcup B_{j+1} \quad (1 \leqslant j \leqslant h - 1)$$

都是 $\pi^{(1)}$ 集合.

10212 作 $tmp := \varnothing, j := 1$.

10221 答案. 如果 $j = h$, 停止, tmp 是所求最优解.

10231 计算. $j := j + 1, tmp := (tmp \bigcup B_j)^*$, 转到 10221.

设

$$C = \bigcup \{A_j : 1 \leqslant j \leqslant t\}.$$

设 $C \in \mathscr{F}$ 被分解为 t 个子集 $\{A_j : 1 \leqslant j \leqslant t\}$ 的并, 即有连并式.
为与全书运算符号一致, 我们约定, 在集合 P, Q 之间, 记作

$$P \bigcup Q \equiv P \oplus Q, \quad (P \bigcup Q)^* \equiv P \,\tilde{\oplus}\, Q, \tag{2.9.1}$$

其中 $\oplus$ 与 $\tilde{\oplus}$ 各自有交换律与结合律.

于是 (2.9.1) 可以写成

$$C = A_1 \oplus A_2 \oplus \cdots \oplus A_j \oplus \cdots \oplus A_t.$$

设 $C_j = A_1 \oplus A_2 \oplus \cdots \oplus A_j, C_{j+1} = C_j \oplus A_{j+1}$, 则由公理 2.7 和 (2.9.1) 得

$$C_{j+1}^* = (C_j \oplus A_{j+1})^* = (C_j^* \oplus A_{j+1})^* = C_j^* \,\tilde{\oplus}\, A_{j+1},$$

即有

$$C_{j+1}^* = C_j^* \,\tilde{\oplus}\, A_{j+1}. \tag{2.9.2}$$

把这个公式称为递推公式, 形成的方法称为递推法. 这个递推法其实就是扩展法, 只是说法和形式有所不同. 因为递推法很著名, 所以写成下面的形式.

$$\mathbf{M}_3^{(1)} : \text{递推法}$$

10301 已知. $\{P_1^{(1)}, P_2^{(2)}, P_1^{(4)}\}$-实例 XYZ: $S = (P, \cdots), P = \{p_j : 1 \leqslant j \leqslant n\}$ 是主集.

10302 符号. $P \bigcup Q \equiv P \oplus Q, (P \bigcup Q)^* \equiv P \,\tilde{\oplus}\, Q$.

10305 任务. 求最优解.

10311 初始. 把论域 P 划分为集合 $\{A_j : 1 \leqslant j \leqslant t\}$ 的并.

10312 设 $tmp := \varnothing$, $j := 1$.

10313 如果 $j = t$, 停止, tmp 是所求最优解.

10321 作 $tmp := tmp \,\tilde{\oplus}\, A_j$, $j := j+1$, 转到 10313.

定理 2.23 就论域而言, 实例可以用去劣法、扩展法和递推法求解, 当且仅当它是第 1 类最优化实例.

2.10 生成法与分治法

设 $\{P_2^{(1)}, P_2^{(2)}, P_1^{(4)}\}$-实例 XYZ: $S = (P, \cdots)$ 的主集是 $P = \{p_j : 1 \leqslant j \leqslant n\}$. 注意定理 2.15, $M_3^{(1)}$ 的 10311 和 $P_2^{(2)}$, 令 $A_j = \{p_j\}$, $1 \leqslant j \leqslant n$, 得到的方法叫做**生成法** (generation method).

$\mathbf{M}_4^{(1)}$: 生成法

10401 已知. $\{P_2^{(1)}, P_2^{(2)}, P_1^{(4)}\}$-实例 XYZ: $S = (P, \cdots)$, $P = \{p_j : 1 \leqslant j \leqslant n\}$ 是主集.

10402 符号. $P \bigcup Q \equiv P \oplus Q$, $(P \bigcup Q)^* \equiv P \,\tilde{\oplus}\, Q$.

10405 任务. 求最优解.

10411 初始. $tmp := \varnothing$, $main := P$.

10421 答案. 若 $main = \varnothing$, 停止, tmp 是所求最优解.

10431 计算. 从 $main$ 中取一个元素 p, 作 $tmp := tmp \,\tilde{\oplus}\, \{p\}$, $main := main \setminus \{p\}$, 并转到 10421.

定理 2.8 中 (ii) 有公式

$$(A \bigcup B)^* = (A^* \bigcup B^*)^*,$$

而 (iii) 的公式 $(\bigcup \{A_j : 1 \leqslant j \leqslant t\})^* = (\bigcup \{A_j^* : 1 \leqslant j \leqslant t\})^*$ 是 (ii) 的推广.

定理 2.8 中公式 (ii) 表明求解整体集 S 的最优解的过程可以设计成: 把 S 任意分成两个局部 A 和 B, 分别求出各自的最优解 A^* 和 B^*, 再求它们的并 $A^* \bigcup B^*$ 的最优解 $(A^* \bigcup B^*)^*$.

从论域的单元素集出发, 或者说把各个单元素集直接应用于公式 (iii), 反复套用这个公式, 得到分治法如下.

采用符号: $(A \bigcup B)^* = (A \oplus B)^* = A \,\tilde{\oplus}\, B$, 写

$$A_{ij} \equiv A_i \oplus A_{i+1} \oplus \cdots \oplus A_j \quad \text{及} \quad A_{ij}^* \equiv A_i \,\tilde{\oplus}\, A_{i+1} \,\tilde{\oplus}\, \cdots \,\tilde{\oplus}\, A_j,$$

不失一般性, 设集 S^* 的基数为 $n = 2^p$, 则有

$$S^* = A_1 \,\tilde{\oplus}\, A_2 \,\tilde{\oplus}\, A_3 \,\tilde{\oplus}\, A_4 \,\tilde{\oplus}\, \cdots \,\tilde{\oplus}\, A_{2^p}$$

$$=A_{12} \tilde\oplus A_{34} \tilde\oplus A_{56} \tilde\oplus A_{78} \tilde\oplus \cdots \tilde\oplus A_{2^p-1,2^p}$$
$$=A_{14} \tilde\oplus A_{58} \tilde\oplus \cdots \tilde\oplus A_{2^p-3,2^p} = \cdots$$
$$=A_{1,2^{p-1}} \tilde\oplus A_{2^{p-1}+1,2^p} = A_{1,2^p}. \tag{2.10.1}$$

这就得到**分治法** (divide-and-conquer method).

$\mathbf{M}_5^{(1)}$: 分治法

10501 已知. $\{P_2^{(1)}, P_2^{(2)}, P_1^{(4)}\}$-实例 XYZ: $S = (P, \cdots)$, 主集是 $P = \{p_j : 1 \leqslant j \leqslant n\}$.

10502 符号. $P \bigcup Q \equiv P \oplus Q$, $(P \bigcup Q)^* \equiv P \tilde\oplus Q$.

10505 任务. 求最优解.

10511 初始. 对于 $1 \leqslant j \leqslant n$, 作 $tmp(j) := \{p_j\}$.

10512 $h := n$.

10521 答案. 如果 $h = 1$, 停止, $tmp(1)$ 是所求的最优解.

10531 计算. 若 $h(> 1)$ 是奇数, $tmp(h+1) := \varnothing$.

10532 对于 $1 \leqslant j \leqslant (h+1)/2$, 作 $tmp(j) := tmp(2j-1) \tilde\oplus tmp(2j)$.

10541 $h := \lceil h/2 \rceil$ 并转到 10521.

不失一般性, 所给论域含有的元素有 n 个, 它有

$$A_j = \begin{cases} \{p_j\}, & 1 \leqslant j \leqslant n, \\ \varnothing, & n < j \leqslant 2^p. \end{cases}$$

(2.10.1) 右端第一行中每一项至多含有 $1 \,(= 2^0)$ 个元素, 一共有 2^p 项, 第二行每项至多含有 $2 \,(=2^1)$ 个元素, 一共有 2^{p-1} 项, 等等, 最终得 1 项.

如果 $H, K \in \mathscr{F}^*, |H| \leqslant k, |K| \leqslant k$, 求出 $H \tilde\oplus K$, 关于特指的运算的计算量为 ck^β, 其中 c 是一个常数, β 是某个正数, 我们记作

$$T(H \tilde\oplus K) = O(k^\beta) = ck^\beta.$$

则总计算量

$$\frac{1}{c}T(C^*) = 2^{p-1} \cdot 1^\beta + 2^{p-2} \cdot (2^1)^\beta + 2^{p-3} \cdot (2^2)^\beta$$
$$+ 2^{p-4} \cdot (2^3)^\beta + \cdots + 2^{p-p} \cdot (2^{p-1})^\beta. \tag{2.10.2}$$

因为 $n < 2^p$, 有 $\log_2 n < p$, 设 $\beta = 1$, 上式变为

$$\frac{1}{c}T(C^*) = p \cdot 2^{p-1} \leqslant \frac{n}{2}\log_2 n.$$

从而有

$$T(C^*) = O(n\ln n).$$

当 $\beta \neq 1$ 时, (2.10.2) 则有

$$
\begin{aligned}
\frac{1}{c}T(C^*) &= 2^{p-1} + 2^{p-2+\beta} + 2^{p-3+2\beta} + \cdots + 2^{(p-1)\beta} \\
&= 2^{p-1}\{1 + 2^{\beta-1} + 2^{2(\beta-1)} + \cdots + 2^{(p-1)(\beta-1)}\} \\
&= \frac{2^p}{2}\left\{\frac{1-2^{p(\beta-1)}}{1-2^{(\beta-1)}}\right\} < \frac{n}{2}\left\{\frac{1-n^{\beta-1}}{1-2^{\beta-1}}\right\}.
\end{aligned}
$$

总之, 我们有

$$
T(C^*) = \begin{cases}
O(n), & \beta < 1, \\
O(n\ln n), & \beta = 1, \\
O(n^\beta), & \beta > 1.
\end{cases}
$$

反之, 设在实例的论域的集合簇 $\mathscr{F}$ 中, 如果每一个 C 都可以用分治法求解. 设 $C = A\bigcup B, A\bigcap B = \varnothing$, 先让 B 保持不变, 待 A 用分治法求得 A^* 之后, 与 B 合并再解, 结果是 $(A\bigcup B)^* = (A^*\bigcup B)^*$, 它就是公理 $P_{13}^{(4)}$, 从而是第一类最优化实例. 所以有如下定理.

定理 2.24 就论域而言, 实例可以用生成法和分治法求解, 当且仅当它是第 1 类最优化实例.

把上述几个方法汇集成第 1 类求解方法.

$$M^{(1)} = \{M_1^{(1)} \text{去劣法}, M_2^{(1)} \text{扩展法}, M_3^{(1)} \text{递推法}, M_4^{(1)} \text{生成法}, M_5^{(1)} \text{分治法}\}.$$

2.11 数字例及实例

例 2.4 在例 1.5 中, 讲了 Savage 的决策判据, 那里所举的一个实例如表 2.1 所示.

表 2.1

		自然状态	
		θ_1	θ_2
	$p^{(1)}$	2	2
策略	$p^{(2)}$	1.2	3
	$p^{(3)}$	1.5	2.5
	$p^{(4)}$	3	0.5

可行域 $\mathscr{D} = \{p^{(1)}, p^{(2)}, p^{(3)}, p^{(4)}\} = P$, 它的理想策略是 [3, 3], 如果取

$$A = \{p^{(1)}, p^{(2)}\}, \quad B = \{p^{(3)}, p^{(4)}\},$$

不难计算

$$(A \bigcup B)^* = p^{(1)},$$
$$(A^* \bigcup B)^* = (\{p^{(1)}, p^{(2)}\}^* \bigcup \{p^{(3)}, p^{(4)}\})^*$$
$$= (p^{(2)} \bigcup \{p^{(3)}, p^{(4)}\})^*$$
$$= \{p^{(2)}, p^{(3)}, p^{(4)}\}^* = p^{(3)},$$

有

$$(A \bigcup B)^* \neq (A^* \bigcup B)^*.$$

Savage 理想解实例不满足第 1 最优化原理, 它不能从上述的五个方法得到相应的算法.

例 2.5 **和值最大型匹配实例**不满足第 1 最优化原理. 例如, 有一个赋值二分图 $G = (V_1, V_2, E; r)$, 其中 $V_1 = \{v_1, v_3\}$, $V_2 = \{v_2, v_4\}$, 边集与边的值是

$$(E : r) = \{2v_1 v_2, 3v_2 v_3, 2v_3 v_4\},$$

E 是主集. 设

$$A = \{2v_1 v_2, 3v_2 v_3\} \quad 及 \quad B = \{2v_3 v_4\},$$

于是有

$$A^* = \{3v_2 v_3\}, \quad (A^* \bigcup B)^* = \{3v_2 v_3\},$$

但是

$$(A \bigcup B)^* = \{2v_1 v_2, 2v_3 v_4\}.$$

所以和值最大型的匹配实例不能应用前面所列的五个方法得到相应的算法.

例 2.6 **有效向量集实例.** 在 m 维实向量空间中, 向量 $p_i = [p_{1i} \ p_{2i} \ \cdots \ p_{mi}]^{\mathrm{T}}$ 优于 $p_j = [p_{1j} \ p_{2j} \ \cdots \ p_{mj}]^{\mathrm{T}}$, 如果 $p_{si} \leqslant p_{sj}, 1 \leqslant s \leqslant m$ (且 $p_i \neq p_j$). 设有向量集 A, 向量 $u (\in A)$ 是 A 的一个有效 (非劣) 向量, 如果 A 中不存在优于它的向量, 集合 A 的所有有效向量构成的集合记作 A^*, 有效向量集也是一种优化集. $*$ 是优化算子, $A \backslash A^*$ 中的向量是关于 $*$ 的劣 (自由) 向量.

在只含有限个、两两不等的向量集合中, 寻找基数最大的有效集的任务构成**有效向量集实例**, 记作实例 EXTRM: P.

主集 P 的每个子集可以构成另一个实例. $\mathscr{F}$ 是向量集 P 的子集簇.

把 P 中任意一个有效子集作为可行解, 可行解的任何子集是可行的, 因此满足 $P_2^{(1)}$ 和 $P_2^{(2)}$, 优化算子 $*$ 满足 $P_{11}^{(4)}$.

在 A^* 中任何两个元素都是不可比较的. A^* 在 A 中不仅是存在的, 而且是唯一的, 规定 $\varnothing^* = \varnothing$, 所以有 $P_{12}^{(4)}$.

由于

$$A \bigcup B = (A^* \bigcup B) \bigcup \overline{A},$$

对于 $\overline{A}$ 中每一个 w, A^* 中, 从而 $A^* \bigcup B$ 中有优于它的元素. 所以 $A \bigcup B$ 的有效集中不含 $\overline{A}$, $A \bigcup B$ 与 $A^* \bigcup B$ 有相同的有效集:

$$(A \bigcup B)^* = (A^* \bigcup B)^*.$$

即 $\mathrm{P}_{13}^{(4)}$ 成立.

所以实例有第 1 最优化原理, 而且是第 1 类实例. 前述的五个方法 $\mathrm{M}_j^{(1)}(j = 1, 2, 3, 4, 5)$ 都可以用来得到求解有效向量集实例的五个算法.

定理 2.25 以下实例都是第 1 类实例, 可以用去劣法、扩展法、递推法、生成法和分治法求解, 并可以建立各自的算法以及它们的变形. 它们是:

(i) 首 k 个最小数 (在有限个实数中求最小的 k 个两两互不相等的数) 实例;

(ii) 平面上有若干的点 S, 求包含它们在内的、面积最小的、凸多边形问题叫做平面凸壳问题.

当然一个实例能够用某个方法求解是一件事, 这个方法是否有效是另一件事.

定理 2.26 和值最大型匹配实例、终端集实例、Savage 理想解实例和以它们 (之一) 为特例的所有实例都不能从去劣法、扩展法、递推法、生成法和分治法得到相应的求解算法.

2.12 第 2 (可行域型) 最优化原理

以下进入本章第三部分, 讨论第 2 (可行域型) 最优化原理, 建立分支定界法的思路, 以及由之得到的三个分支定界法.

2.12.1 第 2 最优化原理的公理形式

设有实例 XYZ: S, 它的可行域是 $\mathscr{D}$, 可行解 a 是 $\mathscr{D}$ 中的一个元素, 在可行域 $\mathscr{D}$ 上定义目标函数 $h(a)$ (它可能是主值型函数 $g(a)$, 或者参数型函数 $f(a)$, 而取值于常义的实数域). 人们常把这个实例写成下面的形式:

$$\mathrm{opt}\{h(a) : a \in \mathscr{D}\}. \tag{2.12.1}$$

设有集合 $A \subset \mathscr{D}$. 写

$$m_A = \mathrm{opt}\{h(a) : a \in A\} \quad \text{和} \quad A^* = \{a : h(a) = m_A, a \in A\}.$$

就是说, 集合 A^* 中的每个元素都是集合 A 的最优解, 它们具有相同的目标函数值 m_A.

在第 2.2 节已经有:

$P_2^{(4)}$: **第 2 (可行域型) 最优化原理**. 实例 XYZ: S 的可行域是 $\mathscr{D}$, 设 $A \subseteq D \subseteq \mathscr{D}$, 整体 D 的最优解的全体 $\mathscr{D}^*$ 有在局部 A 之中的, 它们都是局部最优解.

它的集合形式是:

$P_2^{(4)}$: 第 2 (可行域型) 最优化原理 (集合形式). 实例 XYZ: S 的可行域是 $\mathscr{D}$, 设 $A \subseteq D \subseteq \mathscr{D}$, 如果 $A \bigcap D^* \neq \varnothing$, 则 $A \bigcap D^* \subseteq A^*$.

公理形式是:

$P_2^{(4)}$: 第 2 (可行域型) 最优化原理 (公理形式).

对于 $A \subseteq \mathscr{D}$, 设 $m_A = \mathrm{opt}\{h(a): a \in A\}$ 及 $A^* = \{a: h(a) = m_A, a \in A\}$. (2.12.2)

$P_{21}^{(4)}$: **唯一性**. A^* 是唯一的子集, 写作 $A = A^* \bigcup \overline{A}$, $A^* \bigcap \overline{A} = \varnothing$.

$P_{22}^{(4)}$: **存在性**. $A^* \neq \varnothing$, 当且仅当 $A \neq \varnothing$.

$P_{23}^{(4)}$: **方法公式**. $(A^* \bigcup B)^* = (A \bigcup B)^*$. (2.12.3)

这里的算子 $*$ 叫做第 2 类最优化算子.

定理 2.27　正则实例具有第 2 最优化原理.

定理 2.28 (等价性原理)[林 6]　设最优化实例具有最优解, 如果最优解的必要条件 Q 成立, 而且满足 Q 的所有可行解均有相同的值, 则这个必要条件 Q 也是最优解的充分条件.

证明　因为最优解必须满足必要条件 Q, 把满足条件的可行解的全体记作 $\mathscr{D}^*$. 一方面, 最优解应在 $\mathscr{D}^*$ 之中; 另一方面, 由假设 $\mathscr{D}^*$ 中的每一个目标函数的值相等, 所以 $\mathscr{D}^*$ 中的每一个可行解都是最优的.

下面两个例子说明, 第 2 最优化原理并不是普适的命题.

在例 2.5 中取可行域为整体 $D = \{p^{(1)}, p^{(2)}, p^{(3)}, p^{(4)}\} = P$, 它的理想策略为 [3, 3], 最优策略为 $D^* = \{p^{(1)}\}$. 如果取局部为 $A = \{p^{(1)}, p^{(2)}, p^{(3)}\}$, 则理想策略为 [2, 3], 最优策略为 $A^* = \{p^{(3)}\}$. 计算表明, $A \subset D$ 及 $D^* \bigcap A = \{p^{(1)}\} \neq \varnothing$, 但是, $D^* \bigcap A$ 并不在 A^* 之中.

所以, 实例 SAVAGE: $S = \{P, l\}$ 不满足可行域型最优化原理 $P_2^{(4)}$.

我们还不难举出数字例说明, 第 k 个最小数实例也不满足第 2 最优化原理.

定理 2.29　设 $A \subseteq D \subseteq \mathscr{D}$, 如果 $A \bigcap D^* \neq \varnothing$, 则 $A^* \subseteq D^*$.

证明　取 $A \bigcap D^*$ 中的任意一个元素 a^*, 其值等于 $h(a^*)$. 它是整体 D 的一个最优解, D 的每一个可行解的值都不优于 $h(a^*)$, 子集 A 中的可行解的值也不优于 $h(a^*)$, a^* 是局部 A 的一个最优解. 这就是说, $A^* \subseteq D^*$.

2.12.2 基本性质

在代数形式上, $P_2^{(4)}$ 与第 1 最优化原理 $P_1^{(4)}$ 是相同的, 由 $P_1^{(4)}$ 得到的结果都可以直接平移过来为 $P_2^{(4)}$ 所用, 但在 $P_2^{(4)}$ 中, 是用 (2.12.2) 来定义 A^* 的, 这与 $P_1^{(4)}$ 是不同的. 因此, 人们期望, 它应该有不同于 $P_1^{(4)}$ 的性质, 进而应该有求解实例的自己的方法.

例如, 下面的定理是成立的.

定理 2.30 (第 1 删除原理) 设 $B^* \subseteq A$, 则 $(A\bigcup B)^* = A^*$.

证明 由假设有 $A\bigcup B^* = A$. 于是

$$(A\bigcup B)^* = (A\bigcup B^*)^* = A^*.$$

定理 2.31 (第 2 删除原理) 对于 A, B, 设存在一个 H, 使得

$$(A\bigcup H)^* = A^*, \quad (H\bigcup B)^* = H^*,$$

则

$$(A\bigcup B)^* = A^*.$$

证明

$$(A\bigcup B)^* = (A^*\bigcup B)^* = ((A\bigcup H)^*\bigcup B)^* = ((A\bigcup H)\bigcup B)^*$$
$$= (A\bigcup(H\bigcup B))^* = (A\bigcup(H\bigcup B)^*)^* = (A\bigcup H^*)^*$$
$$= (A\bigcup H)^* = A^*.$$

定理 2.30 表明, 设实例 A 已经求得解 A^*, B 是一个在访集. 如果有办法断定 B^* 属于 A, 则尽管 B^* 并没有明确地得到, 仍可以认为实例 B 已经访问结束. 这是因为由于实例 A 的存在, 实例 B 可以从簇 A 中删去.

定理 2.31 表明, 设实例 A 的解 A^* 已经得到. 现在开始访问实例 B, 如果它有一个松弛实例 H, 使得 H^* 能同时满足定理 2.31 的两个条件, 那么实例 B 就已经访问结束. 这是因为实例 A 与松弛实例 H 的存在, 实例 B 因为实例 A 更优而被删去.

2.13 建立分支定界法的思路

在第 2.1 节讲了身高故事, 其实, 它还没有讲完.

果真需要寻找该年级身高最高学生的信息, 调查员让各个班级的班长报告该班最高者的信息 (学生姓名和身高), 在汇总信息的过程中, 每收到一个班级的信息, 就能得到迄今已交信息诸班身高最高值 l, 直至最终得到全年级最高者的信息.

最后, 尽管没有拿到某个班级的准确信息, 但是, 如果调查员发现这个班级没有一个学生身高超过他自己的身高, 而他自己的身高果真矮于迄今最高值 l; 这时, 调查员已经得到了所需答案, 无须等待这个班级的准确信息了.

调查员收集信息的过程形成了一个求解方法——分支定界法.

仔细分析上述寻求最高身长的过程是十分有益的.

首先要**布局**, 调查员接受任务之后, 从总体上思考、分析情势, 要做三个方面的工作. 前两个是: 一是决定从学生班入手, 有条不紊地布置任务; 二是设计出合适的收集信息的相关事宜, 特别重要的是设计好及时有效处理收集到的信息的办法. 一种是设置所谓**迄今最好答案**, 它是能及时更新且及时得到最终答案的一种技术.

调查员把全年级按学生班级分头布置任务是把对象全体进行分组, 并设置好各班之间的关系, 把这样的过程称为**分支**.

还要处理第三个工作, 它是一项麻烦事项, 包括建立松弛实例与评估所得结果过程, 称为**定界**.

这样, 求解身长最高的方法由布局、分支与定界三步所组成.

这样形成的求解方法将统称为**分支定界法** (branch and bound method, BAB). 有的学者还称为分支定界原理 (branch and bound principle). 这个方法是 1960 年 Land A H 和 Doig A G [L 1] 发现的.

历史表明, 人们所提出的各种分支定界法, 无非表明学者们在上述的布局、分支和定界三个方面提出各自不同的创意, 而在求解效果上出现诸多不同.

2.14   求解实例的布局与要素

2.14.1   求解的布局

现在对分支定界法的三个部分作一般的说明和讨论.

(1) 建立觅芳实例子程序.

当然, 像直接求全年级身材最高的学生实例那样, 事情是简单明了的. 而来自生产实际的规模巨大题目或是更为困难的理论实例, 情况会有所不同. 进一步用各种不同的数学工具设计出合适的、具有同样答案的别的实例会有助于认识、解决所提的实例. 这样设计出来的实例称为**觅芳实例**, 所涉及的还有觅芳集 (图、模型), 它们将是开展研究计算的工作载体. 都有助于人们更易入手、更易完成求解任务以及得到更好途径的求解方法.

譬如说, 在赋值连通图 $G(V, E), |V| = n$ 中的最小树实例是指寻求一个和值最小的支撑树, 把图 G 的边集作为主集, 所有基数为 $n-1$、导出子图是图 G 的支撑树的边集 T 说作实例的可行解.

如果基数不必为 $n-1$ 的边集的导出子图是树, 记作 T, 作为主集 E 中的可行解, 则最小树实例可以理解为基数最大、和值最小的树实例.

如果让导出子图是森林的边集 T 作为可行解, 则最小树实例可以理解为基数最大、和值最小的森林实例.

三种思路将构造出三种不同的觅芳实例, 构造出不同的觅芳图 1 与 2.

甚至为了以后的需要, 扩充所给论域有时也是必要的.

(2) 制定迄今最好答案子程序.

在求解实例的过程中, 人们需要不断地记载迄今最好答案, 从而设计初始答案是必要的. 最为简单的办法是, 把其值最大理解为最优时, 让初始答案为 $(-\infty, \varnothing)$. 然而, 在许多情况下, 这不是一个好办法. 因为演算过程中, 讨论每个在访集所得的结果时, 总要和迄今最好答案作比较. 后者的优劣, 将影响寻求下一个在访集的进程. 因此针对具体实例, 找到其值尽可能优的初始答案是重要的.

有意识地选定一个或者几个可行解值, 从中挑一个最优的作为实例的初始答案, 就是一个办法.

我们总用 $a^0(A^0)$ 表示初始或迄今最好解 (簇).

实施这个过程是在建立一个**迄今最好答案子程序 INCUMBENT**.

2.14.2 分支与赋序

(1) 分支子程序.

实例 XYZ: S 的可行域 $\mathscr{D}$ 是由有限个可行解组成, 作为整体, 总假设它有最优解. 如果某个最优解 a^* 在局部 A 之中, 按第 2 最优化原理, a^* 是 A 的最优解.

为了寻求整体的最优解, 先按某种规则把整体 $\mathscr{D}$ 分成若干个 (t) 子集 $\{A_j : 1 \leqslant j \leqslant t\}$, 使得

$$\mathscr{D} = \bigcup \{A_j : 1 \leqslant j \leqslant t\}. \tag{2.14.1}$$

设以大为优, 在局部 A_j, 最优值是 m_j 和所有最优解是 A_j^*, 说它们是局部 A_j 的答案, 记作 (m_j, A_j^*). 譬如说, 先后得到两个子集 A_1 和 A_2 的答案. 显然有

$$(A_1 \bigcup A_2)^* = (A_1^* \bigcup A_2^*)^* = \begin{cases} A_1^*, & m_1 > m_2, \\ A_2^*, & m_1 < m_2, \\ A_1^* \bigcup A_2^*, & m_1 = m_2. \end{cases}$$

分支过程中, 在某个子域上容易求得答案, 说这个子域上的实例已经解决. 如果在某个子域求解困难, 从原则上说, 把这个子域再分支. 子域的基数将越来越小, 最终那类子域的基数甚至等于 1.

实施这个过程是再制定一个**分支子程序 BRANCH**.

(2) 待访集库的赋序.

在演算过程中, 在访集是正在演算的对象, 所有待访集成为一个子集库 (簇), 它处在不断增减直至成为空簇的过程之中. 初始只含一个待访集, 题目的可行域 $\mathscr{D}$ 由于很难直接求解, 把可行域作分支, 存入待访集库, 取出其中一个 (组)A 作为在访集, 其结果或者删去 A, 或者记载它的最优解簇完成任务, 或者把 A 进一步分支.

这样, 待访集库是一个集合簇, 它们该是无序的, 可以随意存取. 然而, 为了更为有效地实施求解过程, 人们赋给待访集库以种种不同的序关系和进、出库规则, 称为**赋序**.

它有时只与进出库的先后相关, 有时甚至与相应集合自身的某些特征有关.

不同的赋序规则, 待访集库的基数有大小之分.

我们把实施这个过程称为制作一个**赋序子程序 ORDERING**.

2.14.3 松弛实例

(1) 松弛子程序.

一个基本的最优化实例的目标是寻求最优可行解集 $S^* = \{x^* : x^* \in S, h(x^*) = h^*\}$. 也许由于某种原因, 会发生 $S = \varnothing$ 或者 h^* 在 S 中不能达到, 这时 S^* 将是空集.

上节讨论分支子程序时, 已经提到, 找不出在访集的最优解的一个办法是把这个在访集分支, 但这实在是无奈的办法. 而调查员发现自己的身高信息有用, 是一个值得赞赏的思路. 调查员对得不到答案的那个班级的做法是: 把自己加入到这个班, 借助其他信息 (这个班级学生身高都不高于调查员的身高) 而得到有用的结果.

为了考察每一个在访集 A 是否含有整体最优解, 设法求解估值函数 $h(a)$ 的上界. 常常让所给实例浸沉在一个 (约束条件较少、求解方法较简易且含有论域 A 较大的) 实例之中 (例如, 在一个数学规划实例中, 略去整数约束之后的规划实例要比所给实例容易得多). 为此, 一般通过解如下所谓的 "松弛实例" 来确定. 对任一子集 A, 都按照某种规则, 存在 A 的一个扩张 $A \subset \tilde{A}$, 相应地, 函数 $h(a): a \in A$ 延拓到扩集 $\tilde{A}$ 上去, 记为 $\tilde{h}(a): a \in \tilde{A}$, 使得当 $a \in A$ 时, $\tilde{h}(a) = h(a)$. 于是有

$$H(A) \overset{\triangle}{=} \max\{\tilde{h}(x) : x \in \tilde{A}\} \geqslant \max\{h(a) : a \in A\}.$$

$H(A)$ 就是函数 H 在集 A 上的一个上界.

把建立与求解松弛实例的过程称为**松弛子程序 RELAX**.

(2) 松弛实例的结果的评估.

为了行文方便, 求得实例 XYZ: A 的 (全体) 最优解簇 A^* 说作求解集合 A, 它的优化集是 A^*. 同样, 松弛实例 UVW: $\tilde{A}$ 的优化集是 $\tilde{A}^{\#}$.

参照图 2.3, 可帮助理解后面的文字叙述.

图 2.3　松弛实例的结果评估

说明: 实心圆 ●: 迄今最好值 $h(A^0)$. 滑块 □: 松弛实例的最优值 $\tilde{h}(\tilde{A}^{\#})$. 规则: 数值以大为优. 判定: (1) 当 □ 在 ● 下侧, 截支, 即删去 □. (2) 当 □ 不在 ● 下侧, 且 $\tilde{A}^{\#} \bigcap A \neq \varnothing$, 突破, 把 ● 上移覆盖 □, 并作 $A^0 := (A^0 \bigcup (\tilde{A}^{\#} \bigcap A))^*$. (3) 当 □ 在 ● 上侧且 $\tilde{A}^{\#} \bigcap A = \varnothing$, 弃 □, 对当前子域 A 分支

设有迄今最好答案 $(h(A^0), A^0)$. 对于松弛实例 UVW:$\tilde{A}$ 的优化解簇是 $\tilde{A}^{\#}$. 有三种情形.

首先, 设 $\tilde{h}(\tilde{A}^{\#}) < h(A^0)$, 它表示 $\tilde{A}$ 中, 从而 A 中, 每一个可行解的值都小于 $h(A^0)$, 无须再计算 A 中的各个可行解的值, 直接删去 A, 人们有时称之为**截支**.

其次, 设 $\tilde{h}(\tilde{A}^{\#}) \geqslant h(A^0)$ 且 $\tilde{A}^{\#} \bigcap A \neq \varnothing$, 这时, 在 $A^0 \bigcup A$ 的迄今最好值为 $\tilde{h}(\tilde{A}^{\#})$, 迄今最好解簇更新为 $(A^0 \bigcup (\tilde{A}^{\#} \bigcap A))^*$. 如果 $\tilde{A}^{\#} \bigcap A = \varnothing$, 则在 $A^0 \bigcup A$ 的迄今最好值与原先 A^0 的相等.

最后, 设 $\tilde{h}(\tilde{A}^{\#}) > h(A^0)$ 而且 $\tilde{A}^{\#} \bigcap A = \varnothing$, 我们无法知道 A 中是否存在这样的可行解, 它的值会介于 $\tilde{h}(\tilde{A}^{\#})$ 与 $h(A^0)$ 之间. 这时, 或者更换 A 的松弛实例, 或者把 A 进行分支储存, 以备再访.

所以, 求解松弛实例 UVW：$\tilde{A}$ 能够从中

——**截支**　即判定 A 可以删去;

——**突破**　得到 A 的最优解, 与迄今最好值相比较, 得到新的迄今最好解集;

——　或者把 A 进一步加以分支或改变松弛实例.

无论哪一种情形, 子域 A 的任务均告结束.

把评估松弛实例答案的过程称为**评判子程序 EVALUATION**.

把从取出一个子域 A, 直至完成上述求解判定工作的过程叫做**界定**, A 是一个**在访集**, 而在这之前的 A 叫做**待访集**, 访问结束后的 A 叫做**已访集**.

2.15　分支定界法

2.15.1　基本分支定界法

现在给出分支定界法的基本形式.

$\mathbf{M}_0^{(2)}$: 基本分支定界法

20001　已知. 实例 XYZ: S.

20002　符号. $\mathscr{D}$: 可行域; BRANCH: 分支规则; a^0: 迄今最优解; $h(a^0)$: 迄今最优值.

20003　设有松弛实例 UVW: $\tilde{S}$, $\mathscr{D} \subset \tilde{\mathbf{D}}$: 可行域.

20005　任务. 求一个最优解和它的值.

20011　初始.【应用赋序子程序 ORDER】建立待访簇 $\mathbf{A}=\{\mathscr{D}\}$, $a^0 := \varnothing, h(a^0) := z$, 强优选准域的零元素.

20012　答案. 若 $\mathbf{A}=\varnothing$, 停止, 如果 $a^0 = \varnothing$, 实例没有最优解; 否则, 实例的最优解为 a^0, 最优值为 $h(a^0)$.

20013　访问. 取 $A \in \mathbf{A}$, 并作 $\mathbf{A}:= \mathbf{A}\backslash\{A\}$.

20021　【应用松弛子程序 RELAX】对于 A, 求解松弛实例 $\tilde{A}$.

20031　定界.【应用评估子程序 EVALUATION】在 $\tilde{A}$ 上求最优解 $\tilde{a}^\#$ 和它的值 $\tilde{h}(\tilde{a}^\#)$.

20032　截枝. 如果 $\tilde{h}(\tilde{a}^\#)\succeq h(a^0)$, (如果以大为优, 左式为 $\tilde{h}(\tilde{a}^\#) \prec h(a^0)$) 转到 20012.

20033　突破. 如果 $\tilde{h}(\tilde{a}^\#) \prec h(a^0)$, 而且 $\tilde{A}$ 的某一个最优解 $\tilde{a}^*$ 在 A 之中, 则作 $a^0 := \tilde{a}^*, h(a^0) := \tilde{h}(\tilde{a}^*)$, 转到 20012.

20041　分支.【应用分支子程序 BRANCH】把 A 进行分支, 记作 BRANCH(A), 作 $\mathbf{A}:=(\mathbf{A}\backslash\{A\})\bigcup \text{BRANCH}(A)$, 转到 20021.

2.15.2　两个分支定界法

在组合数学中有计算组合学. 所谓搜索问题是在一个有离散结构组成的有限集合中找出某一个或某一类或全体元素, 而优化问题则是在这个集合中找某个最优元素.

通常解决这类搜索问题有两个原理性的方法, 一个叫做**广探法**或广度优先搜索法, 另一个叫做**深探法**或深度优先搜索法.

下面, 根据存、取待访集库的元素的两种规则, 介绍两个基本的分支定界法.

$M_1^{(2)}$: 分支定界 Doig 广探法

20101 已知. 实例 XYZ: S.

20102 符号. $\mathscr{D}$: 可行域; BRANCH: 分支规则; a^0: 迄今最好解; $h(a^0)$: 迄今最好值.

20103 设有松弛实例 UVW: $\tilde{S}$, $\tilde{\mathscr{D}}$: 可行域.

20105 任务. 求最优解和它们的值.

20111 初始. 作待访集库 $\mathbf{A} = \{\mathscr{D}\}$, $A := \mathscr{D}$.

20121 计算. 对于每一个 $A \in \mathbf{A}$, 求解 $\tilde{A}$ 上的松弛实例, 得到最优解集 $\tilde{A}^*$ 和它的值 $\tilde{h}(\tilde{a}) = \tilde{h}(\tilde{A})$, 其中 $\tilde{a} \in \tilde{A}^*$, 写成答案 $(\tilde{h}(\tilde{A}), A)$.

20122 取一个 $A^\# \in \mathbf{A}$, 使得 $\tilde{h}(\tilde{A}^\#) = \text{opt}\{\tilde{h}(\tilde{A}): A \in \mathbf{A}\}$.

20131 答案. 如果 $\tilde{A}^\# \bigcap A \neq \varnothing$, 则交集中任意一个 a^* 都是所求的最优解, 其值为 $h(a^*)$.

20141 按照分支规则, 把 $A^\#$ 进行分支, 得到集合簇 $\text{BRANCH}(A^\#)$, 作 $\mathbf{A} := (\mathbf{A} \backslash \{A^\#\}) \bigcup \text{BRANCH}(A^\#)$, 转到 20121.

下面是 Dakin 的深探法.

$M_2^{(2)}$: 分支定界 Dakin 深探法

20201 已知. 实例 XYZ: S.

20203 符号. $\mathscr{D}$: 可行域; BRANCH: 分支规则; a^0: 迄今最优解; $h(a^0)$: 迄今最优值.

20202 设有松弛实例 UVW: $\tilde{S}$, $\tilde{\mathscr{D}}$: 可行域.

20205 任务: 求一个最优解和它的值.

20211 初始. 根据需要, 作序列型待访集库 $\{\mathbf{A}_j, 0 \leqslant j \leqslant n\}$, 规定存放在 $\mathbf{A}_j$ 中的集合按它们的松弛界由劣向优地排成一行, $\mathbf{A}_0 = \{\mathscr{D}\}$, $\mathbf{A}_j = \varnothing$, $1 \leqslant j \leqslant n$, $a^0 = \varnothing$, $h(a^0) = z$.

20221 答案. 若 $\mathbf{A}_j = \varnothing$, $0 \leqslant j \leqslant n$, 停止, 如果 $a^0 = \varnothing$, 实例没有最优解; 否则, 实例的最优解为 a^0, 最优值为 $h(a^0)$. $j = 0$.

20231 访问. 取第 j 待访集序列 $\mathbf{A}_j$ 的最后一个集合 A, 作 $\text{BRANCH}(A)$ 和 $\mathbf{A}_j := \mathbf{A}_j \backslash \{A\}$.

20232 作 $\text{BRANCH}(A) := \text{BRANCH}(A) \backslash \{A^\#: \tilde{h}(\tilde{A}^\#) \leqslant h(a^0), A^\# \in \text{BRANCH}(A)\}$.

20233 如果 $\text{BRANCH}(A) = \varnothing$, 作 $j := j - 1$, 转到 20231.

20234 按 $\text{BRANCH}(A)$ 的诸集合的松弛界构造 $\mathbf{A}_{j+1}$.

20235 取 $\mathbf{A}_{j+1}$ 中最后一个集合 B, 它的松弛集的优化集为 $\tilde{B}^\#$, 如果 $\tilde{B}^\# \bigcap B \neq \varnothing$, 则交集中取一个 a^*, 作 $a^0 := a^*$, $h(a^0) := h(a^*)$.

20236 作 $\mathbf{A}_{j+1} := \varnothing, j := j - 1$, 转到 20221.

在上述的诸方法中, 所谓 "已知实例" 都是指它的某个觅芳实例.

2.16　分支定界法的一般讨论

(1) 对于一个具体实例, 如果有几个分支定界算法, 很难按最劣情形分析它们的计算复杂性, 以比较优劣. 有一个方法是, 设计一批属于这个具体实例的数字例, 作为考题, 在计算机上用这几个算法分别进行求解, 统计它们的实际计算量, 得到所谓的平均行为的优劣.

尽管在最坏情形下, 分支定界法不是好方法, 但是已经表明, 按平均行为分析而言, 分支定界法还是好的.

(2) 分支, 有许多规则划分在访集, 大体分两类. 一是根据所论在访集所显示的信息采取相应的分支办法, 像第 8 章将要讨论整数规划的那两个求解方法; 二是与所论对象无关, 只是抽象地规定 "任取一个、先进先出或者后进先出" 之类的规则所构成的两个方法.

用分支定界法求解整体 $\mathscr{D}$ 的答案尽管最终总能得到, 但这时分支办法成了事实上的全枚举法. 就是说, 在最坏的情形, 实例几乎需要把可行域 $\mathscr{D}$ 的每一个元素 (可行解) 逐一计算出答案.

在排序论方面, Potts C N 与 Strusevich V A (2009 年)[思 10] 等十分推荐他们在 1980 年提出的同时采用正向和反向的混合型的分支技术.

经过半个世纪的实践, 从有效性来说, 人们并没有得到统一的见解. 例如, Burkard R (2000 年) [B 3] 报道, 各种分支策略间似乎并没有明确的赢家 (There seems to be no clear winner among the different strategies).

(3) 用分支定界法求解一个实例总是可以得到最优解. 但是对于一个规模很大的数字例, 人们有时在得到最优解之前, 就因为某种原因而终止了计算. 例如, 来自生产实际的题目无须精确的最优解, 及时中断计算可以节省成本, 等等.

一个常用的中断规则是: 设有迄今最好解 a^0 与它的值 $h(a^0)$, 当这个值和诸待访集 $A \in \mathbf{A}$ 的松弛界 $\tilde{h}(\tilde{A})$ 全都满足条件

$$\frac{|\tilde{h}(\tilde{A}) - h(a^0)|}{|\tilde{h}(\tilde{A})|} < \varepsilon,$$

就终止计算. 其中 ε 是事先指定的一个正数, 这种解叫做数字例的一个 ε- 最优解.

(4) 在制定选择初始可行解、组织和访问待访集库以及设计松弛实例的子程序上, 具有很大的自由, 可以做种种的安排, 而显示出艺术上的创造性. 所以人们说, 分支定界法是科学性与艺术性相结合的一种方法.

阅读、学习那些关于分支定界法的论文和综述文章, 从 20 世纪 60 年代出现这个方法起, 半个世纪来, 为了求解组合最优化的诸种难题, 规模巨大的实际任务, 前辈们那样顽强奋斗, 前赴后继地发展分支定界方法, 令人肃然起敬, 奋起直追.

2.17 关于原理的注记

《辞海》151 页有条目 "原理", 它说: "(原理) 通常指某一领域、部门或科学中具有普遍意义的基本规律. 科学的原理以大量实践为基础, 故其正确性为实践所检验与确定. 从科学的原理出发可以推演出各种具体的定理、命题等, 从而对进一步实践起到指导作用".

数学中的原理也许可以分成两类. 一种是根据数学理论严格论证而得到的命题, 它的表达形式可以是定理、公式或者是精确叙述的命题; 另一种是以实践为基础的原理, 它是一种思想, 一种方法或者一种论断.

日本《数学百科全书》中译本第 1603—1604 页列出了 51 个原理, 它们或者属于前者, 或者属于后者.

本书所选用的一般最优化原理就是一种论断. 读者也许已经熟悉的 Bellman 最优化原理, 是另一个论断.

因为以实践为基础的原理缺乏严格的逻辑论证, 它需要不断地接受实践的检验, 出现不符合这个命题的事实, 称为反例. 由于出现致命性反例而抛弃所论原理的事例, 历史上曾经发生过多次. 对待这类原理的一个合理态度是: 探讨它在什么特定条件下能够成立, 甚至企图在严格的逻辑基础上加以证明. 在第 1 章引出正则性的概念, 就是为了避开那些不能满足一般最优化原理所述的题目的一种方法.

很多时候, 这种以实践为基础的原理尽管不是普适的, 但由于言简意赅, 便于引用, 依然把它保留不变, 不添加使之成立的种种条件. 这也许是我国特有的一种文化, 聚集了大量的不提各种条件的命题, 例如, 知足常乐、见异思迁之类的说法.

对于以实践为基础的原理 (命题), 有许多值得思考的题目.

从原则上说, 需要留意, 所论的原理是否总能成立. 或是设法证明它, 或是借助反例证伪它. 不然, 要考虑, 在什么意义下的 "整体" 和 "局部", 原理能够成立, 等等.

如果所给原理讲的是一个必要条件, 要考虑有无相应充分条件. 如何应用它发展相应的理论. 对于组合最优化, 更要研究如何根据原理设计出求解相应实例的方法和算法.

最后, 要说一点, 原理是一个汉语名词. 在英语 (甚至德、法、意、俄等的语种) 中有一个对应的单词 principle, 而这个英文单词除了有原理这个意义外, 还有原则, 一般因果律, 行为的指导规则、戒律等的意思. 历史表明, 借助于运用类比作出结论的方法, 曾经获得了许多卓越的发现并创立了许多假说, 这些假说到后来都变成了理论.

　　　我认为: 无论数学概念从何处提出, 无论是来自认识论或几何学方面, 还是来自自然科学理论方面, 都会对数学提出这样的任务: 研究构成这些概念的基础的原则, 从而把这些概念建立在一种简单而完备的公理系统之上, 使新概念的精确性及其对于演绎之适用程度无论在哪一方面都不会比以往的算术概念差.

　　　希尔伯特《数学问题》——在 1990 年巴黎国际数学家代表会上的讲演

第 3 章　基本变换公式

> 几何直觉乃是增进数学理解力的很有效的途
> 径, 而且它可以使人增加勇气, 提高修养. 我只是
> 请求尽可能广地应用各种水平的几何思想.
>
> ——阿蒂亚《纯粹数学的历史走向》

本章分四部分讨论组合最优化问题实例的可行域的三种表述方法.

(1) 简单介绍描述可行域的两种熟知的方法: 枚举法与代数方法.

(2) 从数学的统一性, 在两个可行集之间建立互易对概念和基本变换公式, 进而讨论可行域的结构问题和基本性质, 包括建立它的图形表示, 讨论它的简单性、连通性、均匀性和一致 Hamilton 性.

(3) 从基本变换公式发现值域的代数结构, 如极小准域和极优代数等.

(4) 用几何直观方法讨论拟阵的基本性质.

3.1　两种描述可行集簇的方法

组合最优化问题的每个实例关联四种集合. 它们是论域、可行解、可行域和值域. 值域是论域中各个元素以及可行解所赋的实数值所构成的系统. 实例的论域和可行解都有自身规定的结构, 所求的最优解不仅具有可行解的所有性质, 还具有提法所规定的 "最优" 意义和属性. 至于可行域和值域, 则是尚待理解的对象.

把可行解理解为一个点时, 可行域 (即可行解的全体) 将是一个点集. 根据本书对组合最优化问题的定义, 可行域是一个有限集, 有两种刻画它的熟知方法. 一是枚举法, 列举所有可行解成为可行解簇; 二是应用可行解的必要条件代数地刻画可行域所在的范围.

研究问题 XYZ: S 的过程中, 对于它的每一个实例, 仅仅在讨论可行解簇的阶段, 我们称可行解为可行集, 称可行解簇为可行集簇, 可行域说作是关于对象 XYZ 的数学系统, 记作系统 XYZ: S, 而最优解的全体是这个数学系统的一个子集.

3.1.1　枚举法

用枚举法把实例的论域 S 的所有子集列成一个表, 然后根据对象 XYZ 的特性确定子集是否为可行集, 从而得到可行集的全体. 这个工作事实上已经在第 1.7.2

节—1.7.3 节中的枚举法 $M_0^{(0)}$、隐枚举法 $M_1^{(0)}$ 以及改进隐枚举法 $M_{11}^{(0)}$ 中完成了. 它们是求解实例的一种子程序, 不赘说.

由于 S 的所有子集有 $2^{|S|}$ 个, 除非 $|S|$ 很小, 枚举法成为不太现实的方法. 如果在计算的过程中, 确实需要得到属于某个局部的全体可行集时, 有时还是要用到.

3.1.2 线性代数法

用代数方法来刻画可行集的全体.

人们根据所论实例对象的特性, 得到各种必要条件, 选用适当而足够的必要条件, 写成代数的形式以刻画可行集的全体.

例 3.1 **路簇的代数刻画.** 设有赋值有向图 $D(V, L)$, 如图 3.1 所示, 其中

$$V = \{v_j : 1 \leqslant j \leqslant 6\},$$

$$L = \{l_{12} : 4, l_{13} : 8, l_{14} : 6, l_{23} : 5, l_{25} : 8, l_{36} : 2, l_{45} : 7, l_{56} : 1\}$$

$$\equiv \{4l_{12}, 8l_{13}, 6l_{14}, 5l_{23}, 8l_{25}, 2l_{36}, 7l_{45}, 1l_{56}\}.$$

给出从 v_1 到 v_6 所有的路.

解 在赋值有向图 3.1 中, 设想有一条从 v_1 到 v_6 的路 l, 图的边集 L 被分为两个子集, 路上的边称为可行边, 否则是自由边. 图的顶点集, 除了路的始点和末点外, 中间顶点有两种, 可行顶点和自由顶点.

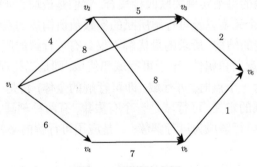

图 3.1 赋值有向图

用变量 x_{jk} 与有向边 $v_j v_k$ 相对应. 对于始点 v_j 而言, $v_j v_k$ 是出边, 直接用 x_{jk} 表示, 对于末点 v_k 而言, $v_j v_k$ 是入边, 则用 $-x_{jk}$ 来表示. 让变量 x_{jk} 等于 1 表示 $v_j v_k$ 被选用, 等于 0 表示未被选用.

对于从 v_1 到 v_6 的路 l, 有两个必要条件.

关于顶点的, 有: 路 l 的始点 v_1, 图有三条出边, 且必须有一条可行出边, 用公

式来表示:

$$v_1 : x_{12} + x_{13} + x_{14} = 1. \tag{3.1.1}$$

同样, 终点 v_6 有两条入边, 且必须有一条可行入边, 所以有

$$v_6 : -x_{36} - x_{56} = -1. \tag{3.1.2}$$

至于中间顶点 v_j, 如果它是可行顶点, 它必须有一条可行入边和一条可行出边. 如果是自由顶点, 则既没有可行入边, 又没有可行出边. 所以图的任何中间顶点关于所论的路的入边数与出边数之差总等于零. 于是有

$$\begin{aligned} v_2 : -x_{12} + x_{23} + x_{25} &= 0; \\ v_3 : -x_{13} - x_{23} + x_{36} &= 0; \\ v_4 : -x_{14} + x_{45} &= 0; \\ v_5 : -x_{25} - x_{45} + x_{56} &= 0. \end{aligned} \tag{3.1.3}$$

还有所有的变量全都取值 0 或 1, 写作

$$x_{12}, x_{13}, x_{14}, x_{23}, x_{25}, x_{36}, x_{45}, x_{56} \in \{0, 1\}. \tag{3.1.4}$$

我们把这些必要条件也称为约束条件. 关于图 3.1 的顶点与有向边的约束条件 (3.1.1)、(3.1.2) 和 (3.1.3) 还称为主约束条件, 关于诸变量的条件 (3.1.4) 称为变量约束, 甚至直接称为 {0,1} 变量.

从而所求的可行集全体用下面的三组公式来表示:

$$\left\{ \begin{aligned} &\text{主约束条件:} \\ &v_1 : x_{12} + x_{13} + x_{14} = 1; \\ &v_6 : -x_{36} - x_{56} = -1. \\ &v_2 : -x_{12} + x_{23} + x_{25} = 0; \\ &v_3 : -x_{13} - x_{23} + x_{36} = 0; \\ &v_4 : -x_{14} + x_{45} = 0; \\ &v_5 : -x_{25} - x_{45} + x_{56} = 0. \\ &\text{变量约束:} \\ &x_{12}, x_{13}, x_{14}, x_{23}, x_{25}, x_{36}, x_{45}, x_{56} \in \{0, 1\}. \end{aligned} \right. \tag{3.1.5}$$

我们说图 3.1 中所有从 v_1 到 v_6 的路 l 可以用线性代数法所得到的约束条件 (3.1.5) 来刻画.

即便如此简单的图 3.1, 约束条件 (3.1.5) 也显得头绪纷杂, 但是注意到下面的矩阵形式, 表现可以清晰一些:

$$
\begin{array}{c}
 \\ v_1 \\ v_2 \\ v_3 \\ v_4 \\ v_5 \\ v_6
\end{array}
\begin{array}{cccccccc}
l_{12} & l_{13} & l_{14} & l_{23} & l_{25} & l_{36} & l_{45} & l_{56} \\
\end{array}
\left[\begin{array}{cccccccc}
1 & 1 & 1 & & & & & \\
-1 & & & 1 & 1 & & & \\
& -1 & & -1 & & 1 & & \\
& & -1 & & & & 1 & \\
& & & & -1 & & -1 & 1 \\
& & & & & -1 & & -1
\end{array}\right]
\left[\begin{array}{c}
x_{12} \\ x_{13} \\ x_{14} \\ x_{23} \\ x_{25} \\ x_{36} \\ x_{45} \\ x_{56}
\end{array}\right]
=
\left[\begin{array}{c}
1 \\ 0 \\ 0 \\ 0 \\ 0 \\ -1
\end{array}\right].
$$

上列的方程组记作 $\Phi X = b$, 矩阵 Φ 是有向图 3.1 的 (顶点-有向边的) 关联矩阵, X 是 $\{0,1\}$ 变量向量, b 是右端的 $\{0,1,-1\}$ 列向量. 这样的方程组可以推广为任意一个有向图中求指定始点和终点路数字题的主约束条件.

至于可行解的主值应该是

$$
g(x) = 4x_{12} + 8x_{13} + 6x_{14} + 5x_{23} + 8x_{25} + 2x_{36} + 7x_{45} + 1x_{56}.
$$

例 3.2　**匹配簇的代数刻画.** 利用必要条件, 用代数方法刻画图 3.2 的匹配簇和完美匹配簇.

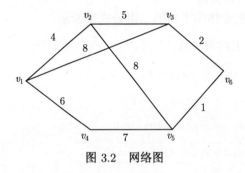

图 3.2　网络图

解　匹配是无向图中一个边子集, 它的任意两个匹配边没有公共顶点.

图 3.2 与图 3.1 的差别仅在于前者的诸边是无向的. 当边 $v_j v_k$ 是匹配边, 规定变量 x_{jk} 等于 1, 如果是自由边, 则等于 0, 即所有 x 都是 0–1 变量.

设有一个匹配 M, 对于顶点 v_1, 关联有三条边, 至多只有一条 M 匹配边, 所以

$$
v_1 : x_{12} + x_{13} + x_{14} \leqslant 1.
$$

同样还有

$$v_2 : x_{12} + x_{23} + x_{25} \leqslant 1;$$
$$v_3 : x_{13} + x_{23} + x_{36} \leqslant 1;$$
$$v_4 : x_{14} + x_{45} \leqslant 1;$$
$$v_5 : x_{25} + x_{45} + x_{56} \leqslant 1;$$
$$v_6 : x_{36} + x_{56} \leqslant 1.$$

这 6 个条件称为主约束条件, 可以合并写成任一匹配 M 的矩阵形式不等式组:

$$
\begin{array}{c}
\quad\;\; e_{12}\;\; e_{13}\;\; e_{14}\;\; e_{23}\;\; e_{25}\;\; e_{36}\;\; e_{45}\;\; e_{56} \\
\begin{array}{c} v_1 \\ v_2 \\ v_3 \\ v_4 \\ v_5 \\ v_6 \end{array}
\begin{bmatrix}
1 & 1 & 1 & & & & & \\
1 & & & 1 & 1 & & & \\
& 1 & & 1 & & 1 & & \\
& & 1 & & & & 1 & \\
& & & & 1 & & 1 & 1 \\
& & & & & 1 & & 1
\end{bmatrix}
\begin{bmatrix}
x_{12} \\ x_{13} \\ x_{14} \\ x_{23} \\ x_{25} \\ x_{36} \\ x_{45} \\ x_{56}
\end{bmatrix}
\leqslant
\begin{bmatrix}
1 \\ 1 \\ 1 \\ 1 \\ 1 \\ 1
\end{bmatrix}.
\end{array}
\tag{3.1.6}
$$

图中所有的匹配必须满足上列的不等式组, 记作 $\Psi X \leqslant b_\Psi$, 矩阵 Ψ 是无向图 3.2 的 (顶点–赋值边的) 邻接矩阵, X 是 $\{0,1\}$ 向量, b_Ψ 是右端的常数向量.

如果题目要求最大匹配, 是指所求匹配的和值最大.

如果题目是讨论完美匹配簇, 即每个顶点都必须和匹配边相关联, 则任何完美匹配必须用方程组 $\Psi X = b_\Psi$ 来刻画.

3.2 对可行集簇的几点思考

3.2.1 可行域的几种表示方法

用枚举法表示一个数字题的可行集簇, 所得结果是一个集合. 就好像从市场买回的一袋 5kg 的大米, 可行集簇给人的直观印象是一堆白花花的大米, 米与米之间或者按其重量区别它们的轻重, 或者说得到一个赋实数值的序集合, 此外没有出现别的什么显著联系.

通过对象 XYZ 的必要条件, 用线性代数方法得到数字题在 n 维空间中的一个多面体, 可行集作为一个点, 全都在多面体中, 由此发展出一个研究组合最优化问题的途径. 尽管在讨论整数解时, 多面体中的点有的是、有的不是所论组合最优化问题当前实例的整数解.

经过几十年的努力, 组合最优化已经得到了求解问题实例的强有力的方法, 形成了一个多面体学派, 他们的口号是 "给我一个可行域的刻画, 我就能够给他解". 尤其这些求解方法可以依靠计算机的强大功能来计算规模巨大的来自实际的各种数字题, 令人惊叹不已, 它们可以节约大量人工计算工时, 甚至完成人力难以胜任的任务.

但是这两种通用的方法几乎得不到所给具体对象的用组合分析方法得到的理论. 另一方面, 实践证明, 为了编制更为有效的程序, 人们不仅需要计算机的软、硬件的进步, 往往还期盼所论对象的更加深刻的理论指引.

我们在第 1.2.3 节中讲了关于问题、实例和数字例的概念. 在这里再强调一次, 在组合最优化的对象 XYZ 的优化问题中, 如果指定了论域 S 和提法 (即包括指定目标值计算的规则以及所指的优是取大或取小), 这样的题目称为问题 XYZ 的一个**实例**, 写作

$$\text{实例 XYZ: } S. \tag{3.2.1}$$

满足对象 XYZ 的条件的集合 a 是可行解, 其全体是可行解簇, 通常称为可行域, 记作 $\mathscr{D} = \mathscr{D}(\text{XYZ})$. 规定目标 (泛) 函数为 $h(a)$, 于是 (3.2.1) 是在可行域 $\mathscr{D}$ 上求目标函数的最优 (大、小) 值, 甚至可以把 (3.2.1) 写成下面的形式:

$$\text{实例 XYZ: } S, \text{opt}\{h(a), a \in \mathscr{D}\},$$

其中 opt 是 max 或者 min.

如果所给的题目像例 3.1 和例 3.2 是用具体的图形、集合表示的论域和具体数字的目标函数时, 称为**数字例**.

"问题" 只有把事情描述清楚的任务, "实例" 需要回答如何求解所给论域与提法的题目, 写出它的算法. 至于 "数字例", 必须指明用什么算法求解以及得到的具体答案是什么. 在生活中, 人们常常用到 "问题""实例" 和 "数字例" 这些名词, 我们按常义来理解. 但是在组合最优化这个数学分支中给了它们定义, 则以后遇到它们时, 需要留心遇到它们的场景而确认其意义.

微分学中讨论**可微函数**在闭区间上求最优值的问题, 泛函分析中, 譬如说, 在距离空间或赋范线性空间的某种集合上求泛函的最优值问题, 组合最优化中也是在可行域上求目标函数的最优值, 这些最优化问题在形式上几乎是一致的.

但是, 后者与前两种之间有着重大的差异.

实数域、距离空间与赋范线性空间等各自都是赋有**数学 (关系) 结构的**. 就是说, 集合的元素之间或者元素与子集之间具有某些序结构、代数结构和拓扑结构. 而组合最优化问题中, 可行域的元素间, 除了赋以实数值, 有关于大小的序结构, 没有正面出现更为重要的关系结构.

历史表明, 寻求前两种最优解的思路和方法有着千丝万缕的联系和相似之处, 而至今, 求解组合最优化问题实例的方法与前两者相去较远. 也许, 很重要的原因之一, 正在于可行域缺乏良好的关系结构, 也许正因为这种困境, 有人提出需要有"新的思路、新的方法和新的顿悟".

前辈学者们用组合分析方法顽强努力半个多世纪, 取得了丰硕的成果, 积累了许多很有意义的经验, 然而许多组合学家所期盼的 "离散数学最好不要太离散" 的愿望依然强烈存在.

3.2.2 不同层次上的统一性

爱因斯坦[思 6] 在他的《物理学的进化》一书的最末页讲, 人们相信, 任何科学的理论结构能够领悟客观实在, 我们世界的内在是和谐的. 这个信念永远是一切科学创造的根本动机.

我们没有能力谈论这样的大题目.

即便面对组合最优化的实际情况, 也令我们想起前辈学者的以下见解.

希尔伯特 (Hilbert D, 1862—1943) 不相信数学会遭到其他有些学科那样的厄运, 将被分割成许多孤立的分支. 1900 年他在巴黎世界第二届数学家代表大会上的著名演讲《数学问题》[思 8] 非常精辟地论述道: "我认为, 数学科学是一个不可分割的有机整体, 它的生命力正是在于各个部分之间的联系. 尽管数学知识千差万别, 我们仍然清楚地意识到, 在作为整体的数学中, 使用着相同的逻辑工具, 存在着概念的亲缘关系, 同时, 在它的不同部分之间也有大量相似之处. 我们还注意到, 数学理论越是向前发展, 它的结构就变得越加调和一致, 并且这门科学相互隔绝的分支之间也会显露出原先想不到的关系."

哈代 (Hardy G, 1877—1947) 认为[思 7], 一个有意义的概念, 一条严肃的数学定理, 该具有 "普遍的意义", 就是说, "应该是许多数学构造的要素, 应能用于许多不同种类定理的证明, 定理则应能被广泛地推广, 并且是所有同类型定理中的典型".

迪奥多涅 (Dieudonne J, 1906—1992) 在 1978 年讲到[思 2], 研究一个数学对象簇, 有两种方法: 一是仅研究对象自身的性质, 二是不仅如此, 还考虑对象之间的关系. 演化的结果, 前者只能从 "公理" 得到的少数性质, 得到所谓 "假设–演绎体系". 而后者, "人们一步一步地觉察到", 不止得到更多的性质, 而是多出了一套具有**系统性**的结果, 从而明白地显示出数学在本质上的**统一性**, 即现在所说的数学 "结构". "这是仅从前一方法所得不到的关系和思想".

阿蒂亚 (Atiyah M F, 1929—) 在论述对称性研究时也说: "对象之间的相互关系比对象的本质对于对称性更为关键".

上面引述的四种见解, 即科学的统一性, 数学各个分支间的统一性, 数学中重要概念、定理和方法具有普遍性, 甚至研究问题的技术也具有普遍的意义.

我们如果再奉读冯·诺依曼 (Von Neumann John, 1903—1957) [思 5] 的见解,
"全部数学分析学是建立在微积分基础上的"; "微积分是现代数学的第一个成就, 怎
样评价它的重要性都不会过高"; "微积分比其他任何事物都更清楚地表明了现代数
学的发端", 而且 "作为其逻辑发展的数学分析体系仍然构成了精密思维中最伟大
的技术进展".

也许可以说, 学者们是从四个层次上论述科学, 尤其数学的统一性.

有众多的中外学者反复提醒同行以及后辈们要特别注意研究 "对象之间的相
互关系".

在组合最优化中, 用组合分析方法获得了丰硕的成果. 但是马仲蕃[马 1] 指出,
"在这门学科里, 不同的问题往往用完全不同的办法来处理". 人们不断地总结经
验、思考, 人们花了那么多的精力做成了那么多的成绩, 核心的工作是在干什么?
马仲蕃接着指出: 发现交错路 (链)"是组合最优化方法的核心"; "图论中极大部分
的有效算法都可归结成交错链算法的形式". 有的学者指出, 可扩路是组合最优化
的最重要的概念. 林诒勋[林 9] 更指出, "计算实践证明, 十分有效的启发式算法 (如
林生的两边调整法和三边调整法等) 都是某种类型的局部变换, 其他不管多么复杂
的问题, 都可以用这种方法试一试, 总会有所收获的", 等等. 人们工作过程中, 累试
不爽, 十分信服学长们的见解.

人们用如此崇高的词句 "核心" "极大部分" "最重要" "不管多么复杂 …… 都
可以试一试, 总会有所收获" 等来评估交错路概念和方法, 表明人们已经慢慢地意
识到, 这里具有某种统一性. 它很可能隐藏在某个深奥的环境中、更可能浮现在某
种未被人们重视的、至为简单熟悉的东西之中.

上面冯·诺依曼对微积分所讲的深刻论述, 前辈学者们还对微分学基础有许多
看法和理解:

(1) 导数是费马的切线方向和牛顿由之得到的速度等概念的抽象.

(2) 差分和差商是研究函数在两个近邻点的值之间的差异性.

(3) 导数是差分通过极限方法而得到的一种关系的表达式.

(4) 微分学是由导数所产生出的一套系统性的结果.

(5) 〖(导数)+(牛顿切线法)〗是研究连续型最优化问题的一种基本方法.

(6) 导数概念是微分学的核心.

我们应该认真地深思, 为什么当前的组合最优化这门学科依然见外于数学整
体? 有学者说过, 希望 "离散数学不要太离散". 我们所要做的工作在于如何把组合
数学真正组合起来. 导数概念和微积分的求解问题的方法为什么还没有在组合最
优化中正面发挥清晰作用?

3.2.3　对交错路形式化的展望

我们现在从统一性的最底层入手开展工作.

在所给图 G 中, 设有一个匹配 a, 把它的诸边染上红色. 再有一个匹配 b, 把它的诸边染上蓝色. 公共边成为紫色, 余下的红边集记作 U, 余下的蓝边集记作 W. $U\bigcup W$ 是两个匹配 a 与 b 的对称差. 用集合间的对称差运算符 Δ 来表示, 有

$$b = a\Delta(U\bigcup W). \tag{3.2.2}$$

$U\bigcup W$ 的导出子图 $G[U\bigcup W]$ 中, 每个顶点至多有红蓝边各一条, 度数最多等于 2. 所以图 $G[U\bigcup W]$ 是由红蓝交错的路或者圈所组成. 就是说, 导出子图是由若干个连通分支 (交错路和交错圈) 所组成. 分支数越大, 可以理解这两个匹配 "离得越远". 分支数越小, 这两个匹配 "离得越近". 当连通分支数等于 1 时, 即这两个匹配的对称差是一条交错路或者一个交错圈, 这两个匹配定义为**相邻**是可以理解的.

看来, (3.2.2) 中的集对还有可能需要分解, 并产生相邻的概念.

我们现在把匹配 a 与 b 的对称差 $U\bigcup W$ 作为是由集对

$$(U, W) \tag{3.2.3}$$

通过变换 τ 得到的结果:

$$\tau((U, W)) \equiv \tau(U, W) = U\bigcup W. \tag{3.2.4}$$

于是有

$$b = a\Delta\tau(U, W). \tag{3.2.5}$$

把 (3.2.5) 看作匹配之间的一个变换, 用第 1.2.2 节中的术语, a 是一个可行解, 集对 (U, W) 的前项 U 是来自匹配 (可行解)a 的一个碎片, 称为**可行碎片**, 后项 W 是来自匹配 (可行解) a 以外的一个碎片, 称为 a 的一个**自由碎片**.

如果两个匹配 a 与 b 是相邻的, (3.2.5) 是它们的关系式. 这说明, 在匹配 (可行解) a 中, 取出可行碎片 U, 再添入自由碎片 W, 就得到另一个匹配 (可行解) b, 把不能再分解的 (3.2.3) 式称为**简单互易对**.

这实在是匹配之间的一种局部性的变换. 由于 (3.2.5) 从匹配 a 变为匹配 b, 我们可以用可行碎片的基数 $|U|$ 与自由碎片的基数 $|W|$ 的大小来判定两个匹配的基数的大小. 如果所论图是赋值的, 匹配的 (主) 值定义为 "和值", 即诸可行边的值之和, 我们可以用可行碎片的主值 $g(U)$ 与自由碎片的主值 $g(W)$ 的大小, 来判定两个匹配 a 与 b 的主值的大小.

这样, 在 (3.2.5) 中, 设想给定一个匹配 a, 可以凭它的一个集对 (U, W) 的基数差、主值差就能判定匹配 b 比匹配 a 的大小优劣. 这样我们立刻能够从任意选取的可行解 a 出发, 应用 (3.2.5) 尝试建立求解基数最大匹配、主值最大匹配以及基数最大主值最优 (大、小) 匹配的基本方法. 集对 (3.2.3) 可以理解为一种调优、调劣的互易对.

不仅如此, 让上面讨论的两个匹配之间的关系和思路改为讨论两个数学对象 XYZ 之间的关系和思路, 我们就有可能形式地研究实例 XYZ: S 的公式 (3.2.5), 并建立实例 XYZ: S 的一种求解方法.

首先, 当 a, b 是任意两个集合时, 公式 (3.2.5) 是一个恒等式, 是 a, b 间的对称差的另一种表达形式.

其次, 当 a, b 是两个可行解时, 公式 (3.2.5) 作为理论的推演公式.

人们将要像上述的思路进行探索: 能否从两个匹配中出现的事物出发, 系统地发掘出一般理论上的结果, 为图论和组合最优化提供几何直观的模型和代数推理的工具, 让它们对 "极大部分" "不管多么复杂" 的情形发挥作用. 这样, 我们可以从这个层次的统一性向更高层次进展.

迄今, 这是一个也许诱人的想法, 它依然还是一个梦. 它需要经过逻辑论证, 并接受实际运用的考验. 将来果真有所得, 用国内当今十分流行的说词, 它也许可以算是一个 "创新". 但它也只能说, 比马仲蕃、林诒勋等学长们的经验概括仅仅多走了一步的创新, 因为从本节开始到公式 (3.2.5) 止不足一页的篇幅, 以后所得的所有东西, 作为数学研究过程来说, 都只是例行公事的推理和安排.

就在 20 世纪 70 年代, Lawler[基 13] 于 1976 年所出版的著作 *Combinatorial Optimization: Networks and Matroids*, 他所用的名字 "组合最优化" 也许是用这个术语作为书名的第一本专著. 在其序言中就已经说: "My objective has been to present a unified and fairly comprehensive survey of solution techniques for these problems, with emphasis on augmentation algorithms." 表明那时可扩路技术就已经为学者们所追求. 我们还发现, Korte B, Vygen J 于 2007 年出版的十分重要的学术著作《组合最优化: 理论与算法》第 4 版, 于 2014 年被翻译成中文[基 12] 中, 依然把可扩路概念作为讨论学术问题的重要技术. 表明在这四五十年中, 这一技术的重要性没有改变.

1978 年后的那些岁月, 国内学者们激发出了积极传授知识、重新努力学习、研究科学的热情. 本书第一作者也是其中的一个, 在 1978 年成都全国第二次数学代表大会、1979 年烟台图论讨论班以及 1984 年广州全国最优化会议上躬逢其盛, 而马仲蕃、林诒勋等学长们都是亲自直接给本书第一作者以基础性的提示和启发, 引领作者 "定居" 在这一学术领域. 为了感谢两位学长和其他学者, 遵从林诒勋的建议, 把 (3.2.5) 称为**基本变换公式**.

下面将形式地建立基本变换公式, 讨论可行域的第三种描述方法, 并着手展开基础性的探讨.

3.3 第三种描述方法——对称差分解法

3.3.1 两个可行集的对称差

在集合论中, 集合 a 与 b 有两种差集 (图 3.3). 一种是常义的集差

$$a_b = a \backslash b \quad 与 \quad b_a = b \backslash a, \tag{3.3.1}$$

把它们构成一个集对, 记作

$$(a_b, b_a) \quad 或者 \quad (b_a, a_b); \tag{3.3.2}$$

另一种是对称差

$$a \Delta b = a_b \bigcup b_a. \tag{3.3.3}$$

把这两种差的关系写作

$$\tau((a_b, b_a)) \equiv \tau(a_b, b_a) = a_b \bigcup b_a.$$

把 (3.3.2) 称为**对称差** (3.3.3) 的一种分解式.

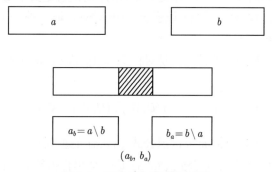

图 3.3 两个可行集的对称差

可行集是具有特性 $\pi^{(2)}$ 的集合, (a_b, b_a) 叫做可行集 a 与 b 的**互易对**, $\tau(a_b, b_a)$ 叫做 (局部) **变换项**. 对称差分解式具有下面的关系:

$$b = a \Delta \tau(a_b, b_a) = (a \bigcup b_a) \backslash a_b \quad 与 \quad a = b \Delta \tau(a_b, b_a). \tag{3.3.4}$$

3.3.2　基本变换公式

定义 3.1 (基本变换公式)　　如果 $a, b \in \pi^{(2)}$ 且 $U = a_b, W = b_a$, 把公式

$$P_3^{(2)} : b = a\Delta\tau(U, W). \tag{3.3.5}$$

称为**基本变换公式**.

如果函数 $h(a)$ 等于 a 的诸元素的值之和, 用实数域的符号表示, 上式有

$$h(b) = h(a) + (-h(U) + h(W)). \tag{3.3.6}$$

集对 (U, W) 是互易对, 集对 $(\varnothing, \varnothing)$ 称为平凡的互易对, 常常用 I 来表示.

设系统 XYZ: S 中有可行集 a, 考虑集对

$$(U, W), \quad U \subset a, \quad W \subset S \backslash a$$

使得

$$a\Delta\tau(U, W) \in \pi^{(2)}, \tag{3.3.7}$$

U 叫做关于 a 的**可行碎片**, 而 W 是关于 a 的**自由碎片**.

说 (U', W') 是互易对 (U, W) 的一个 (**真**)**子互易对**, 如果 (U', W') 的两项不同时为空集或者不同时分别等于 U 与 W, 而且能使 $a\Delta\tau(U', W') \in \pi^{(2)}$.

如果非平凡互易对 (U, W) 没有真子互易对, 则说它是**关于 a 的一个简单互易对**, 或者是 a 的一个 (**基数、权值**) **改变度** (**增值率**).b 是 a 的一个 (1 步) 邻点 (**紧邻**), 把它们理解为紧邻关系.

a 的所有改变度组成改变度 (互易对) 簇, 记作 $\mathbf{C}(a)$. a 的紧邻 (可行集) 簇记作 $\mathbf{N}(a)$, 它是

$$\mathbf{N} \equiv \mathbf{N}(a) = \{a\Delta\tau(U, W) : (U, W) \in \mathbf{C}(a)\}. \tag{3.3.8}$$

概而言之, 可以从几个侧面来认识公式 (3.3.5) 的重要意义:

作为任意两个集合 a 与 b, 公式 (3.3.5) 是一个集合恒等式, 是对称差的另外几种表达形式.

作为数学对象来说, 它是两个可行集之间的一种局部变换关系. 用互易对的两项作交换, 可以从这个可行集变换成另一个可行集.

公式 (3.3.5) 中的互易对说明两个可行集的差异性. 当互易对是简单的, 说明这两个可行集之间的差异是不能再 "少" 了, 也即这两个可行集的差异是 "极小" 的.

3.3.3 紧邻可行集的图形表示

在可行域中, 把可行集理解为一个点, 可行域成为一个点集, 紧邻的可行集用边相连, 可行域成了一个 (边集非空的) 图, 得到了一种拓扑结构, 我们把它画在一个平面上, 称为 γ 平面图. (3.3.5) 可以用图来表示, 把两个紧邻可行集 a 与 b 作为两个端点, 用边 $ab(\overline{ab})$ 相连, 用改变度 (a_b, b_a) 作为边的 "值". 这是关于对象 XYZ 的两个紧邻可行集所对应的图形.

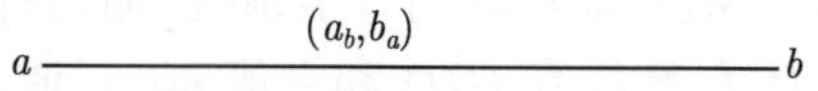

$$a \overline{\hspace{2cm} \overset{(a_b, b_a)}{\hspace{2cm}}} b$$

图 3.4　连接两个紧邻可行集 a 与 b 的边

图 3.4 是基本变换公式的图形表示, 可以读作 (3.3.4) 中任何一个式子:

$$b = a\Delta\tau(a_b, b_a) \quad \text{或} \quad a = b\Delta\tau(a_b, b_a).$$

定义 3.2　设系统 XYZ: S 的可行集作为点, 可行集簇 $\mathscr{D}$ 是点集. 对于任意 a, b, 如果 (a_b, b_a) 是简单的互易对, 用边连接, 所构成的图叫做系统 XYZ: S 的**可行集簇图,** 甚至依然称为**可行域**, 记作 $\mathscr{D}(XYZ)$, 甚至仍记作 $\mathscr{D}$.

回顾公式 (3.3.1—3.3.7), 我们还可以说, 这种可行集簇图是通过分解对称差的过程而得到的, 或者说, 用**对称差分解技术**得到的.

自此约定, 我们所说的组合最优化问题的某个实例的可行域, 总默认为系统 XYZ: S 的可行集簇中紧邻元素间赋有边与权 (值) 的图 $\mathscr{D}(XYZ)$.

至此, 同一个集对 (a_b, b_a) 有了好几个名称, 表明它将能从多个侧面起着不同的作用. 采用相应的从属名称是为了方便.

在 20 世纪 80 年代, 张福基[张 2]、林诒勖[林 4,5]、郭小峰, 他们的学生们以及国外学者对不少具体对象的可行集簇图的性质做了许多研究, 他们称这种图为 "对象 XYZ 图", 例如 "树图""拟阵图""匹配图" 等. 1991 年李学良的博士论文[李 2], 更对这些题目做了综述和研究, 并统称为变换图 (transformation graph). 我们以为, 他们所指的变换图与公式 (3.3.5) 本质十分相近. 还为了便于做各种推广和应用, 便于更直接地理解, 把它们称为 "对象 XYZ 簇图", 相应地, 还称 "树簇图""(拟阵的) 独立集簇图""匹配簇图" 等, 以后还将出现 "赋和值型树簇图""赋和值型匹配簇图" 等.

3.4　两种基本图形表示

对于实例 XYZ: S, 从基本变换公式和它的图形表示出发, 在可行域中已经引入了数学结构.

第 1.5 节所讨论的**提法**是指实例中的量度规则 $\pi^{(3)}$, 它一般包含四件事:

(1) 论域的元素赋值范围.

(2) 确定碎片与可行解的值的规则.

(3) 优化的规则, 一般有以大者为优、或者以小者为优等.

(4) 答案组成的规则, 主要指求最优值、求一个或者求所有的最优解与相关的信息.

前三件事就是要指明所赋实数从属的数学系统, 而可行集、碎片都有 (主) 值与参数值, 例如碎片 $U \in \mathbf{R}$ 有参数值 $f(U)$ 和主值 $g(U)$, 通常在讨论一般目标函数时, 还用 $h(a)$ 来讨论.

因此, 为了适应实例的提法, 按图 3.4 的办法所作的可行集簇图需要作进一步改造.

譬如, 要求基数最大的可行解, 或者当实例各个元素都赋有实数值, 要求和值最大的可行解. 这样, 可以在图 3.5 中, 在作为可行解的点 a, b 的近旁记载各自的基数或者 (以及) 和值, 当 a, b 是紧邻, 边 ab 的值或者等于互易对 (a_b, b_a) 的两个碎片的基数之差或 (以及) 和值之差, 还按 "优" 的意义由劣向优确定这边的指向. 这样的赋值图可以画在平面上, 称为 γ 平面图. 这是一种图形表示.

另一个图形表示就是对 γ 平面做一个 z 轴, 过各个顶点竖一个铅垂线段表示它们的值, 其紧邻顶点在空中有一个连线, 建立一个 "γ-z 立体" 图, 空中有一个高低不平的网. 像似覆盖有公路网的某个山区, 像普通二元函数在 3 维空间的图形表示.

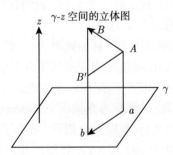

图 3.5　可行域的空间表示

在图 3.5 中, $|ab| = |AB'| = |BB'|$, AB' 与 ab 相平行, 如果寻求和值最大的可行解, 应该有从 a 到 b 的有向边 $\overrightarrow{ab}$, 相应地, 在空中有一条有向边 $\overrightarrow{AB}$.

如果实例是求基数最大、和值最小的可行解, 这时, 在作为可行解的顶点作两条紧挨着的竖线段, 或者一粗一细, 或者一红一蓝, 线段的长度一表示基数, 另一表示和值. 过端点 a 与 b 的竖线段的另一个端点各有红、蓝色的 A 与红、蓝色的 B, 这样的图称为双竖线图, 空中有红蓝两个网, 等等.

这两种赋值有向图表示, γ 平面上的可行解簇图和 γ-z 立体图, 称为**觅芳图 1**的图形表示.

再根据研究人员的思路和主观偏好, 从觅芳图 1 设计出自己需要的直观模型.

譬如说, 某人认为实例是求和值最小型支撑树, 或者认为是求和值最大型的森林, 或者认为是求边数最大、和值型最小的树, 他可以从觅芳图 1 中依次取出所有支撑树或者取出所有的森林, 或者所有的树, 作为可行解簇, 用单线或者双竖线构成导出子图, 成为求解的**觅芳图 2**.

它们是研究组合最优化问题实例的基本几何模型的两个形式.

按照第 1.5 节中所讨论的基数型、和值最大型或和值最小型实例, 甚至峰值 (最小) 型、谷值 (最大) 型实例都能从它们各自觅芳图中得到启发, 几何直观地发现求解的种种途径.

比之于觅芳图 1, 觅芳图 2 是研究所给组合最优化问题种种实例的更紧密的基本图形表示.

附带说一句, 宋代词人苏轼的《蝶恋花》有佳句: "枝上柳绵吹又少, 天涯何处无芳草". 柳树扬花将过, 初夏季节, 万物兴旺丛生, 遍野都有芳草. 《隋书·炀帝记》: "十步之内, 必有芳草; 四海之中, 岂无奇秀". 芳者, 优、美、良、好的意思.

3.5 可行集簇图的基本性质

下面讨论可行集簇图的基本性质, 包括图的简单性、连通性、均匀性和一致 Hamilton 性.

3.5.1 简单性与连通性

定义 3.3 称对象 XYZ 是**初阶的**, 如果在可行集簇图 $\mathscr{D}(XYZ)$ 中, 任意两个紧邻可行集 a, b 之间的简单互易对 (U, W) 满足条件 $|U|, |W| \leqslant 1$.

就是说, 除了平凡互易对 $I = (\varnothing, \varnothing)$, 满足下列三种情形之一:

(i) $U = \varnothing$ 及 $|W| = 1$;

(ii) $|U| = 1$ 及 $W = \varnothing$;

(iii) $|U| = |W| = 1$.

依次称它们为 a 的**添元变换**、**减元变换**以及**互易变换**.

定理 3.1 如果实例是初阶的, 它的基数极大的可行集称为**基集**, 它们的全体称为极大可行集簇, 记作 $\mathfrak{B}$, 它们的基数总是相等的.

定理 3.2 (简单性 $P_{41}^{(2)}$) 可行集簇图 $\mathscr{D}(XYZ)$ 是简单图.

证明 首先, 在可行集簇图 $\mathscr{D}(XYZ)$ 中, 各个顶点没有自圈, 因为可行集与自己没有非平凡互易对. 两个紧邻可行集之间没有重边, 因为两个紧邻可行集的简单互易对是唯一的. 所以 $\mathscr{D}(\mathrm{XYZ})$ 是简单图.

定理 3.3 (连通性, 记作 $\mathrm{P}_{42}^{(2)}$)　可行集簇图 $\mathscr{D}(\mathrm{XYZ})$ 是连通的.

如图 3.6 所示, 设 $a, b \in \pi^{(2)}$, 如果互易对 (a_b, b_a) 是简单的, 则 a, b 之间有边相连; 如果 (a_b, b_a) 不是简单的, 设真子互易对 $(U^{(1)}, W^{(1)})$ 是简单的, 使得

$$(a_b, b_a) = (U^{(1)}, W^{(1)}) \bigcup (U^{(2)}, W^{(2)}),$$

其中

$$U^{(1)} \bigcap U^{(2)} = \varnothing, \quad W^{(1)} \bigcap W^{(2)} = \varnothing. \tag{3.5.1}$$

写 $c^{(1)} = a\Delta\tau(U^{(1)}, W^{(1)}) \in \pi^{(2)}$, 则

$$c^{(1)}\Delta b = (a\Delta\tau(U^{(1)}, W^{(1)}))\Delta b = (a\Delta b)\Delta\tau(U^{(1)}, W^{(1)})$$
$$= (a_b \bigcup b_a)\Delta\tau(U^{(1)} \bigcup W^{(1)}) = U^{(2)} \bigcup W^{(2)}.$$

这是因为关于对称差算子 Δ 是可交换和可结合的. 于是, $(U^{(2)}, W^{(2)})$ 是 $c^{(1)}$ 与 b 之间的互易对.

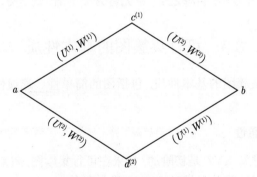

图 3.6　四个相邻可行集

一般地, 在分解 (a_b, b_a) 的过程中, 如果 $(U^{(1)}, W^{(1)})$ 与 $(U^{(2)}, W^{(2)})$ 中有不是简单的, 就重复上述的分解手续. 最终的序列是

$$a = c^{(0)}, c^{(1)}, c^{(2)}, \cdots, c^{(t)}, c^{(t+1)} = b$$

或

$$b = d^{(t+1)}, d^{(t)}, d^{(t-1)}, \cdots, d^{(1)}, d^{(0)} = a.$$

而关于 $c^{(j-1)}, c^{(j)}$ 的 $(U^{(j)}, W^{(j)})$ 是简单的, 互易对 (a_b, b_a) 具有

$$(a_b, b_a) = \bigcup\{(U^{(i)}, W^{(i)}) : 1 \leqslant i \leqslant t\}, \tag{3.5.2}$$

其中

$$U^{(i)} \bigcap U^{(j)} = \varnothing, \quad W^{(i)} \bigcap W^{(j)} = \varnothing, \quad 1 \leqslant i \neq j \leqslant t.$$

设

$$U^{(r+1,s)} = \bigcup \{U^{(j)} : r+1 \leqslant j \leqslant s\}, \quad W^{(r+1,s)} = \bigcup \{W^{(j)} : r+1 \leqslant j \leqslant s\},$$

于是

$$c^{(r)} \Delta \tau(U^{(r+1,s)}, W^{(r+1,s)}) = c^{(s)} \in \pi^{(2)}. \tag{3.5.3}$$

a 与 b 沿这条路是 t 步相邻的，称 (3.5.2) 为**对称差** (a_b, b_a) 的**一般分解式**.

在第 3.3.2 节, 定义了可行集 a 的一个 (1 步) 邻点 (紧邻), 把它们理解为紧邻关系, 并把可行集 a 的紧邻集簇 $\mathbf{N}(a)$ 作为 a 的 **1 步邻域**, 记作 $\mathbf{N}_1(a)$. 我们再把不多于 2 步的改变度簇所对应的可行集簇的全体称为 a 的 **2 步邻域**, 记作 $\mathbf{N}_2(a)$. 甚至按通常办法, 建立 k 步邻域等. 如此, 我们可以在可行域的每一个顶点 a 定义邻域簇 $\{\mathbf{N}_t(a)\}$，可行域成为一个拓扑空间.

3.5.2 均匀性

定义 3.4 系统 XYZ: S 是**均匀的**, 记作 $\mathrm{P}_{43}^{(2)}$, 如果对于任意两个可行集 a 与 b, 一般分解公式 (3.5.2) 中每一个 i 总有 $a\Delta\tau(U^{(i)}, W^{(i)}) \in \pi^{(2)}$.

特别地, 系统 XYZ: S 是 2 步均匀的, 如果对于任意 2 步邻点 a, b (分解公式中 $t = 2$), 总有 $a\Delta\tau(U^{(i)}, W^{(i)}) \in \pi^{(2)}$, $i = 1, 2$.

定理 3.4 (均匀性) $\{\mathrm{P}_0^{(1)}, \mathrm{P}_0^{(2)}\}$-系统 XYZ: S 是均匀的, 当且仅当它是 2 步均匀的.

证明 显然有必要性.

充分性: 对步数 j 作数学归纳法.

归纳初值: 当 $j = 2$, 显然.

归纳断言: 考虑 $j = t+1$ 的情形. 令 b 是 a 的 $(t+1)$ 步邻点, 有一个分解公式 (3.5.3). 因为 $c^{(t+1)}(=b)$ 是 $c^{(t-1)}$ 的一个 2 步邻点, 分解公式的最后两个互易对是 $(U^{(t-1)}, W^{(t-1)})$ 和 $(U^t, W^{(t)})$, 是 a 的 t 步邻点. 每个简单互易对 $(U^{(j)}, W^{(j)})$ $(1 \leqslant j \leqslant t+1)$, 都保证 $a\Delta\tau(U^{(j)}, W^{(j)})$ 是系统的可行集.

定理证毕.

我们把这个均匀性记作 $\mathrm{P}_{43}^{(2)}$, 加入到特性集 *List* PPP.

$\mathrm{P}_{43}^{(2)}$: 系统 XYZ: S 是均匀的.

一个图中的支撑无圈子图簇和匹配簇所构成的图是均匀的.

3.5.3   一致 Hamilton 性

定义 3.5   说连通图具有**一致 Hamilton 性**, 用标识符 $P_{44}^{(2)}$ 来表示, 是指: 图中任意指定一条边 e, 总存在含有它的 Hamilton 圈, 也即, 存在经过边 e、遍历每个顶点一次且仅一次的回路.

定理 3.5 (一致 Hamilton 性 $P_{44}^{(2)}$)   设系统 XYZ: S 是初阶的且是 2 步均匀的, 则它的基集簇图 $\mathfrak{B}$ 含有指定边 ac 的 Hamilton 回路.

证明   对主集 S 的基数 k 作数学归纳法.

归纳初值: 设 $S = \{e_1, e_2, e_3\}$, $s = 3$, $k = 2$, 系统中含有三个独立集,

$$a = \{e_2, e_3\}, \quad b = \{e_1, e_3\}, \quad c = \{e_1, e_2\}.$$

任何两个基集都是紧邻的, 在基集簇图中, 任意指定一条边, 譬如 ab, 显然三边形 abc 是含有指定边 ab 的 Hamilton 圈, 即 $\mathfrak{B}$ 是一致 Hamilton 的.

归纳假设: 设 $3 \leqslant |\mathscr{D}| = k < n$ 时定理都成立.

归纳断言: 现在来论证 $|\mathscr{D}| = n$ 的情形.

设有系统 XYZ: S, $|S| = n$. 设它的极大可行 (基) 集的秩等于 m. 任意指定两个紧邻基集 a, c, 和连接它们的边 ac. 需要证明基集簇图 $\mathfrak{B}$ 含有边 ac 的 Hamilton 圈.

不失一般性, 所指定的基集不妨记作

$$a = \{u_1, u_2, u_3, \cdots, u_m\}.$$

把所给集合写成下面的形式

$$S = \{u_1, u_2, u_3, \cdots, u_m, w_{m+1}, w_{m+2}, \cdots, w_n\}.$$

设 a 有两个紧邻点 c, d, 它们与基集 a 的互易对设为 (u_1, w_{m+1}) 与 (u_2, w_{m+2}), 即

$$c = a\Delta\tau(u_1, w_{m+1}), \quad d = a\Delta\tau(u_2, w_{m+2}), \tag{3.5.4}$$

有

$$c = \{u_2, u_3, \cdots, u_m, w_{m+1}\}, \quad d = \{u_1, u_3, \cdots, u_m, w_{m+2}\}. \tag{3.5.5}$$

c, d 是 b 的紧邻点, 因为对象是初阶的, 所以有

$$d\Delta\tau(u_1, w_{m+1}) = (a\Delta\tau(u_2, w_{m+2}))\Delta\tau(u_1, w_{m+1})$$
$$= a\Delta\tau(\{u_1, u_2\}, \{w_{m+1}, w_{m+2}\}) = b.$$

可见在基集簇图中, 四个基集 a, c, b, d 围成一个四边形, 边 ac 可以理解为是所指定的边, 从含有元素 u_1 的基集 a 到不含有元素 u_1 的基集 c, 同样边 db 是从含有 u_1

的基集 d 到不含 u_1 的基集 b. 这样基集 a 与 d 都含有元素 u_1, 而基集 c 和基集 b 都不含有元素 u_1.

考虑以下两个子系统:

系统 XYZ: S_1, 其中 $S_1 = \{u_2, u_3, \cdots, u_m, w_{m+1}, w_{m+2}, \cdots, w_n\}$

及

系统 XYZ: S_2, 其中 $S_2 = \{\underline{u_1}, u_2, u_3, \cdots, u_m, w_{m+1}, w_{m+2}, \cdots, w_n\}$.

在第一个子系统中, 每一个基集都不含有碎片 u_1; 在后一个子系统中, $\underline{u_1}$ 表示这个子系统的每一个基集必须含有 u_1. 按是否含 u_1 把基集簇图 $\mathfrak{B}$ 分成两个非空子图 $\mathfrak{B}_1$ 和 $\mathfrak{B}_2$, 而且 $a, d \in \mathfrak{B}_1, c, b \in \mathfrak{B}_2$. 在 S_1 中, 在 $n-1$ 个元素中只能选取 $m-1$ 个元素, 加上 u_1 构成一个可行集. 主集 S_1 中的基集的基数事实上是 m, 根据归纳假设, $\mathfrak{B}_1$ 有一条含有边 ac 的 Hamilton 路 H_1. 类似地, 在 $\mathfrak{B}_2$ 中, $|S_2| = n - 1$, 有一条介于 b 与 d 的 Hamilton 路 H_2. 于是在 $\mathfrak{B}$ 中, 有一个 Hamilton 回路

$$a \to H_1 \to d \to b \to H_2 \to c \to a.$$

基集簇图 $\mathfrak{B}$ 含有指定边 ac 的 Hamilton 回路.

3.5.4 拉格朗日有限增量公式

让 (3.3.5) 对应于拉格朗日的有限增量公式

$$h(b) = h(a) + h'(\xi)(b-a), \quad \xi \in [a, b],$$

导函数 $\{h'(\xi) : \xi \in [a, b]\}$ 与基本变换公式中的改变度簇 $\mathbf{C}(a)$ 相对应.

附带说一句, 拉格朗日有限增量公式不仅在微分学具有极为重要的价值, 它还是积分学的理论基础. 因为我们有:

设在闭区间 $[a, b]$ 上, 插入 $n - 1$ 个点

$$a = x_0 < x_1 < x_2 < \cdots < x_{n-1} < x_n = b,$$

得到

$$
\begin{aligned}
h(b) - h(a) &= h(x_n) - h(x_0) \\
&= (h(x_n) - h(x_{n-1})) + (h(x_{n-1}) - h(x_{n-2})) + (h(x_{n-2}) - h(x_{n-3})) \\
&\quad + \cdots + (h(x_2) - h(x_1)) + (h(x_1) - h(x_0)).
\end{aligned}
$$

在每个子区间 $[x_{i-1}, x_i]$ 插入中值点 ξ_i 使得拉格朗日有限增量公式成立, 其中 $\Delta x_i = x_i - x_{i-1}$, 得到

$$h(b) - h(a) = h'(\xi_n)\Delta x_n + h'(\xi_{n-1})\Delta x_{n-1}$$

$$+ h'(\xi_{n-2})\Delta x_{n-2} + \cdots + h'(\xi_2)\Delta x_2 + h'(\xi_1)\Delta x_1. \qquad (3.5.6)$$

当诸 $|\Delta x_i|$ 中最大值 $\to 0$, 则右端成为区间 $[a, b]$ 上导函数 $h'(x)$ 的定积分 $\displaystyle\int_a^b h'(x)\mathrm{d}x$.

把 (3.5.6) 左端的 $h(a)$ 移到右端:

$$\begin{aligned}
h(b) &= h(a) + h'(\xi_n)\Delta x_n + h'(\xi_{n-1})\Delta x_{n-1} \\
&\quad + h'(\xi_{n-2})\Delta x_{n-2} + \cdots + h'(\xi_2)\Delta x_2 + h'(\xi_1)\Delta x_1,
\end{aligned} \qquad (3.5.7)$$

当 $\Delta x_i = 1(i = 0, 1, \cdots, n)$ 时, 则上式右端是诸点处导数值之和.

现在回到我们的基本变换公式.

先请注意, 本小节上面的符号与本小节下半部分中同一字母, 如 a, b, Δ 等的区别.

对于两个可行解 a, b 的基本变换公式 (3.5.2), 有

$$\begin{aligned}
h(b) &= h(a)\Delta\tau h(a_b, b_a) = h(a)\Delta\tau h(U, W) \\
&= h(a)\Delta\tau \bigcup \{h(U^{(i)}, W^{(i)}) : 1 \leqslant i \leqslant t\} \\
&= h(a)\Delta\tau h(U^{(1)}, W^{(1)})\Delta\tau h(U^{(2)}, W^{(2)}) \cdots \Delta\tau h(U^{(t)}, W^{(t)}). \qquad (3.5.8)
\end{aligned}$$

与 (3.5.6) 相比较, 诸简单互易对, 即诸改变度, $(U^{(i)}, W^{(i)})$ 对应 (3.5.6) 中的导函数 $h'(x)$.

在数学分析中, 一个函数 $h(x)$ 在区间 $[a, b]$ 的一个点 x 处有函数值, 还有导函数 $h'(x)$.

在组合最优化中, 一个实例有可行解 a 及其改变度簇 $\mathbf{C}(a)$.

可以说, 可行解 a 与改变度簇 $\mathbf{C}(a)$ 相当于数学分析中函数 $h(a)$ 与其邻域中的导函数 $h'(x)$.

3.6　值域的代数结构

3.6.1　极小准域

按照定义 1.1, 组合最优化问题的一个实例除了直接关联它的论域、可行域和可行解三个基本集合外, 还关联一个值集.

一个问题的实例或数字例中, 所赋给主元素的值 (权) 至少应该具有两种运算能力. 一是从主元素的值得到碎片和可行解的值; 二是需要比较这些值的优劣. 就是说, 在简单的情形下, 值集需要赋予代数结构和序结构, 有时甚至还要涉及邻域的概念, 要赋以拓扑结构.

以后将看到, 在实数域上讨论线性规划与非线性规划问题确实是十分方便利索的. 但是, 在实数域中, 用组合分析方法讨论不少组合最优化问题的诸多实例时, 不是不可以议论、商榷的.

譬如说, 有一个提法为 "和值最小型" 的题目. 在求解过程中, 要反复计算基本变换公式 $b = a\Delta\tau(U, W)$. 人们用加法计算可行解 a、碎片 U 和 W 的和值, 而计算碎片 U 和 W 之间的差值时, 要做减法. 题目中还要按 a, b 的值判断较小者. 在这个过程中, 用了实数的加、减法而外, 搁置乘、除法不用, 却要从实数域之外, 调用取小运算 $\min$. 以实数域为基础论述这种问题的事理和计算相关的数据, 出现困难是可以预想的.

为此, 我们期盼有更为贴近这种 "和值最小型" 实例的代数系统.

设实例的值是某一个实数集 Q. 首先, 计算可行解与碎片的和值需用加法, 还要计算碎片值之间的减法. 题目中所赋给元素的值尽量一般, 这实数集 Q 最好含有所有的实数, 记作 R. 让 $+ = \otimes$, 它必须是交换群, 它的单位元素 e 是实数 0.

其次, 把实数 u 优于实数 w 从 $\min\{u, w\} = u$ 改记为 $u \oplus w = u$. 令 $\min = \wedge = \oplus$, 比照取小运算, 关于幂加法 $\oplus$ 该有交换律与结合律. 一个数 u 与自己比, 结果当然是自己, 即有 $u \oplus u = u$, 等幂律成立. 还有, 作为幂加法的零元素, 记作 z, 应该有 $u \oplus z = u$, $+\infty$ 该是关于取小运算的零元素. 让这个零元素进入实数集 R, 写 $\overline{R} \equiv R \bigcup \{+\infty\}$, $\{\overline{R}, \oplus\}$ 是关于幂加法 $\oplus$ 的等幂单型交换半群, 即 $\overline{R}$ 上的**带** (band, 定义见第 2.7 节).

在基本变换公式中, 设 $a \bigcap b$ 的值等于 x, 碎片 U, W 的值为 u, w, 则 a 的值等于 $x \otimes u$, b 的值等于 $x \otimes w$. 在实数中, 当 $x \neq +\infty$, "u 优于 w" 可以得到 "$x \otimes u$ 优于 $x \otimes w$". 就是说, 从前面的式子可以得到后一个, 写作

$$u \oplus w = u \quad \text{与} \quad x \otimes u \oplus x \otimes w = x \otimes u.$$

把前式右端的 u 替代后式右端的 u, 得到

$$x \otimes u \oplus x \otimes w = x \otimes (u \oplus w),$$

即分配律成立.

设 u 不等于 w, 除非 $x = z$, 则 $x \otimes u$ 不等于 $x \otimes w$. 我们说这种现象是具有**强优选性**.

此外, 为了以后工作需要, 还添加一个**无穷元素**, 记作 inf, 并约定它满足以下的条件

$$u \oplus inf = inf, \quad z \oplus inf = inf, \quad inf \oplus inf = inf,$$

$$u \otimes inf = inf, \quad inf \otimes z = e.$$

可以看到, $-\infty$ 就起到 inf 的作用.

把满足条件

$$a \oplus b = a \text{ 或者 } b$$

的幂加法说作是优选运算, a 是非劣的, 记作 $a \preceq b$. 如果还有 $a \neq b$, 则说 a 优于 b, 记作 $a \prec b$.

用幂加的运算符来讨论阴、阳、中性元素, 我们有: 对于元素 a,

如果 $a \neq e$ 且 $e \oplus a = a$, 说 a 是**阴元素**, 记作 $a \prec e$;

如果 $a \neq e$ 且 $e \oplus a = e$, 说 a 是**阳元素**, 记作 $a \succ e$;

而说零元素 e 是**中性元素**.

这里论述的代数系统不仅是一个准域, 幂加法还具有选优性, 还存在有无穷元素 inf. 把这样的代数系统称为**极小准域**, 记作 $(\overline{R}, \oplus, \otimes) = (\overline{R}, \min, +)$, 其中 $\overline{R} = R \bigcup \{\pm\infty\}$. 还称之为 **(min,+) 准域**.

3.6.2   极大准域

在上面的小节中, 我们举提法 "和值极小型" 的组合优化实例为例, 讨论了极小准域. 当然我们可以设想存在和值极大型的实例, 用完全类似的思路讨论它, 我们同样在添加了 $\pm\infty$ 的实数集 $\overline{R}$ 中, 让幂乘法的定义就是常义的相加, 而幂加法定义为取两个数之间较大者, 得到**极大准域**, 记作 $(\overline{R}, \oplus, \otimes) = (\overline{R}, \max, +)$ 或者 **(max,+) 准域**. 它的零元素是 $-\infty$, 而无穷元素 inf 是 $+\infty$. 这时, 极大准域同样具有强优选性.

以上我们得到了以常义加法为幂乘法的两种 (极大、极小) 准域. 为了直观上的理解, 我们绘制下面的图形 (图 3.7, 图 3.8), 以供参考. 请注意, 元素从阴到阳总对应从优到劣, 使用符号 $\prec$ 时, 总是左优右劣.

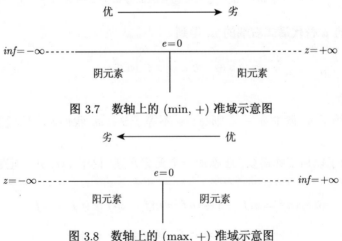

图 3.7   数轴上的 (min, +) 准域示意图

图 3.8   数轴上的 (max, +) 准域示意图

在正数全体 R^+ 上定义摹乘法为常义的乘法, 定义一个以取小、另一个以取大为摹加法. 同样需要添加零元素 z 和无穷元素 inf, 记 $\overline{R_0^+} \equiv R^+ \bigcup \{0, +\infty\}$, 有 $(\overline{R_0^+} \min, \times)$ **准域**, 甚至简写作 $(\min, \times)$ **准域**. 还有 $(\overline{R_0^+} \max, \times)$, 简记作 $(\max, \times)$ **准域**.

我们得到了和值型、积值型极大和极小的四种准域.

有的学者还称这些准域为代数, 如极大代数、极小代数等.

当我们把和值型提法中的实数全体改为整数全体, 或者有理数全体, 可以得到各自所谓的和值型子准域; 把积值型提法中的非负实数全体改为正有理数全体, 可以得到各自所谓的积值型子准域.

3.6.3 强优选准域

上述的四种准域都有强优选性, 总称为强优选准域[陈 1]. 现在用定义形式固定下来.

1986 年陈文德[陈 1] 提出的准域 (quasi-field, QF) 的定义是满足下面四条公理的代数系统:

(i) $(QF, \oplus)$ 是交换单型半群, 零元素记作 z;

(ii) $(QF \backslash \{z\}, \otimes)$ 是交换群, 单位元素记作 e;

(iii) 对于 QF 中任何一个元素 a, $a \otimes z = z$;

(iv) 分配律: $c \otimes (a \oplus b) = c \otimes a \oplus c \otimes b$.

c 的逆元素可用下面的三个记号之一来表示 $c^{[-1]}, c^{\otimes -1}$ 或者 $\dfrac{e}{c}$.

于是, 我们有如下定义.

定义 3.6 **强优选准域** (strongly optimizing quasi-field, *SOQF*) 是一个代数系统, 记作

$$SOQF = (SOQF, \oplus, \otimes),$$

它满足下面六条公理:

(i) 优选律: 对于 $SOQF \backslash \{inf\}$, $a \oplus b = a$ 或 b;

(ii) $(SOQF \backslash \{inf\}, \oplus)$ 是交换单型半群, 零元素记作 z;

(iii) $(SOQF \backslash \{z, inf\}, \otimes)$ 是交换群, 单位元素记作 e;

(iv) 对于 $SOQF \backslash \{inf\}$ 中任何一个元素 a, 有 $a \otimes z = z$;

(v) 无穷元素 inf 具有以下性质, 对于 $SOQF \backslash \{z, inf\}$ 任何一个元素 a, 有

$$inf \oplus a = inf, \quad inf \otimes a = inf,$$

以及

$$inf \oplus inf = inf, \quad inf \otimes inf = inf, \quad inf \otimes z = e.$$

(vi) 分配律：$c \otimes (a \oplus b) = c \otimes a \oplus c \otimes b$.

这样我们已经有四个强优选准域.

公理 (iii) 规定集合 $SOQF \backslash \{z, inf\}$ 中每一个元素都有逆元素, 单位元素 e 的逆元素是它自己. 而公理 (v) 又规定无穷元素 inf 具有性质 $inf \otimes z = e$, 就是说, 无穷元素与零元素是互逆的. 因此, 添加无穷元素之后, 强优选准域中每一个元素都有逆. 当然添加无穷元素是我们自作主张的事情, 所谓为了以后方便, 其理由将待第 7 章讨论.

为了强调代数系统 $(S, \oplus, \otimes)$ 中含有三个特定元素：零元素 z、单位元素 e 和无穷元素 inf, 可以写作 $(S, \oplus, \otimes; z, e, inf)$. 在讨论几个代数系统而又涉及各自的这些特定元素, 可以添加下标以指明所属的集合, 如 z_S, e_S 和 inf_S.

最后, 我们指出两点.

第一, 上面的讨论显示, 当我们采用基本变换公式来探讨组合最优化问题的实例时, 根据实例所给定的提法, 明确认定是在什么样的强优选准域 (的哪种子准域) 上求解实例是十分有益的.

第二, 自 20 世纪 50—60 年代开始, 人们就用种种公理形式的代数系统, 特别是极大、极小代数讨论组合最优化问题的某些实例, 宣称所说代数系统是有用的. 这种从抽象代数学输送来的 "舶来品" 应用于组合最优化的某些理论演算, 一方面显得很有效; 另一方面, 发生这样那样的困惑也是可以设想的. 本书第一作者从 20 世纪 70 年代起, 某些工作中也遇到过类似的麻烦. 在本章中情况大不相同, 这里是从基本变换公式入手, 而所得到的强优选准域是从组合最优化自身产生出来的, 我们期盼它将发挥更加积极的作用.

3.7　独立系统与拟阵

3.7.1　基本概念

对于不同的对象 XYZ, 系统 XYZ: S 的可行集簇图 $\mathscr{D}(\text{XYZ})$ 会具有不同的表现. 我们先从十分简单容易的对象入手.

定义 3.7　a 与 $b (\in \mathscr{D})$ 之间的每条路是初阶的, 如果分解公式的每一简单互易对都是初阶的.

定义 3.8　设 E 是有限集, $\mathfrak{S}$ 是 E 的一个子集簇, 称 $M = (E, \mathfrak{S})$ 是一个**子集系统**.

定义 3.9　称子集系统 $\{P_2^{(1)}, P_2^{(2)}\}$-$M = (E, \mathfrak{S})$ 为**独立系统** M,

$P_2^{(1)}$：如果 $E \in \pi^{(1)}, E' \subset E$, 则 $E' \in \pi^{(1)}$;

$P_2^{(2)}$：如果 $a \in \pi^{(2)}, (\varnothing \subset) a' \subset a$, 则 $a' \in \pi^{(2)}$.

具有性质 $\pi^{(2)}$ 的集合称为**独立集**, 不是独立集的子集是**相关集**. 基数极小的相关集称为**圈**, 基数极大的独立集称为**基集**.

定义 3.10　有限集 E 上的**拟阵** (matroid) 是 E 中满足特性集 $\{P_2^{(1)}, P_2^{(2)}, P_{31}^{(2)}\}$ 的子集系统, 记作 $\{P_2^{(1)}, P_2^{(2)}, P_{31}^{(2)}\}$-系统 E 或系统 $MATROID: (E, \Im)$, 其中

$P_{31}^{(2)}$(可扩性公理): 如果 $a, b \in \pi^{(2)}$, $|a| < |b|$, 则存在一个关于 a 的添元变换 $(\varnothing, x)$, $x \in b_a$, 使得 $a \Delta \tau(\varnothing, x) = a \bigcup \{x\} \in \pi^{(2)}$.

于是, 拟阵是满足**可扩性公理** $P_{31}^{(2)}$ 的独立系统.

3.7.2　五个典型的拟阵

拟阵是一个概括性较强的数学对象. 它的重要应用面涉及图论、格论、射影几何、电网络、开关理论、线性规划以及组合最优化等.

下面介绍五个典型的拟阵.

(1) 最粗糙拟阵. 设有元素集 $P = \{p_j : 1 \leqslant j \leqslant s\}$. 规定任何元素不多于 $k\ (< s)$ 个的集合都是独立集, 这样的系统是拟阵, 因为任何两个基数不等的独立集总有可扩性公理 $P_{31}^{(2)}$.

(2) 向量型拟阵. 设有 $m \times n$ 阶矩阵 M, 它由 n 个 m 维列向量所组成, 依然记作 M. 在线性代数中已经讨论了, 向量空间中线性独立集簇具有以下性质: 把空集认为是线性独立的, 线性独立集的任何子集是线性独立的, 还有特性 $P_{31}^{(2)}$ 成立, 所以 M 构成拟阵.

(3) 剖分型拟阵. 有限集 E 中有一个划分 $\{E_1, E_2, E_3, \cdots, E_m\}$, 是指有 $E_j \bigcap E_k = \varnothing$, 且 $E = \bigcup \{E_j : 1 \leqslant j \leqslant m\}$. 对于每一个 E_j, 指定一个非负整数 d_j, 定义独立集簇

$$\{a : a \subset E, |a \bigcap E_j| \leqslant d_j, 1 \leqslant j \leqslant m\}.$$

如果 a 是独立集, 它的子集显然也是独立集. 一个独立集 a 的基数 $|a|$ 等于在各个子集 E_j 中元素的个数 $|a \bigcap E_j|$ 之和. 如果独立集 a, b 的基数有 $|a| < |b|$, 则在某个子集 E_j 中有 $|a \bigcap E_j| < |b \bigcap E_j|$, 从而可以在 $b \bigcap E_j$ 中取某个元素 w, 放入 a, 得到一个新的独立集. 所以, 特性 $P_{31}^{(2)}$ 成立, 这是一个拟阵.

我们还容易验证下面两个拟阵.

(4) 代表型拟阵. 从有限集 E 做一个子集簇 $\tilde{E} = \{E_1, E_2, E_3, \cdots, E_s\}$. 对于 E 的子集 $a = \{e_1, e_2, e_3, \cdots, e_r\}$, 如果 $\tilde{E}$ 中存在 r 个子集 $\{E_{a_1}, E_{a_2}, E_{a_3}, \cdots, E_{a_r}\}$ 使得 $e_j \in E_{a_j}, 1 \leqslant j \leqslant r$, 则称 a 是 $\tilde{E}$ 的一个部分代表系, 这样的代表系簇组成一个拟阵.

(5) 图型拟阵. 在简单连通图中, 不含圈的子图称为**森林**, 基数最大的森林称为**支撑树**, 森林簇构成拟阵.

另外还有许多数学系统也满足拟阵的定义, 所以拟阵是概括一类组合系统的数学对象.

例 3.3　非拟阵的平面凸集簇. 有系统 $HULL$: E, 平面点集 E 的每一个子集仍是平面集, 凸多边形和它的顶点集一一对应, 后者叫做凸集. 把凸集作为可行集, 可行集的每一个子集是可行的. 所以系统 $HULL$: E 是一个独立系统. 但是它不必满足可扩性公理 $P_{31}^{(2)}$. 例如, E 有八个顶点, 由三个顶点围成的三角形和五个顶点围成的凸五边形都是可行集. 假设三角形的顶点集 a 被包含于凸五边形的顶点集 b, 显然有 $|a| < |b|$, 但是没有一个添元变换 $(\varnothing, p), p \in b_a (= b \backslash a)$ 使得 $a \bigcup \{p\}$ 结果仍是凸集.

系统 $HULL$: E 不是拟阵, 基的基数不必相同.

3.7.3　K_4 的支撑树簇图

图论中有著名的 Cayley 定理 (1889 年): n 阶完全图含有 n^{n-2} 个支撑树.

像第 1 章所讲的隐枚举法 $M_1^{(0)}$ 那样, 我们以 4 阶完全图 K_4 为例, 讨论如何列举它的支撑树簇和最小支撑树簇.

例 3.4　列举全体支撑树. 设有 4 阶完全图 K_4: $G = (V, E)$, 其中 $V = \{v_1, v_2, v_3, v_4\}$, 列举图 G 的支撑树簇.

解　在含有 n 个顶点的连通图中所有的支撑树都含有 $n - 1$ 条边, 任何两个支撑树的互易对的两个项的基数相等, 由它分解得到的简单互易对全都是两项基数等于 1 的子集. 所以, 就支撑树簇图而言, 支撑树是一个初阶对象. 对于一个支撑树, 添加任一自由边 (连枝), 得到唯一的圈 (简单的回路). 圈中的那条连枝和圈中其他的每一条边 (可行边) 组成一个简单互易对.

在下面, 把边 v_iv_j 简记作 ij, 互易对 (U, W) 简记作 $\dfrac{W}{U}$, 按子程序 $S_1^{(2)}$ 来计算.

在图 3.9 中, 选取初始支撑树 $a = \{12, 13, 14\}$, 自由边集为 $\{23, 24, 34\}$, 添加自由边 ij 于 a, 有圈 $\{1i, 1j, ij\}$, 就有两个互易对 $(1i, ij), (1j, ij)$. 让互易对 $(1i, ij)$ 写成 $\dfrac{ij}{1i}$, 变换 $a\Delta\tau(1i, ij)$ 就是要把自由边 ij 添入集合 a, 再删去可行边 $1i$. 这一运算过程, 采用形式运算符 $\otimes$ 以及为了印刷上的方便, 写成下面的形式

$$a \otimes \frac{ij}{1i} \equiv a \otimes \frac{ij}{1i}$$

是可以理解的, 而形式计算时显得很方便.

把 a 的关于自由边 ij 所有的互易对写成

$$M(ij) = I \oplus (1i, ij) \oplus (1j, ij) \quad \text{或者} \quad I \oplus \frac{ij}{1i} \oplus \frac{ij}{1j},$$

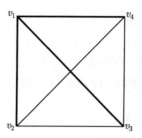

图 3.9　4 阶完全图与一个支撑树

其中 $I = (\varnothing, \varnothing)$ 是平凡互易对. 于是

$$M(23) = I \oplus \frac{23}{12} \oplus \frac{23}{13}, \quad M(34) = I \oplus \frac{34}{13} \oplus \frac{34}{14},$$

$$M(24) = I \oplus \frac{24}{12} \oplus \frac{24}{14}.$$

像实现隐枚举法 $M_1^{(0)}$ 中的枚举子程序, 我们立刻有

$$M(23)\hat{\otimes}M(34) = I \oplus \frac{23}{12} \oplus \frac{23}{13} \oplus \frac{34}{13} \oplus \frac{34}{14} \oplus \frac{23}{12} \cdot \frac{34}{13} \oplus \frac{23}{12} \cdot \frac{34}{14} \oplus \frac{23}{13} \cdot \frac{34}{14}$$

及

$$(M(23)\hat{\otimes}M(34))\hat{\otimes}M(24)$$
$$= I \oplus \frac{23}{12} \oplus \frac{23}{13} \oplus \frac{34}{13} \oplus \frac{34}{14} \oplus \frac{24}{12} \oplus \frac{24}{14} \oplus \frac{23}{12} \cdot \frac{34}{13} \oplus \frac{23}{12} \cdot \frac{34}{14} \oplus \frac{23}{13} \cdot \frac{34}{14}$$
$$\oplus \frac{23}{12} \cdot \frac{24}{13} \oplus \frac{24}{12} \cdot \frac{34}{13} \oplus \frac{24}{12} \cdot \frac{34}{14} \oplus \frac{23}{12} \cdot \frac{24}{14} \oplus \frac{23}{13} \cdot \frac{24}{14} \oplus \frac{24}{13} \cdot \frac{34}{14}.$$

一共有 16 项, 确实有 16 个支撑树. 它们是

$$a\Delta\tau\{(M(23)\hat{\otimes}M(34))\hat{\otimes}M(24)\} = 1$$
$$= \{12, 13, 14\} \oplus \{23, 13, 14\} \oplus \{12, 23, 14\} \oplus \{12, 34, 14\} \oplus \{12, 13, 34\}$$
$$\oplus \{24, 13, 14\} \oplus \{12, 13, 24\} \oplus \{23, 34, 14\} \oplus \{23, 13, 34\} \oplus \{12, 23, 34\}$$
$$\oplus \{23, 24, 14\} \oplus \{24, 34, 14\} \oplus \{24, 13, 34\} \oplus \{23, 13, 24\} \oplus \{12, 23, 24\}$$
$$\oplus \{12, 24, 34\}.$$

例 3.5　列举全体最小支撑树. 设有 4 阶完全赋值图 $G = (V, E)$, 其中 $V = \{v_1, v_2, v_3, v_4\}$,

$$E = \{1v_1v_2, 2v_1v_3, 3v_1v_4, 2v_2v_3, 5v_2v_4, 3v_3v_4\}.$$

列举图的最小支撑树的全体.

解　在图 3.10 中, 可以看到, $a = \{12, 13, 14\}$ 是一个最小支撑树, 它的和值等于 6 (=1+2+3). 在圈 $C_t(23)$ 中, 自由边 23 与可行边 13 的值都等于 2, 互易对 (13, 23) 将从 a 得到另一个最小支撑树 $\{12, 23, 14\}$, 相关的幂多项式可以写作

$$M_{\min}(23) = I \oplus \frac{23}{13}.$$

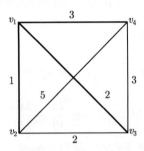

图 3.10　赋值 4 阶完全图与最小支撑树

类似有

$$M_{\min}(34) = I \oplus \frac{34}{14}, \quad M_{\min}(24) = I,$$

于是

$$M_{\min}(23) \,\hat{\otimes}\, M_{\min}(34) \,\hat{\otimes}\, M_{\min}(24)$$
$$= \left(I \oplus \frac{23}{13}\right) \hat{\otimes} \left(I \oplus \frac{34}{14}\right) \hat{\otimes} I = I \oplus \frac{23}{13} \oplus \frac{34}{14} \oplus \frac{23}{13} \cdot \frac{34}{14}.$$

所以图中有四个最小支撑树:

$$a \,\hat{\otimes}\, \left\{I \oplus \frac{23}{13} \oplus \frac{34}{14} \oplus \frac{23}{13} \cdot \frac{34}{14}\right\}$$
$$= \{12, 13, 14\} \oplus \{12, 23, 14\} \oplus \{12, 13, 34\} \oplus \{12, 23, 34\}.$$

3.8　拟阵的性质

讨论拟阵系统 $M=(E, \Im)$ 的三个公理该有助于理解拟阵的种种逻辑推理的结果.

正如定义 3.8 中所说, $P_2^{(1)}$ 表明, 拟阵系统的论域 E 的任何子集仍可以作为系统的论域. $P_2^{(2)}$ 表明, $\Im$ 中的独立集 (可行集) a 的任何子集 a' 依然是独立集 (可行集), 甚至空集也规定为独立集. 这两个公理都是分别限于各自整体与其局部之间的关系.

而公理 $P_5^{(3)}$ 却不一样. 首先, 它是讨论两个独立集 (可行集) 之间的关系.

我们称 $P_{31}^{(2)}$ 为可扩性公理, 是指: 对于一个独立集 (可行集) a, 系统中只要存在一个基数更大的独立集 b, 它一定可以提供一个元素 x 给 a, 得到基数更大的独立集. 设有两个独立集 $a, b, a \bigcap b = \{h_1, h_2, \cdots, h_p\}$, 记 $a_b = U = \{u_1, u_2, \cdots, u_r\}$. 而 $b_a = W \bigcup Q = \{w_1, w_2, \cdots, w_r, q_1, q_2, \cdots, q_s\}$, 就是说, a 的基数比 b 的基数小 s. 人们可以在 b_a 中选出集合 $Q = \{q_1, q_2, \cdots, q_s\}$, 反复调用公理 $P_{31}^{(2)}$, 让它的元素添进 a 得到一个与 b 具有相同基数的独立集 $c^{(s)}$.

如果 a, b 是两个极大独立集, 它们有相同的基数. 因为如果 $|a| < |b|$, 调用可扩性公理 $P_{31}^{(2)}$, 所得到的可行解中, 存在含有比独立集 a 更大的独立集, 这与 a 的极大性矛盾.

称拟阵的极大独立集为**基集**, 基集的全体称为基集簇 $\mathfrak{B}$, 它们有相同的基数, 称为拟阵的**秩**, 记作 $\mathrm{rank}(\mathfrak{B})$.

在基集簇 $\mathfrak{B}$ 中, 把基集 a, b 称为紧邻, 如果它们间的互易对 (u, w) 的两项都只是单元素, 我们说它是 "不能再分解的", 并把基集 a, b 用边相连. 这个做法可能有争议之处, 因为 (u, w) 可以由先作减元变换、再作添元变换两步来实现, 它们都有具体的图论意义. 但是当人们限于在基集簇上讨论问题时, 说是简单互易对依然是合理的.

可以说, 可扩性公理 $P_{31}^{(2)}$ 是关联所有独立集之间的关系公理.

由上节的讨论, 在拟阵的独立集簇图中从任何一个独立集到它的紧邻独立集, 所作的变换, 或者是添元变换、减元变换, 或者是互易变换, 所以, 按照定义 3.2, 拟阵是一个初阶数学对象. 在独立集簇图中相邻顶点有边相连, 当然是连通的.

定理 3.6 (Hamilton 性, 林诒勋、张福基, 1985 年)[林 5] $\{P_4^{(2)}, P_5^{(2)}\}$-系统 *INDPDT*: $S = (P, \cdots), P = \{p_j: 1 \leqslant j \leqslant n\}$ 的基集簇图 $\mathfrak{B}$ 是一致 Hamilton 的. 其中,

$P_4^{(2)}$: 对于 $a, b \in \mathfrak{B}$, 从分解公式得到的每一个互易对 (U, W) 都有 $|U| = |W| = 1$.

例 3.6 在 4 个顶点的完全图 K_4 的支撑树簇图中,

(i) 把 4 个支撑树 (理解为 4 个顶点) 作一个回路, 且含有指定的边 $ac^{(1)}$.

(ii) 支撑树簇图中作一个含有边 $ac^{(1)}$ 的 Hamilton 回路.

解 (i) 在图 3.11 中, 先取可行集 $a = \{12, 13, 14\}$, 再取 $b = \{13, 23, 34\}$, 它们是 2 步相邻的. 作

$$(a_b, b_a) = (\{12, 14\}, \{23, 34\}) = (12, 23) \bigcup (14, 34),$$

从而有

$$c^{(1)} = a \Delta \tau(12, 23) = \{13, 23, 14\}, \quad c^{(2)} = a \Delta \tau(14, 34) = \{12, 13, 34\}.$$
$$c^{(1)} \Delta \tau(14, 34) = \{13, 23, 14\} \Delta \{14, 34\} = \{13, 23, 34\} = b,$$
$$c^{(2)} \Delta \tau(12, 23) = \{12, 13, 34\} \Delta \{12, 23\} = \{13, 23, 34\} = b.$$

所以 4 个相邻的可行集 $a, c^{(2)}, b, c^{(1)}$ 围成一个回路, 而且相邻的可行集 $a, c^{(1)}$ 同时含有边 $ac^{(1)}$.

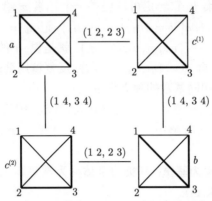

图 3.11　4 阶完全图中 2 步相邻可行集

(ii) 把 (i) 中 4 个可行集 $a, c^{(2)}, b, c^{(1)}$ 依次改变名称为 $a_1, c_1^{(2)}, b_1, c_1^{(1)}$, 放入图 3.12 正中, 并用粗线标明连接顶点 a_1 与顶点 $c_1^{(1)}$ 的 $a_1 c_1^{(1)}$.

画出可行集簇图, 共有 16 个可行支撑树作为顶点, 按照邻点关系, 做出一个 Hamilton 回路. 按这个图中最右上角的图中顶点的编号来说, 这 16 个 K_4 中, 左半 8 个图中, 每个支撑树都不含有边 23, 而右半 8 个图中所有支撑树全都含有边 23.

有趣的是, 整体上这个图形中, 有阴线底纹的 $\{ac^{(1)}\}$-Hamilton 回路所围成的区域正是英文字 Hamilton 第一个字母 H 的空心形式.

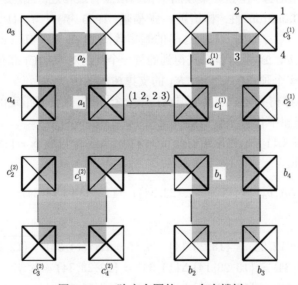

图 3.12　4 阶完全图的 16 个支撑树

3.9 几何直观的一点注记

在图 3.4—图 3.8 中, 我们已经得到组合最优化问题的实例的基本几何直观图形, 尤其是 γ-z 立体图, 它十分相似于二元函数在三维空间的图形表示法. 我们只是说相似于后者, 是因为立体图中散洒在空中的那个网远不如二元连续函数的那么光滑顺眼. 尽管如此, γ-z 立体图还能为我们服务得更好一些. 因为站在立体图中的弯曲的空间网上的每一顶点, 环视紧邻, 就能发现有哪一个更优的邻点, 移到下一个顶点, 重复这一过程就能找到更优的可行解, 很多情况下, 它就是最优解.

千万不要小视哪怕十分粗糙的几何表示的巨大意义.

希尔伯特说: "几何图形就是直观空间的帮助记忆的符号", "算术符号是文字化的图形, 而几何图形则是图像化的公式; 没有一个数学家能够缺少这些图像化的公式. 正如在数学演算中它们不能不使用加、脱括号的操作或其他的分析符号一样".

教师边讲边在黑板上信手画一个平面几何西摩松线的题目, 尽管所画的圆、内接的三角形、从圆周一点对三条边所作的垂线, 过三个垂足连成的那根线, 全都弯弯扭扭, 但是这个图形帮助教师十分精确地传递出题目的完整信息, 师生在脑际间建立起相互沟通的桥梁, 浮起的图景推动人们发现求解的思路. 随之学生们对着这个不精确的图形, 激烈地、精确地争论如何证明定理的正确性, 没有学生埋怨黑板上那个粗糙的图形, 相反, 它能让学生牢牢地记在脑中, 帮助学生思考探索, 建立信心, 甚至终生难忘.

一元函数在直角坐标系中在某个闭区间上的图形, 画得那么粗糙, 几百年来, 却能一代代地引领、陪伴千百万教师和学生, 从它的几何直观更顺利地进入微积分的全过程, 它给人们数不尽的启示: 那直线段图形表示线性函数, 像似抛物线表示二次函数, 在弯弯扭扭的曲线上, 人们懂得导数的几何意义, 认出最高点, 最低点, 递增、递减区间, 凹凸性, 驻点和拐点; 认出导数不存在或为无穷, 接受定积分概念的产生, 微积分基本公式、中值定理的建立, 定积分的近似计算公式的产生, 等等.

阿蒂亚十分重视形象思维方法, 明确呼吁人们 "尽可能广地应用各种水平的几何思想".

我们在上面讨论立体图, 也会从中得到启发.

当然, 希尔伯特说: "几何直观实在不可靠." 我们必须十分警惕这一点. 好在数学的良好秩序之一, 所有的理论结果最终必须经过严格的逻辑推理的确认.

当然, 在一个特指的数学分支引入一种思路、概念、方法和理论之后, 需要一步一个脚印地探讨它们在学科中能够 "走多远", "在何处遇到不可逾越的障碍", 逐步弄清楚它们在学科发展中所处的地位. 人们很难有把握事先判断一个新概念、一个新方法在学科中最终确实能够起多大的作用和效果. 美国马丁·路德金说得好: "我们必须接受失败, 因为它是短暂的; 我们必须接受成功, 因为它是永久的." 我们在学术研究的过程中一定也要有这种奋斗的精神.

　　许多数学结果首先是完全靠蛮力证明的. 一些人坚韧不拔地一直往下算, 不在乎它是否优美, 最后得到答案. 接下去, 对此结论感兴趣的人会继续考虑, 试图理解它, 最后把它打扮得很漂亮, 赋予感染力. 当然, 这并非简单的粉饰门面, 因为优美是一种评价标准, 若想让数学继续保持旺盛的活力, 坚持这一标准是非常重要的. 如果您想让其他人理解某个论证的实质, 原则上它必须是简单和优美的, 这显示了质量: 表达最明朗, 最容易被人类的心智在数学框架内所理解. 事实上, 庞加莱将简明性视为数学理论的定向力, 使我们选择某个方向而不是另一个方向前进. 所以, 优美与否是非常重要的, 不仅对基本结构如此, 而且对次一层的结构也然.

阿蒂亚《如何进行研究》

第 4 章 邻域型与碎片型最优化原理

> 在科学的一个分支部门里所发展起来的一种思
> 想方法往往能够用来解释表面上完全不同的结果.
> 在这种过程里, 原来的概念往往须加以修改才能帮
> 助我们既可理解这个概念得以产生的那些现象, 也
> 可理解目前正有待于这个概念来解释的那些现象.
>
> ——爱因斯坦

本章由三部分组成.

(1) 分析导数概念的结构与微分学求解连续型最优化问题的基本思路和方法.

(2) 从基本变换公式建立第 3 (邻域型) 最优化原理, 得到系列的基本性质和求解组合最优化实例的一般邻点法, 讨论提法 1 实例的求解方法. 这些方法与求解连续型最优化问题 (牛顿切线型) 的迭代法具有平行的求解思路与相同的论述格式. 在第 4.8 节, 简单地讨论了和值最小型巡回商实例.

(3) 应用基本变换公式建立第 4 (碎片型) 最优化原理, 示范性地建立路、树、匹配和策略的最优化原理.

4.1　求解连续型最优化问题的微分法回顾

在微分和导数概念的基础上, 早已发展出求解连续型 (连续函数) 最优化问题的种种方法, 这是微分学的最为重要的理论与应用成果之一. 人们为了探讨组合最优化实例求解方法, 分析微分学中的相关部分, 期盼找出某些具有启发性的思路.

4.1.1　导数概念

设函数 $h(x)$ 在闭区间 $[\alpha, \beta]$ 上连续, 为了研究它的性质, 让自变量任意选取两个值, 讨论它们之间以及它们的函数值之间的关系.

设 a 是区间 $[\alpha, \beta]$ 内的一个点, 在点 a 邻近取点 x, 引入关于在 a 处的自变量改变度 Δx 和函数改变度 Δh 概念:

$$\Delta x = x - a \quad \text{和} \quad \Delta h \equiv \Delta h(x, a) = h(x) - h(a)$$

或者写作

$$x = a + \Delta x \quad \text{和} \quad h(x) = h(a) + \Delta h(x, a). \tag{4.1.1}$$

设自变量 x 在点 a 的近旁, 我们有

当 x 在点 a 的左侧, 写作 $x < a$, 或者 $\Delta x < 0$;

当 x 在点 a 的右侧, 写作 $x > a$, 或者 $\Delta x > 0$.

同样, 对于函数值的大小,

当 x 的函数值小于 a 的函数值, 写作

$$h(x) < h(a) \quad \text{或者} \quad \Delta h \equiv \Delta h(x,a) = h(x) - h(a) < 0;$$

当 x 的函数值大于 a 的函数值, 写作

$$h(x) > h(a) \quad \text{或者} \quad \Delta h \equiv \Delta h(x,a) = h(x) - h(a) > 0, \quad \text{等等}.$$

用两种改变度的值讨论函数在点 a 附近的增减情景. 譬如说, 当自变量 x 从左侧接近于 a, 函数值由小变大, 即当 $x < a$, 则 $h(x) < h(a)$, 则说函数在这个范围内单调增加, 用符号 "↗" 来表示. 同样可以讨论单调减少的情形.

把上述的讨论用导数与微分的概念来描述.

在点 a 处引入邻域以及邻域半径趋于零等概念后, 把极限值

$$h'(a) = \lim \left\{ \frac{\Delta h}{\Delta x} : \Delta x \to 0 \right\} \tag{4.1.2}$$

称为函数 $h(x)$ 在点 a 处的导数, 一般地, 在区间上得到函数 $h(x)$ 的导 (函) 数 $h'(x)$.

如果函数 $h(x)$ 是可导的,

满足 $h'(x) > 0$ 的区间上, 函数单调增加;

满足 $h'(x) < 0$ 的区间上, 函数单调减少;

满足 $h'(x) \equiv 0$ 的区间上, 函数恒等于某个常数.

当 $h'(a) = 0$, 人们说自变量 a 是函数 $h(x)$ 的驻点. 自变量 x 从 a 的左侧移动到右侧, 函数值先增后减, 即导 (函) 数 $h'(x)$ 先正后负, 则称 a 是极大点, $h(a)$ 是极大值; 如果函数值是先减后增, 即导 (函) 数 $h'(x)$ 先负后正, 则 a 是极小点, $h(a)$ 是极小值.

把这些讨论用图 4.1 来表示.

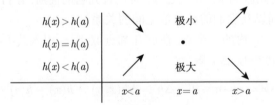

图 4.1 函数的常规分解图示

由 (4.1.2), 当 $|\Delta x|$ 足够小时, 有近似公式

$$h(x) \approx h(a) + h'(a)\Delta x. \tag{4.1.3}$$

把函数 $h(x)$ 的导数 $h'(x)$ 与自变量的改变度 Δx 的乘积 $h'(x)\Delta x$ 称为函数关于 Δx 的微分 $\mathrm{d}h$, 即

$$\mathrm{d}h = h'(x)\Delta x.$$

注意这个定义中, 自变量的改变度 Δx 是大小、正负自如的量. 在 $h'(x) \neq 0$ 时, 称 $\mathrm{d}h$ 是函数改变度 Δh 的主部. 这时, $\Delta h - \mathrm{d}h$ 是 Δx 的高阶无穷小.

我们还定义自变量的微分 $\mathrm{d}x$ 等于自变量的改变度 Δx:

$$\mathrm{d}x = \Delta x.$$

于是, 函数的微分可以写作 $\mathrm{d}h = h'(x)\mathrm{d}x$. 就是说, 从代数上说, 函数的导数不等于零时, 导数是由自变量的微分 $\mathrm{d}x$ 与函数的微分 $\mathrm{d}h$ "相除" 而得到的结果.

人们得到一个求解问题的似乎有效的思路, 就像他带着一头猎犬在桥头堡捕获了不多几个猎物后, 就会信心大振地安顿下来, 倾听向导的意见, 仔细地规划, 按照他所熟悉的计谋行事, 让猎犬奔放出去捕捉一切能够捉到的猎物, 并探讨如何提高更大的捕捉能力.

4.1.2 几点认识

有了导数与微分的概念和计算导数的技术, 人们发现, 以它们为基础, 可以建立求解闭区间上连续可导 (微) 函数的最优值问题, 即连续型最优化问题的方法.

图 4.2 是在闭区间上的一个连续函数. 譬如说, 我们需要求函数的最大点和最大值, 几何直观往往能够让人们从全局得到一个清楚的求解思路.

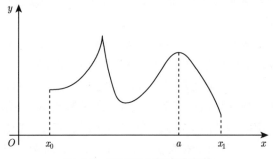

图 4.2 闭区间上的连续函数

首先, 根据熟知的魏尔斯特拉斯定理, 在闭区间上的连续函数 $h(x)$ 一定在某一点 a 取得最大值, 如果 a 是区间的内点, 则在 a 的邻域中也是函数的最大值, 称 a 是**极大点**, 它的函数值 $h(a)$ 是**极大值**. 这个论述表明连续型最优化问题具有邻域型原理.

如果 a 是区间内的一个极大点, 且函数在 a 有导数, 则在 a 的导数值等于零, 这是函数的极大点的必要条件. 我们平行地还有关于极小与最小的类似情形. 如果求出函数的导数, 并令它等于零, 找出这方程所有的根, 它们都是函数的**驻点**.

我们可以用函数增减性的条件逐一判定每个驻点是极大点或极小点, 还是拐点. 在所有驻点、没有导数的那些点以及区间端点的函数值中, 找出最大的, 它就是所求的最大值, 相应的 x 轴上的点就是最大点. 图 4.2 中的尖点的纵坐标是函数的最大点, 但在这一点导数不存在或者等于 ∞.

把上面的讨论求解可导函数最大点的过程写成下面的方法, 称之为**基本 (一阶型) 微分法**. 它的要点是:

(1) 确定函数 $h(x)$ 在指定区间上具有可微性;

(2) 计算函数 $h(x)$ 的导数;

(3) 计算方程 $h'(x)=0$ 的所有实数根, 得到问题的所有驻点;

(4) 用导数的方法, 判定每个驻点是否为极值点;

(5) 计算导数为 ∞、不存在的点的、驻点的以及区间端点的函数值, 取其最大 (小) 者得到答案.

首先人们会采用驻点左右近邻的函数值增减情形, 以逐一判定驻点是否为极值点. 当他们感到, 这一工作是繁琐的, 进而发现: 如果引入函数图形中的凹凸区间概念, 如果容易求得函数的二阶导数在驻点处的值, 且异于零, 则其值等于正数时, 驻点为极小点, 等于负数时, 驻点为极大点, 这个方法称为**第二 (二阶型) 微分法**. 它确实能够从基本方法中的判定极值点的任务中解脱出来, 但是所给的函数必须满足以下三个条件: 具有二阶导数, 计算过程简易, 以及二阶导数在驻点的值不等于零. 当然, 如果等于零, 人们或者回到基本微分法, 或者进一步讨论具有更高阶导数的情形.

在基本微分法中, 求得导函数之后, 需要求解方程 $h'(a) = 0$, 得到所有的实数根. 我们的微积分教科书中所举的数字例, 解方程往往都很简单容易. 其实, 大量的来自理论和实际的数字例, 求解方程是一件困难的事. 为此, 人们除了花大量精力求解三次、四次、五次代数方程诸种初等函数的方程的精确解, 还常常用方程近似解的方法来求解. 牛顿切线法是离基本微分法最为接近的方法, 先让自变量取一个值, 设为 (x_i, y_i), 因为如图 4.2 所示, 函数 $y = h(x)$ 在点 (x_i, y_i) 处的切线斜率为 $h'(x_i)$, 方程是 $y - y_i = h'(x_i)(x - x_i)$, 令 $y = 0$, 得到切线与 x 轴的交点 $x_{i+1} = x_i - \dfrac{y_i}{h'(x_i)}$. 如果 $h(x_{i+1})=0$, x_{i+1} 就是方程 $h(x)=0$ 的实数根. 如果 $h(x_{i+1}) \neq 0$, 我们再从点 (x_{i+1}, y_{i+1}) 重复上面的计算等来求切线, 求它与 x 轴的交点等.

这是一种利用牛顿切线法的迭代法.

按这思路反复改进而得到最优解的方法称为**第三 (切线型) 微分法**.

这些方法统称为微分法.

如果人们把问题转到二元函数 $z = h(x, y)$ 的最大值问题, 设想函数在 3 维空间 xyz 中在 xOy 坐标面上侧有一个曲面, 华罗庚设想它是一个山面, 一位盲人爬上山, 自己扶着一根竹竿前进, 每站稳一点, 用竹竿测试四周的高低感受, 选择上坡方向, 前进一步. 我们把它归结为一种微分法, 是因为盲人总是用竹竿规定一个紧邻, 比较紧邻各点的坡度, 以选择前进的方向.

现在我们陪同这位盲人面对基本图形表示要爬上山顶, 设想已经站在山面的 (公路) 网的某个路口, 思考求解的方法. 盲人用竹竿测试前进方向, 而我们采用紧邻和改变度簇概念, 同样从当前可行解找到改进可行解. 由于实例的有限性, 将得到极大值, 甚至最大值. 用华罗庚所说的爬山型微分法, 设计我们所称为的邻点法是一件顺理成章的事.

一般邻点法和华罗庚所讲的第三 (爬山型) 微分法是两个并行不悖的求解两类最优化问题的方法. 它们同样是: 对简易问题可以求得精确解, 对更为复杂的问题可以是改进当前可行解的一个办法, 甚至形成寻求近似解的方法.

4.2 紧邻簇 $\mathbf{N}(a)$ 与改变度簇 $\mathbf{C}(a)$ 的分解

下面, 设组合最优化中有一个实例.

第 3 章已经讲到, 设有实例 XYZ: S 和一个可行解 a, 考虑集合对

$$(U, W), \quad U \subset a, W \subset S \backslash a, \tag{4.2.1}$$

使得

$$b = a \Delta \tau(U, W) \in \mathscr{D}.$$

可行解 a 中的元素是**可行元素**, $S \backslash a$ 中的元素是关于 a 的**自由元素**, U 是关于 a 的**可行碎片**, 而 W 是关于 a 的**自由碎片**.

如果集合对 (U, W) 是**关于 a 的一个简单互易对**, 说它是 a 的一个**改变度** (increment), b 是 a 的一个 (1 步) 邻点 (**紧邻**).

有相当一批问题的实例中, 可行解 a 总具有两个值: 参数值 $f(a)$ 和主值 $g(a)$. 碎片 U 也有两个值:

$$\text{参数值: } f(U) \quad \text{和} \quad \text{(主) 值: } g(U). \tag{4.2.2}$$

这些值分别取自两个强优选准域

$$f(a) \in SOQF1 \equiv (SOQF1, \oplus_1, \otimes_1), \quad g(a) \in SOQF2 \equiv (SOQF2, \oplus_2, \otimes_2). \tag{4.2.3}$$

可行解 a 的改变度簇记作 $\mathbf{C}(a)$, a 的紧邻 (可行解) 簇记作 $\mathbf{N}(a)$:

$$\mathbf{N} \equiv \mathbf{N}(a) = \{a \Delta \tau(U, W) : (U, W) \in \mathbf{C}(a)\}.$$

人们用符号 $\prec$ 比较强优选准域中元素的优劣: 如果 r 优于 s, 记作 $r \prec s$, 或者记作 $s \succ r$.

把 a 与它的邻域 $\mathbf{N}(a)$ 中的可行解 b 相比较, 如 $f(b) \prec f(a), g(b) = g(a)$, 则说 b 的参数值是优于 a 的, 而它们的主值相等, 说可行解 b 属于 $\mathbf{N}_{\prec=}$ 写作 $b \in \mathbf{N}_{\prec=}$, 其中

$$\mathbf{N}_{\prec=} = \{b \in \mathbf{N}(a) : f(b) \prec f(a), g(b) = g(a)\}.$$

我们用这样的思路把邻域 $\mathbf{N}(a)$ 分解成若干部分.

如果定义参数和主值的函数都是 $\mathrm{P}_{12}^{(3)}$ 型的, 碎片 U, W 也用这些公式 $\mathrm{P}_{12}^{(3)}$ 来定义它们的值. 在 a 的改变度簇 $\mathbf{C}(a)$ 中, 规定

$$\mathbf{C}_{\prec=} \equiv \mathbf{C}_{\prec=}(a) = \{(U, W) \in \mathbf{C}(a) : f(W) \prec f(U), g(W) = g(U)\},$$

等等, $\mathbf{C}(a)$ 可以分成九个部分.

有时为了方便, 还可以写作

$$\mathbf{C}(a) = \mathbf{C}_{\prec\bullet} \bigcup \mathbf{C}_{=\bullet} \bigcup \mathbf{C}_{\succ\bullet} \quad \text{(参数形式)} \tag{4.2.4}$$

$$= \mathbf{C}_{\bullet\prec} \bigcup \mathbf{C}_{\bullet=} \bigcup \mathbf{C}_{\bullet\succ} \quad \text{(主值形式)}. \tag{4.2.5}$$

对于改变度簇 $\mathbf{C}_{\prec\bullet}$, 我们读作, "不管主值优劣 (第二个下标 $\bullet$), 参数值由劣向优 (第一个下标符号 $\prec$ 表示从右端的 '劣' 到左端的 '优')". 我们把属于 $\mathbf{C}_{\prec\bullet}$ 的改变度叫做参数 (值) 的**调优改变度**. 同样, 属于 $\mathbf{C}_{\succ\bullet}$ 的叫做参数 (值) 的**调劣改变度**, 而属于 $\mathbf{C}_{=\bullet}$ 的叫做参数 (值) 的**等值改变度**, 还有, 把属于 $\mathbf{C}_{\bullet\prec}, \mathbf{C}_{\bullet=}, \mathbf{C}_{\bullet\succ}$ 的改变度依次叫做主值的**调优改变度**、主值的**等值改变度**和主值的**调劣改变度**.

把可行解 a 的改变度簇和紧邻簇划分为九类是与把二维连续函数型问题中在 a 点四周部分导数值划分为正、负、零九类相对应.

我们在强优选准域使用关系符 $\prec, \succ$ 类似于导数增减符号所用的 $x > a, h(x) < h(a)$, 这也许是能够理解的. 但是本书作者对这个符号并不满意, 只是没有找到更好的符号, 无奈的选择.

4.3　第 3 (邻域型) 最优化原理

4.3.1　原理的形式

设 $h(a)$ 代表参数函数或者主值函数, 且它取值于某个强优选准域 $SOQF$. 在可行域 (可行解簇图) $\mathscr{D}$ 中, 可行解 a 的紧邻簇 $\mathbf{N}(a)$ 作为 a 的紧邻域, 把 $\mathbf{N}(a) \bigcup \{a\}$ 作为可行域的一个局部, a 是极优的, 如果对于每一个 $b \in \mathbf{N}(a)$ 总有 $h(a) \preceq h(b)$, 我们立刻有:

$P_3^{(4)}$: **第 3 (邻域型) 最优化原理.** 在可行域 $\mathscr{D}$ 中, 整体最优解 a 是极优的.

邻域型最优化原理是讲整体最优解的一个必要条件, 它的逆否定理成立.

在第 2 章已经有第 1 (论域型) 最优化原理与第 2 (可行域型) 最优化原理, 并依次用标识符 $P_1^{(4)}$ 与 $P_2^{(4)}$ 表示, 这里的邻域型原理的相应编号是自然的.

定理 4.1 如果可行解 a 不是极优的, 则它不是整体最优的.

我们可以把任何一个含有 a 的紧邻簇 $\mathbf{N}(a)$ 的集合称为 a 的邻域, 这样, 可行域中赋有了拓扑结构. 当可行解和改变度等赋有实数值, 可行域还赋有代数结构和序结构.

定理 4.2 (精确性定理) $P_5^{(4)}$-实例 XYZ: S 中, 如果所论函数是 $\{P_{12}^{(3)}, SOQF\}$-$h(a)$, 则实例的极优解是整体最优解.

定理 4.3 在实例 XYZ: S 中, 如果目标函数取值于 $SOQF$, 可行解 a 是极优的, 当且仅当 $\mathbf{N}_{\bullet \prec} = \varnothing$.

特别地, 设目标函数是 $\{P_{12}^{(3)}, SOQF\}$, 可行解 a 是极优的, 当且仅当 $\mathbf{C}_{\bullet \prec} = \varnothing$.

定理 4.4 在实例 XYZ: S 中, 如果目标函数取值于 $SOQF$, 且

(i) 均匀性 $P_5^{(2)}$ 成立, 即对于任意两个可行解 a 和 b, 存在一组 $\{(U^{(i)}, W^{(i)}) : 1 \leqslant i \leqslant t\}$, 不仅使得下式成立:

$$b = a\Delta\tau(U^{(1)}, W^{(1)})\Delta\tau(U^{(2)}, W^{(2)})\Delta \cdots \Delta\tau(U^{(t)}, W^{(t)}), \tag{4.3.1}$$

而且, 对于每一个 $1 \leqslant i \leqslant t$, 都有 $(U^{(i)}, W^{(i)}) \in \mathbf{C}(a)$;

(ii) 目标函数 $h(a)$ 和 $h(b)$ 之间具有关系:

$$h(b) = h(a) \otimes h(U^{(1)}, W^{(1)}; a) \otimes h(U^{(2)}, W^{(2)}; a) \otimes \cdots \otimes h(U^{(t)}, W^{(t)}; a), \tag{4.3.2}$$

其中 $h(U, W; a)$ 是一个函数, 它仅依赖 U, W 和 "当前" 可行解 a.

于是, 精确性定理 ($P_5^{(4)}$) 成立.

证明 设极优解 a 不是最优的, b 才是整体 D 的最优解. 由 (4.3.2) 及不等式 $h(b) \prec h(a)$, 则由极优代数关于幂乘法有逆运算, 存在某个 i, 使得 $h(U^{(i)}, W^{(i)}; a) \prec e$, 由系统 XYZ: S 的均匀性得到

$$a\Delta\tau(U^{(i)}, W^{(i)}) \in \mathbf{C}_{\bullet \prec}(a),$$

而这与 a 的极优性相矛盾. 即证.

推论 4.1 $\{P_5^{(2)}, (SOQF, \oplus, +)\}$-实例 XYZ: S 是精确的, 如果对于两个可行解 a 与 b 的分解公式 (4.3.2), 主值函数 $g(a)$ 有以下特性:

$$g(b) = g(a) + g(U^{(1)}, W^{(1)}) + g(U^{(2)}, W^{(2)}) + \cdots + g(U^{(t)}, W^{(t)}). \tag{4.3.3}$$

推论 4.2 $\{P_5^{(2)}, (SOQF, \oplus, \times)\}$-实例 XYZ: S 是精确的, 如果对于两个可行解 a 与 b 的分解公式 (4.3.2), 主值函数 $g(a)$ 有以下特性:

$$g(b) = g(a) \times g(U^{(1)}, W^{(1)}) \times g(U^{(2)}, W^{(2)}) \times \cdots \times g(U^{(t)}, W^{(t)}). \tag{4.3.4}$$

对于参数函数 $f(a)$, 也有相应的定理.

4.3.2   基本定理

在常义的可行域中采用了对称差的分解技术, 可以例行公事地把可行解 a 的改变度簇 $\mathbf{C}(a)$ 和紧邻簇 $\mathbf{N}(a)$ 进行分类, 称为**常规分解**, 并把下面几个定理叫做**基本定理**. 它们与第 4.1.1 节中所讨论的导函数的增减性无论是概念的结构、逻辑推理以及表述形式全都是并行相通的.

画成如下的图 4.3, 我们看到, 灰度 15% 的列是参数调优的改变度簇 $\mathbf{C}_{\prec \bullet}$, 灰度 15% 的行是主值调优的改变度簇 $\mathbf{C}_{\bullet \prec}$, 等等.

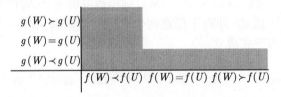

图 4.3 $\mathbf{C}(a)$ 的常规分解图示

定理 4.5   已知实例 XYZ: S 及 $f(U) = |U|$,

(i) 若 $(U, W) \in \mathbf{C}(a)$ 及 $b = a \Delta \tau(U, W)$, 则 $b \in \mathbf{N}(a)$;

(ii) 若 $(U, W) \in \mathbf{C}_{=\bullet}$, 则 $|a| = |b|$;

(iii) 若 $(U, W) \in \mathbf{C}_{\prec \bullet}$, 则 b 是 a 的参数得到改进的紧邻可行解.

定理 4.6   已知实例 XYZ: S,

(i) 若 $(U, W) \in \mathbf{C}(a)$, 则 $b \in \mathbf{N}(a)$;

(ii) 若 $(U, W) \in \mathbf{C}_{\bullet =}$, 则 $g(a) = g(b)$;

(iii) 若 $\{P_{12}^{(3)}, SOQF\}$-$g(a)$, $(U, W) \in \mathbf{C}_{\bullet \prec}$, 则 b 是 a 的主值调优的紧邻可行解.

定理 4.7   已知 $P_5^{(4)}$-实例 XYZ: S, 且有 $\{P_{12}^{(3)}, SOQF\}$-$f(U)$,

(i) 可行解 a 的参数值是最优的, 当且仅当 $\mathbf{C}_{\prec \bullet} = \varnothing$;

(ii) 可行解 a 的参数值是唯一最优的, 当且仅当 $\mathbf{C}_{\prec \bullet} = \mathbf{C}_{=\bullet} = \varnothing$.

证明   (i) 由第 3 最优化原理, 整体最优解是极优解. 反之, 由定理 4.2, 极优解是整体最优的. 所以可行解 a 的最优性与极优性等价, 后者与 $\mathbf{C}_{\prec \bullet} = \varnothing$ 等价.

(ii) 关于最优性已在 (i) 中证得, 下面讨论唯一性.

必要性. 显然.

充分性. 如果 $\mathbf{C}_{=\bullet} = \varnothing$, 但最优解 a 不是唯一的, b 是另一个, 在 (a_b, b_a) 的分解公式中不能有调优改变度. 如果有一个简单互易对 (U, W), 使得 $f(W) = f(U)$, 则由 $P_5^{(4)}$ 有 $(U, W) \in \mathbf{C}_{=\bullet}$. 矛盾.

如果每个元素 p 的值 r 都等于实数 1, 而参数函数 $f(a)$ 有 $P_{12}^{(3)}$, 且 $SOQF = (\overline{R}, \wedge, +)$ 或 $(\overline{R}, \vee, +)$, 则 $f(a)$ 等于可行解 a 的基数 $|a|$. 于是定理 4.5 可以写成如下定理.

定理 4.8 已知实例 XYZ: S, 设 $f(a) = |a|$, $SOQF = (\overline{R}, \wedge, +)$ 或 $(\overline{R}, \vee, +)$,

(i) 可行解 a 的基数是最优的, 当且仅当 $\mathbf{C}_{\prec\bullet} = \varnothing$;

(ii) a 的基数是唯一最优的, 当且仅当 $\mathbf{C}_{\prec\bullet} = \mathbf{C}_{=\bullet} = \varnothing$.

定理 4.9 已知 $P_5^{(4)}$-实例 XYZ: S, 且有 $\{P_{12}^{(3)}, SOQF\}$-$g(a)$,

(i) 可行解 a 的主值是最优的, 当且仅当 $\mathbf{C}_{\bullet\prec} = \varnothing$;

(ii) a 是主值唯一最优解, 当且仅当 $\mathbf{C}_{\bullet\prec} = \mathbf{C}_{\bullet=} = \varnothing$.

定理 4.10 (性质定理) 设 U 是可行解 a 的一个简单可行碎片, 作

$$W(a, U) = \{W: (U, W) \in \mathbf{C}(a)\}.$$

如果可行解 a 是主值最优的, 则对于任意一个 $W \in W(a, U)$, 总有

$$g(U) \preceq g(W). \tag{4.3.5}$$

证明 可行解是主值最优的, 所以 $\mathbf{C}_{\bullet\prec} = \varnothing$, 对于 $\mathbf{C}(a)$ 中的任一改变度 (U, W) 都该有 (4.3.5). 当然对于指定简单可行碎片 U 和 $W(a, U)$ 中的任一自由碎片 W 也有 (4.3.5).

4.4 一般邻点法

在第 2.8 节中讨论第 1 最优化问题时, 把实例 XYZ: S 的解带 $\mathscr{F}\mathscr{F}^*\mathscr{D}$ (图 2.2) 作为几何模型, 提出了三个求解的思路, 并且指出, 第三个求解思路是, 任意选取一个可行解作为初始解, 可以仅限于可行域 $\mathscr{D}$ 之中改进当前的可行解, 反复施行, 最终到达最优解 S^*.

但是, 图 3.4 所讨论的可行集簇图 $\mathscr{D}$ (XYZ) 更具有直观性.

设想实例有一个最优解, 我们选定一个初始解, 根据可行解簇图的连通性, 初始解与最优解之间有路相连, 路上每一个可行解的紧邻域中能够找到一个调优改变度, 以得到下一个可行解. 反复改进, 直至得到结果为止.

从几何直观的思路到真正建立一个逻辑正确的方法, 需要解决以下几个题目:

(1) 从对象 XYZ 的实例的可行解簇图或者解带、实例的提法以及个人的偏好, 建立实例的觅芳图.

(2) 构造初始可行解的规则.

(3) 发现当前可行解的改变度簇的特征.

(4) 建立判定当前可行解是极优解的条件.

(5) 对于当前可行解, 选择调优改变度的规则, 构造改进可行解.

对于同一个具体实例, 回应这五个题目可能有多种方式, 采用相应术语叙述求解过程, 形成多个算法. 不同的具体实例, 回答这些题目更是有各自不同的方案, 得到种种算法.

为了建立一个通用的方法, 把解决这五项任务的过程说成五个子程序 (subroutine), 正面提出的以下方法, 称为**一般邻点法**. 它只是运用对称差、改变度、可行解簇图、觅芳图以及子程序等概念的一种说法. 而这五个概念全都来自基本变换公式, 与人们熟知的种种具体算法相比照, 其本质一点也不新颖. 至多只是 "去小知而大知明" (《庄子·外物》) 的一种体现.

<h2 style="text-align:center">$M_{00}^{(3)}$:一般邻点法-00</h2>

30001 给定. 实例 XYZ: S.

30002 符号. 论域元素的值与目标函数的值 $h(a)$ 取自强优选准域 $SOQF$.

30005 任务. 求一个最 (极) 优解 a 和它的目标函数值.

30011 初始.【应用设计觅芳图子程序 1-XYZ】设计实例的觅芳图.

30012 【应用构造初始解子程序 2-XYZ】构造一个初始解 a, 并计算 $h(a)$.

30021 计算.【应用发现改变度簇子程序 3-XYZ】发现改变度簇 $\mathbf{C}(a)$ 的特征.

30031 如果 $\mathbf{C}(a)$ 中不存在调优改变度, 断定当前可行解 a 是极优的, 求出它的值, 转到 30051.

30032 【应用制定调优改变度子程序 4-XYZ】制定调优改变度 (包括求解 "觅芳实例") 规则.

30041 改进. 应用基本变换公式, 把得到的改进可行解改写作 a, 算出它的值, 作为下一轮的初始解, 转到 30021.

30051 答案. 设法断定极优解 a 是最优的.

4.5　关于几个子程序的事项

本节讨论第一、三、四子程序的有关事项, 第二子程序将在第 4.6.2 节讨论.

在第 2 章讨论分支定界法时, 它由布局、分支与定界三个部分组成. 现在讨论邻点法, 在着手之初, 我们同样先做布局的工作, 包括建立求解觅芳实例子程序和制定迄今最好答案子程序. 这两部分已经在第 2.14 节中做了讨论.

这里我们也要构造出合适的觅芳图 2.

第三个子程序用来寻找改变度簇 $\mathbf{C}(a)$ 并发现它们的特征, 这个工作繁简程度将取决于实例的论域、对象 XYZ 以及提法的特征. 我们需要学习前辈学者已经做了的许多技巧, 并引来为我们所用. 有不少题目的改变度簇简单明白, 它的基数 $|\mathbf{C}(a)|$ 也不大, 像第 3.5.1 节中所讲的初阶对象的问题, 拟阵的可行解簇图就是一种初阶对象, 使用 $M_{00}^{(3)}$ 该是方便的. 有的题目的 $|\mathbf{C}(a)|$ 多至 n 的指数级 (例 1.6 对分问题就是一例), 这时, 利用 $M_{00}^{(3)}$ 寻求有效的算法往往会遇到很大的困难. 而当 $|\mathbf{C}(a)|$ 介于这两者之间, 如果仅就邻点法来说, 或者有一定的难度, 却又有可能用别的方法得到解决; 或者它确实就是很困难的题目. 一般来说, 这种题目是最令人感兴趣、最容易激励学者们群起而攻之的积极性的.

第四个子程序是设计寻找令作者满意的调优改变度的规则, 在一轮之中可以得到更有效的改进可行解, 有时甚至需要另行设计一个问题的实例来得到改进可行解, 即所谓的 "求解觅芳问题的实例", 所得结果相当于分支定界法中的 "迄今最好解".

最后还有其他的工作, 是用来产生所得方法的种种变形, 以改进其有效性. 以觅芳图的直观思维, 从常规的枚举法而发展成深探法 (depth-first search) 和广探法 (breadth-first search), 参看第 1.9 节. 如果能够一步直接得到调优改变度当然很好, 如果问题复杂, 或者对象的性质特异, 可能拆分成两步甚至多步来做, 发现新的解释.

这第一、三、四子程序都与分解对称差紧密相关, 把这样的通过分解对称差的技术所得到的方法, 叫做**一般邻点法** (neighboring point method), 如果说成是**对称差分解法**, 写作 **SDD 法** (symmetric difference decomposition method, SDD), 也是合适的. 分解公式是在准域上演算的结果.

所以, 我们所得的一般邻点法与微分学中的第三 (切线型、爬山型) 微分法是紧密平行不悖、同一个求解思路的两个方法.

一般邻点法既着眼于几何的直观, 更具有代数推理的工具. 它能让人联想起微分学. 是否能让人感悟到数学的统一性吗? 尚待人们进一步的实践结果.

4.6 用邻点法求解实例的基本方法

4.6.1 求解实例 XYZ: S 的方法

为了简单起见, 在本节先假设所给实例都能容易地写出初始可行解.

第 2.4 节所给出的特性, 精确性 $P_5^{(4)}$ 是指极优解 a 总是整体最优解.

$$M_{01}^{(3)}\text{:邻点法-01}$$

30101 已知. $P_5^{(4)}$-实例 XYZ: S.

30102 符号. 论域元素的值与目标函数 $h(a)$ 的值取自强优选准域 $SOQF$.

30105 任务. 求一个最 (极) 优解 a 和它的目标函数值.

30111 初始. 【应用子程序 1-XYZ】设计实例的觅芳图.

30012 【应用子程序 2-XYZ】确定一个初始解 a, 并计算 $h(a)$.

30121 【应用子程序 3-XYZ】发现改变度簇 $\mathbf{C}(a)$ 的性质.

30131 【应用子程序 4-XYZ】$tmp := \mathbf{C}(a)$.

30132 答案. 如果 $tmp = \varnothing$, 停止, 可行解 a 是最优的, 它的目标函数值是 $h(a)$.

30141 取 $(U, W) \in TMP$.

30142 计算. $h(a\Delta\tau(U, W))$.

30151 判断. 如果 $h(a\Delta\tau(U, W)) \succeq h(a)$, 作 $tmp := tmp\backslash(U, W)$, 并转到 30132.

30161 改进. 作 $a := a\Delta\tau(U, W)$, $h(a) := h(a\Delta\tau(U, W))$, 并转到 30121.

任取 a 的一个简单自由碎片 W, 找出能够和它配伍的所有简单可行碎片 $U^{(i)}(1 \leqslant i \leqslant s)$, 构成 a 的改变度 $(U^{(i)}, W)$, 作 $m = \sum_{\oplus}\{h(a\Delta\tau(U^{(i)}, W)) : 1 \leqslant i \leqslant s\}$. 如果 $m \prec h(a)$, 从 $\{(U^{(i)}, W)\}$ 中取一个 (U^*, W), 满足 $m = h(a\Delta\tau(U^*, W))$, 则有改进可行解 $a\Delta\tau(U^*, W)$. 否则, 再取另一个简单自由碎片. 如果所有简单自由碎片都不能得到改进可行解, a 就是极优解. 如果特性 $P_5^{(4)}$ 成立, a 是最优解, 我们得到邻点法 $M_{02}^{(3)}$.

$M_{02}^{(3)}$:邻点法-02

30201 已知. $P_5^{(4)}$-实例 XYZ: S.

30202 论域元素的值与目标函数的值 $h(a)$ 取自强优选准域 $SOQF$.

30205 任务. 求一个最优解及其目标函数值.

30211 初始. 【应用子程序 1-XYZ】设计实例的觅芳图.

30212 【应用子程序 2-XYZ】确定一个初始解 a, 并计算 $h(a)$.

30221 【应用子程序 3-XYZ】发现改变度簇 $\mathbf{C}(a)$ 的性质.

30231 构造.【应用子程序 4-XYZ】作 $\mathbf{W}(a) \equiv \{W \subset S\backslash a: (\ \bullet\ , W) \in \mathbf{C}(a)\}$.

30232 答案. 如果 $\mathbf{W}(a) = \varnothing$, 停止, 可行解 a 是最优解, 其值是 $h(a)$.

30241 选取. $W \in \mathbf{W}(a)$.

30242 计算. $\mathbf{U}(a, W) \equiv \{U \subset a: (U, W) \in \mathbf{C}(a)\} = \{(U^{(i)}, W) : 1 \leqslant i \leqslant s_W\}$.

30243 $m = \sum_{\oplus}\{h(a\Delta\tau(U^{(i)}, W)) : 1 \leqslant i \leqslant s_W\}$.

30251 计算. 如果 $m \prec h(a)$, 取一个 $(U^*, V) \in \mathbf{U}(a, W)$, 使得

$$m = h(a\Delta\tau(U^*, W)).$$

30252 改进. 作 $a := a\Delta\tau(U^*, W)$, $h(a) := m$, 转到 30221.

为了避免重复以节约版面, 用下面的符号【$\{30301\text{—}30321\} = \{30201\text{—}30221\}$】表示方法 $\mathrm{M}_{03}^{(3)}$ 中的语句 $\{30301\text{—}30321\}$ 的内容与方法 $\mathrm{M}_{02}^{(3)}$ 中的语句 $\{30201\text{—}30221\}$ 的内容一样.

$$\mathrm{M}_{03}^{(3)}\text{:邻点法-03}$$

【$\{30301\text{—}30321\} = \{30201\text{—}30221\}$】.

30322 计算.【应用子程序 4-XYZ】$\mathbf{W}(a) \equiv \{W \subset S\backslash a\colon (\bullet, W) \in \mathbf{C}(a)\}$.

30331 答案. 如果 $\mathbf{W}(a) = \varnothing$, 停止, 可行解 a 是最优的, 其值是 $h(a)$.

30332 选取. $W \in \mathbf{W}(a)$.

30341 计算. 求解觅芳实例 XYZ: $(a\bigcup W)$, 得到它的某个最优解, 记作 $(a\bigcup W)^*$.

30351 判断. 如果 $h((a\bigcup W)^*) \prec h(a)$, 作 $a := (a\bigcup W)^*$, $h(a) := h((a\bigcup W)^*)$ 和 $\mathbf{W}(a) := \mathbf{W}(a)\backslash W$, 并转到 30331.

设简单自由碎片都是单元素集, 考虑 $\{\mathrm{P}_2^{(1)}, \mathrm{P}_2^{(2)}, \mathrm{P}_5^{(4)}\}$-实例 XYZ: $S = (P, \cdots)$, 其中 $P = \{p_j\colon 1 \leqslant j \leqslant n\}$. 关于可行解 a, 它的每一个自由元素 $p_j \in P\backslash a$ 都可以与 a 构成一个子实例 XYZ: $(a\bigcup p_j)$. 如果总能求得它的唯一最优解, 记作 $(a\bigcup p_j)^*$. 令

$$a \oplus p_j \equiv a\bigcup p_j \quad \text{和} \quad a \overline{\oplus} p_j \equiv (a\bigcup p_j)^*,$$

对于每一个 $p_j \in a$, 显然有 $a\overline{\oplus}p_j = a$.

从 $a^{(0)} = a$ 出发, 作

$$a^{(1)} = (\cdots((a^{(0)} \overline{\oplus} p_1) \overline{\oplus} p_2) \overline{\oplus} \cdots) \overline{\oplus} p_n$$
$$\equiv a^{(0)} \overline{\oplus} p_1 \overline{\oplus} p_2 \overline{\oplus} \cdots \overline{\oplus} p_n. \tag{4.6.1}$$

一般而言, $a^{(1)}$ 是一个优于 $a^{(0)}$ 的可行解. 继续作

$$a^{(2)} = a^{(1)} \overline{\oplus} p_1 \overline{\oplus} p_2 \overline{\oplus} \cdots \overline{\oplus} p_n, \quad \cdots,$$

$$a^{(i+1)} = a^{(i)} \overline{\oplus} p_1 \overline{\oplus} p_2 \overline{\oplus} \cdots \overline{\oplus} p_n, \quad \cdots.$$

在可行解序列

$$a^{(0)}, a^{(1)}, a^{(2)}, \cdots, a^{(i)}, \cdots$$

中如果存在一个指数 s 使得 $a^{(s+1)} = a^{(s)}$, 则这个可行解 $a^{(s)}$ 是最优的, 它的目标函数值等于 $h(a^{(s)})$.

这是 $\mathrm{M}_{03}^{(3)}$ 的一个特殊形式.

$$\mathrm{M}_{04}^{(3)}\text{:邻点法-04}$$

【$\{30401\text{—}30405\} = \{30201\text{—}30205\}$】.

30406 符号. $a \oplus p_j \equiv a \bigcup p_j$; 设实例 XYZ: $(a \bigcup p_j)$ 有唯一的最优解, 记作 $(a \bigcup p_j)^* \equiv a \oplus p_j$; 又记 $a \overline{\oplus} p_1 \overline{\oplus} p_2 \overline{\oplus} \cdots \overline{\oplus} p_n \equiv (\cdots ((a \overline{\oplus} p_1) \overline{\oplus} p_2) \overline{\oplus} \cdots) \overline{\oplus} p_n$.

30407 给定. 一个自然数 l.

30411 初始.【应用子程序 1-XYZ】设计实例的觅芳图.

30412 【应用子程序 2-XYZ】取一个初始可行解 $a^{(0)}$, 并计算 $h(a^{(0)})$.

30421 【应用子程序 3-XYZ】发现改变度簇 $\mathbf{C}(a)$ 的性质.

30422 【应用子程序 4-XYZ】$j := 1$.

30423 判断. 如果 $j \geqslant l$, 停止, 如果所给实例确实有最优解, 从初始可行解 $a^{(0)}$ 出发不能在 l 步内得到.

30431 计算. $a^{(j+1)} = a^{(j)} \overline{\oplus} p_1 \overline{\oplus} p_2 \overline{\oplus} \cdots \overline{\oplus} p_n$.

30441 答案. 如果 $a^{(j+1)} = a^{(j)}$, 停止, 可行解 $a^{(j)}$ 是最优的, 其值是 $h(a^{(j)})$.

30451 改进. 作 $j := j+1$, 并转到 30423.

在第 2.10 节中, 对于 $\{P_2^{(1)}, P_2^{(2)}, P_1^{(4)}\}$-实例 XYZ: $S = (P, \cdots)$, 我们有生成法 $M_4^{(1)}$, 最优解的强优选准域表达式就是 (4.6.1).

如果一个实例具备 $P_2^{(1)}, P_2^{(2)}$ 和 $P_5^{(4)}$, 却不具备第 1 最优化原理 $P_1^{(4)}$, 方法 $M_{04}^{(3)}$ 的意义表明, 我们需要反复调用生成法而得到所求的最优解.

如果实例 XYZ: $(a \bigcup p_j)$ 的最优解不保证唯一时, 有时需要作进一步的讨论.

4.6.2   关于寻求初始可行解的 Charnes 子程序

像分支定界法那样, 在一般邻点法中, 也需要有规则地发现一个初始可行解.

如果可行解具有特征 $P_2^{(2)}$, 空集可以作为一个初始可行解. 根据碎片的约定 (参看第 1.2.2 节), 论域的任何一个元素都是简单可行解, 都可取作初始可行解.

在赋实数值的连通图 $G = (V, E, W)$ 中, 要求一个和值最小型的支撑树. 如果图的规模较大, 设置初始可行解不是信手可得的. 就以图 1.1 为例, 设想有一个支撑树 $T_0 = \{v_1 v_j : 2 \leqslant j \leqslant 6\}$, 可惜它就不是图 G 的可行解, 因为图中没有边集. 对此, 有两种态度. 一是放弃这个设想, 因为它不符合实际情况; 二是为了让 T_0 作为初始可行解, 把边集 $\tilde{E}$ 强行添进图 G. 如果图 G 的边的值取自极小准域 $(\overline{R}, \wedge, +)$, 令强行添入的两条边的值都等于一个离零元素 z "很接近" 的值 M, 一个很大的实数. 所得到的图 $\tilde{G} = (V, E \bigcup \tilde{E}, r \bigcup \{M\})$ 中就含有初始可行解 T_0.

在一个赋值连通图 $G = (V, E, r)$, $V = \{v_j : 1 \leqslant j \leqslant n\}$ 中, 遍历所有顶点一次而且仅仅一次的回路是 Hamilton 圈, 把它作为可行解. 如果边的值与可行解的值取自极小准域 $(\overline{R}, \wedge, +)$, 要寻求一个和值最小的这样的圈, 这是巡回商问题. 在所给的一个数字图中, 要直接写出一个初始可行解往往很不容易, 因为它没有特性 $P_1^{(2)}$ 和 $P_2^{(2)}$.

人们可以在图中把顶点集 V 随意写一个完全圆排列, 譬如说,

$$v_1 v_2 \cdots v_{j-1} v_j \cdots v_n v_1, \tag{4.6.2}$$

检查边子集

$$v_1 v_2, v_2 v_3, v_3 v_4, \cdots, v_{j-1} v_j, \cdots, v_{n-1} v_n, v_n v_1.$$

如果它们全都属于 E, 它就可以作为一个初始可行解. 如果它们有某些 (甚至所有的) 边不属于 E, 把这种边叫做人工元素, 组成集合 $\tilde{E}$. 我们规定人工元素的值都是某个 "很接近" 于零元素的实数 M, 一个很大的实数. 于是, (4.6.2) 是图 $\tilde{G} = (V, E \bigcup \tilde{E}, r \bigcup \{M\})$ 的一个可行解. 我们的任务变为在图 $\tilde{G}$ 中寻求不含 $\tilde{E}$ 的最优解, 也即一个其值不涉及 M 的最优可行解.

这种强行添加若干元素以得到一个初始可行解的方法是很有用的, 叫做 (大) M 法. 因为 Charnes A 用这个方法设置线性规划问题的初始可行解而著名, 因此也称为 Charnes 法.

M 法是一个有用的方法, 在理论上有助于给出一个初始可行解. 但是, 它在实际中使用并不多, 因为在大型的生产实际数字例中, 很困难事先估算出这个 M 应该大到什么程度, 而如果 M 太大了, 在计算机上进行计算时, 有时会带来数值计算上的困难.

一般地说, 设在强优选准域上有

$$\text{实例 XYZ}: S = (P, T, \cdots), \tag{4.6.3}$$

其中 $P = \{p_j : 1 \leqslant j \leqslant n\}$. 设想一个具有 XYZ 特征的集合 a, 主集 P 得到一个人工元素集 $\tilde{P}$, 规定了人工元素的值为一个离零元素 "十分接近的" 实数 M, 就得到一个新的实例, 叫做 **Charnes 扩充实例**, 实例 XYZ: $(P \bigcup \tilde{P}, r \bigcup \{M\}, \cdots)$. 相应地, (4.6.3) 叫做**原实例**, 集合 $P \bigcup \tilde{P}$ 叫做 **Charnes 主集**. 在扩充实例中, a 显然可以作为一个初始可行解, 任意一个可行解只要有一条边属于 $\tilde{E}$, 它的和值就涉及 M. 如果不存在不含人工元素的可行解, 则所给实例没有最优解. 否则, 我们应该设法改进 (人工元素减少的) 可行解, 把这个过程作为一般邻点法的子程序 1.

一个实例可以构造出多种不同的 Charnes 扩充实例.

$S_0^{(3)}$: Charnes 子程序 1

3001 已知. $\{P_4^{(1)}, P_5^{(2)}\}$-实例 XYZ: $S = (P, \cdots)$, 其中 $P = \{p_j : 1 \leqslant j \leqslant n\}$, 诸元素 p_j 的值取自某个强优选准域.

3002 所给的实例叫做原实例.

3005 任务. 寻找原实例的一个可行解.

3011 答案. 如果原实例有特征 $P_2^{(2)}$, 停止, 取空集或任意一个元素为可行解.

3021 初始. 设想有一个具有对象 XYZ 特征的集合 a, 作 $\tilde{P} := a \backslash P \equiv \{\tilde{p}_j : 1 \leqslant j \leqslant m\}$.

3022 $\tilde{p}_j$ 的值都等于 M, 很接近于零元素的值, 实例 XYZ: $(S \bigcup \tilde{P})$ 叫做扩充实例, a 是它的一个可行解.

3031 判断. 如果 $a \bigcap \tilde{P} = \varnothing$, 停止, a 是原实例的一个可行解.

3032 如果 $a \bigcap \tilde{P} \neq \varnothing$ 而 $P \backslash a = \varnothing$, 停止, 原实例没有可行解.

3041 在扩充实例中, 构造简单互易对 (U, W) 的全体 $Q(a, \tilde{P})$, 其中 U 满足 $U \bigcap \tilde{P} \neq \varnothing$, 且是关于 a 的可行碎片, 而 $W(\subset P \backslash a)$ 是关于 a 的自由碎片.

3051 判断. 如果 $Q(a, \tilde{P}) = \varnothing$, 停止, 原实例没有可行解.

3052 选取 $(U, W) \in Q(a, \tilde{P})$, 作 $a := a \Delta \tau(U, W)$.

3061 改进. 作 $\tilde{P} := \tilde{P} \backslash U$, $Q(a, \tilde{P}) := Q(a, \tilde{P}) \backslash (U, W)$, 并转到 3031.

4.7　求解提法 1 的诸实例

4.7.1　求解实例 XYZ-1:S 的方法

设对象为 XYZ, 仅求一个最优解的任务, 在第 1.5 节中讲了提法 1 的两种特殊情形. 把它们记作 "提法 1j".

我们认为, 讨论

$$\text{提法 1}\quad \text{M}_{01}^{(3)} : \text{邻点法-01},$$

$$\text{S}_0^{(3)} : \text{Charnes 子程序 1}, \quad \text{M}_{11}^{(3)} : \{P_{12}^{(3)}, SOQF\}\text{-}h(a) \quad\quad (4.7.1)$$

是基本的. 求解它们的方法不仅可以用来求解它的五个子提法的实例, 而且在求解其他各组提法的实例时也有帮助.

下面只写出两种方法, 读者可沿着这一思路建立种种方法, 不一一列出了.

$\text{M}_{11}^{(3)}$: 邻点法-11

31101 已知. $\{P_5^{(2)}, P_{12}^{(3)}, P_5^{(4)}\}$-实例 XYZ-1: S.

31102 论域元素的值与可行解 $P_{12}^{(3)}$-$h(a)$ 的值取自 $SOQF$.

31105 任务. 求一个最优解和它的目标函数值.

31111 初始. 【应用子程序 1-XYZ】设计可行解觅芳图.

31112 【应用子程序 2-XYZ】取一个初始可行解 a, 并计算 $h(a)$.

31121 计算. 【应用子程序 3-XYZ】查清 $C(a)$ 的特性.

31122 作改变度簇 $C(a)$ 的常规分解, 寻求一个或所有调优改变度, 作簇 $Q := C_\prec$.

31131 答案. 如果 $Q=\varnothing$, 停止, 可行解 a 是最优的, 最优值是 $h(a)$.

31141 【应用子程序 4-XYZ】取 $(U, W) \in Q$, 求 m, 使 $h(U) \otimes m = h(W)$ 成立.

31151 改进. 作 $a := a\Delta\tau(U, W)$, $h(a) := h(a) \otimes m$, 并转到 31121.

$\mathrm{M}_{12}^{(3)}$:邻点法-12

【{31201—31221} = {31101—31121}】.

31231 计算. 【应用子程序 4-XYZ】, $\mathbf{W}(a) \equiv \{W \subset S\backslash a : (\bullet, W) \in \mathbf{C}(a)\}$.

21232 答案. 如果 $\mathbf{W}(a) = \varnothing$, 停止, 可行解 a 是最优的, 其值是 $h(a)$.

31241 选取 $W \in \mathbf{W}(a)$.

31242 计算. $\mathbf{U}(a, W) \equiv \{U \subset a : (U, W) \in \mathbf{C}(a)\} = \{(U^{(i)}, W) : 1 \leqslant i \leqslant s_W\}$.

31243 计算. 取一个 $U^* \in \mathbf{U}(a, W)$, 使得 $h(U^*) = \sum_{\oplus}\{(h(U^{(i)}) : 1 \leqslant i \leqslant s_U\}$.

31251 计算. 如果 $h(W) \preceq h(U^*)$, 作 $\mathbf{W}(a) := \mathbf{W}(a)\backslash\{W\}$ 转到 31232.

31252 求使得 $h(U^*) \otimes m = h(W)$ 成立的值 m.

31253 改进. 作 $a := a\Delta\tau(U^*, W)$, $h(a) := h(a) \otimes m$, 转到 31221.

4.7.2 求解实例 XYZ-1j: S 的方法

提法为基数型或者和值型 (即提法 11 或提法 12) 的实例是基本的, 采用邻点法求解这些实例是容易的.

对于提法 11 的实例, 即实例 XYZ-11: S, 当论域元素都取值为 1 时, 可行解 a 的基数满足 $\mathrm{P}_{12}^{(3)}$. 只要根据定理 4.8, 写参数函数 $f(a) = |a|$, 把改变度簇 $\mathbf{C}(a)$ 分解为 $\mathbf{C}_\prec\cup\mathbf{C}_=\cup\mathbf{C}_\succ$, 考察 $\mathbf{C}_\prec$ 是否为空集, 或者断定当前可行解 a 为最优解, 或者得到一个调优改变度, 而改进 a, 这样得到的方法可以写作 $\mathrm{M}_{(11)1}^{(3)}$, $\mathrm{M}_{(11)2}^{(3)}$ 等.

对于提法 12 的实例 XYZ-12: S, 当论域元素都取值自 $SOQF$, 计算可行解 a 的值的公式满足 $\mathrm{P}_{12}^{(3)}$ 时, 只要用主值函数 $g(a)$, 把改变度簇 $\mathbf{C}(a)$ 进行分解, 得到 $\mathbf{C}_{\bullet\prec}\cup\mathbf{C}_{\bullet=}\cup\mathbf{C}_{\bullet\succ}$. 考察 $\mathbf{C}_{\bullet\prec}$ 是否为空集, 或者断定当前可行解 a 为最优解, 或者得到一个调优改变度, 而改进 a. 这样得到的方法可以写作 $\mathrm{M}_{(12)1}^{(3)}$, $\mathrm{M}_{(12)2}^{(3)}$ 等.

因为提法 31 的实例 XYZ-31: S, 是在满足①参数 $f(a) = |a|$ 最优的那些可行解中, 求解满足②主值 $\{\mathrm{P}_{12}^{(3)}, SOQF\}$-$g(a)$ 最优的一个可行解, 可以写成

$$t^* = \mathrm{opt}\{f(a) : a \in \mathscr{D}\},$$

$$\mathscr{D}(f) = \{a : f(a) = t^*, a \in \mathscr{D}\}.$$

$$m^* = \mathrm{opt}\{g(a), a \in \mathscr{D}(f)\},$$

$$\mathscr{D}(f, g) \equiv (\mathscr{D}(f))(g) = \mathrm{opt}\{a : g(a) = m^*, a \in \mathscr{D}(f)\}.$$

$\mathscr{D}(f,g)$ 是满足提法 31 的那些可行解的全体, 它是提法 5 的提法 31. 提法 31 的实例就是求 $\mathscr{D}(f,g)$ 中的任何一个可行解.

而提法 32 是求 $\mathscr{D}(g,f)$ 中的任何一个可行解.

对于同一组论域和对象, 提法 31 和提法 32 所组成的两个实例不必有相同的答案.

对于提法 31 的实例 XYZ-31: S, 求解的一个步骤就是: 先用方法 $\mathrm{M}^{(3)}_{(11)1}$, $\mathrm{M}^{(3)}_{(11)2}$ 等求得提法 11 的最优解, 设为 a, 分解它的改变度簇:

$$\mathbf{C}(a) = \mathbf{C}_{\prec\bullet} \bigcup \mathbf{C}_{=\bullet} \bigcup \mathbf{C}_{\succ\bullet}.$$

这时, $\mathbf{C}_{\prec\bullet} = \varnothing$, 进而分解 $\mathbf{C}_{=\bullet}$ 得到

$$\mathbf{C}_{=\bullet} = \mathbf{C}_{=\prec} \bigcup \mathbf{C}_{==} \bigcup \mathbf{C}_{=\succ}.$$

考察 $\mathbf{C}_{=\prec}$ 是否为空集, 或者断定当前可行解 a 为关于提法 31 的最优解, 或者得到一个调优改变度, 而改进 a. 这样得到的方法可以写作 $\mathrm{M}^{(3)}_{(13)1}$, $\mathrm{M}^{(3)}_{(13)2}$ 等.

关于提法 32 的实例 XYZ-32: S, 求解的步骤就是先用方法 $\mathrm{M}^{(3)}_{(12)1}$, $\mathrm{M}^{(3)}_{(12)2}$ 等求出提法 12 的最优解, 设为 a, 分解它的改变度簇:

$$\mathbf{C}(a) = \mathbf{C}_{\bullet\prec} \bigcup \mathbf{C}_{\bullet=} \bigcup \mathbf{C}_{\bullet\succ}.$$

这时, $\mathbf{C}_{\bullet\prec} = \varnothing$, 进而分解 $\mathbf{C}_{\bullet=}$ 得到

$$\mathbf{C}_{\bullet=} = \mathbf{C}_{\prec=} \bigcup \mathbf{C}_{==} \bigcup \mathbf{C}_{\succ=}.$$

考察 $\mathbf{C}_{\prec=}$ 是否为空集, 或者断定当前可行解 a 为关于提法 32 的最优解, 或者得到一个调优改变度, 而改进 a, 这样得到的方法可以写作 $\mathrm{M}^{(3)}_{(14)1}$, $\mathrm{M}^{(3)}_{(14)2}$ 等.

4.8　巡回商问题

实践表明, 一般邻点法是一个过程简明、功能强大的求解方法, 包括发现对象的基本性质和优化实例的求解方法. 条件是, 所论实例的每一个当前可行解的改变度簇, 基数都不太大, 譬如说, 基数不多于实例规模 n 的 2 次幂, 让改变度簇进行常规分解是实际可行的. 这时, 得到寻求实例的精确解的算法往往是不困难的. 但是, 如果改变度簇的基数更大, 应用一般邻点法来求解将发生 "言之有理, 用之低效" 的情景. 这时, 我们需要正确对待这种情形. 把巡回商实例作为一个例题简单论述如下.

4.8.1　巡回商问题的提出

巡回商问题 (traveling salesman problem, TSP) 是指: 在赋值连通图上寻找一条通过每一个顶点一次而且仅仅一次的圈, 使得总长度最短.

这种通过图中每个顶点一次且仅一次的圈称作 H **圈**, 一个 H 圈与图的顶点集的一个圆排列相对应. 按照第 1.6 节组合最优化问题的代数分类法, 它是问题 PP15.

Hamilton W R 在 1856 年首先讨论这种圈的性质; 1923 年, Menger K 首先讨论和值最小型的 H 圈问题, 通常称为巡回商问题.

有许多生产实际题目都可以归结为巡回商问题的实例. 例如, 用打孔机在一金属片上规定位置打孔若干个, 从一个点开始逐点打孔最终回到原出发点, 工程师应该如何设计打孔路线, 使得总路线最短. (譬如说, 1984 年, 有人设计出了打 318 个孔的数字例, 它导致时间和费用有可观的节约.) 牛奶公司清晨派车去各个养牛专业户收集牛奶; 城区派车去若干个点收集垃圾; 向自动售货机供货; 维护路旁电话亭; 还有小学校车早晚接送学生往返学校, 等等, 它们总是问应该如何安排这类车的运行线路, 不仅完成生产、投送、收集任务, 而且规定每次总的路线最短, 也许一次作业可节约资源不多, 但长期、众多次节约的资源也许是可观的, 等等.

讨论本问题时, 人们总假设所讨论的赋值连通图 $G = G(V, E, W)$ 是完全的, 即任何两个顶点之间都有边相连. 如果所给的图不是完全的, 对那些无边相连的顶点对之间虚拟一条边, 规定其值为很大的数 M, 而虚拟若干条边的思路就是第 4.6.2 节中的 (大)M 法. 我们需要这样做, 为的是从理论上能容易地找到初始的 H 圈.

在赋值连通图 $G = G(V, E, W)$ 上把一个 H 圈或者它的边集合混称为一个可行解, 它是图的边集合 E 中具有规定特性的一个子集. 规定 H 圈的值等于各边的值之和, 在所有可行解中, 求最优解, 即和值最小型的 H 圈. 这是一个巡回商实例, 巡回商问题是一个组合最优化问题.

用基本变换公式来思考巡回商和值最小实例.

在赋值完全连通图 $G = G(V, E, W)$ 中, 设有两个可行解, 一个是 a, 把它的边染成红色, 另一个是 b, 染成蓝色, 公共的边变成了紫色, 余下的诸红色边记作 a_b, 余下的诸蓝色边记作 b_a, 讨论导出子图 $G[a_b \bigcup b_a]$, 它的每个顶点至多和 2 条红色边以及 2 条蓝色边相关联, 它们由若干个连通分支所组成, 每个分支是一个红蓝交错闭迹, 红色边数与蓝色边数相等, 如果各等于 k $(2 \leqslant k \leqslant \lfloor n/2 \rfloor)$, 则说它是 k 阶的交错圈. 边数最少的交错圈是 2 阶的, 即四条边 $\{v_i v_j, v_i v_s, v_s v_t, v_t v_j\}$ 组成的两条红色边与两条蓝色边的一个交错圈.

把可行解 a 作为当前可行解, 在它的改变度簇中设法找到一个阶数尽量小的调优互易对. 譬如说, 设有四条边 $\{v_i v_j, v_s v_t, v_i v_s, v_t v_j\}$, 红色边集是 $\{v_i v_j, v_s v_t\}$, 蓝色的是 $\{v_i v_s, v_t v_j\}$, 调优性条件是 $w(v_i v_s) + w(v_t v_j) < w(v_i v_j) + w(v_s v_t)$, 从而得到调优可行解为

$$a' = a \Delta \tau(\{v_i v_j, v_s v_t\}, \{v_i v_s, v_t v_j\})$$
$$= (a \backslash \{v_i v_j, v_s v_t\}) \bigcup \{v_i v_s, v_t v_j\}.$$

求得调优可行解 a' 的步骤是, 把这个交错圈中属于可行解 a 的两条边 (称为可行边) 更换为 a 之外的边 (称为自由边). 我们说, 是通过一个 2 阶变换 T_2 而得到的. 把可行解 a' 说成是 a 的一个 2 阶紧邻点, 可以看到, 一个可行解有众多的 2 阶邻点.

把所得到的改进可行解作为当前可行解, 继续寻求新的调优变换 T_2, 等等. 直至不再能够改进, 所得到的 H 圈叫做 2-最优解.

人们还可以用更换 3 边、4 边、$\cdots$、k 边的办法讨论调优变换 $T_3, T_4, \cdots, T_k$. 我们用遍了各阶调优变换, 最终得到最优解. 只是, 读者可以想象, 这样做的计算量是巨大的.

经过长时间的研究, 人们证明了巡回商问题是一个求解很困难的问题.

4.8.2　巡回商实例的近似算法

符合组合最优化的定义 (定义 1.1) 的问题有成千上万, 经过研究发现, 绝大部分都是困难问题, 都很像巡回商问题那样, 它们的实例似乎都没有有效的算法. 可是无论出于理论上的兴趣还是实际的需求, 对于种种的困难实例, 人们从多种角度, 发展了各种各样的求近似解的方法. 下面以巡回商实例, 作为困难实例的一个代表, 简单地介绍近似算法.

利用 H 圈 (可行解) 的某些特性来设计近似算法.

一个是 1985 年 Lawler E L, Lenstra J K, Rinnoog Kan A H G 和 Shmoys D B 关于巡回商问题的报告 [L 2] 指出, 最优解的任何 2-变换都不是调优的, 2-最优解一般不是实例的最优解, 它只是一个 “局部” 最优的, 比所有的 2-相邻的可行解优. 从 20 世纪 50 年代开始, 人们把 2-最优解作为近似最优解. 但是经过试验分析, 发现求得的近似解有时与最优解有较大的差距. 有人提出用 3-最优解作为近似解, 从任意一个初始可行解 (一个 H 圈) 开始, 检查是否有 3-调优变换, 有, 就做出改进可行解. 类似地, 直至得到一个不再有 3-调优变换的可行解, 它就是 3-最优解.

一般来说, 把 3-最优解作为近似解比 2-最优解要好些, 但是计算量要大些, 因为一个可行解的 3-相邻可行解的基数比 2-相邻的要大得多. 当然还可以考虑以 4-最优解, 5-最优解, $\cdots$, 等等作为近似解. 林生等在计算机上做实验, 得到的结论是, 2-最优解不如 3-最优解, 至于 4-最优解或更大的 5-最优解等, 计算量又太大, 而且所得的结果并不比 3-最优解好很多.

当然, 3-最优解一般来说仍不会是最优解, 有时还会离最优解相当远. 从实用角度来看, 还是不够好的. 林生等提出一种克服这一缺点的办法, 就是在所给的图中, 随机地选取若干个 H 圈作为初始可行解, 分别求出它们的 3-最优解, 然后从中取出最优 (短) 的. 那么, 应该取几条初始可行解 (H 圈) 呢? 他们从大量计算中发现, 对于一个有 n 个顶点的数字例来说, 3-最优解是精确最优解的概率约为 $P = 2^{-n}/10$

(这是一个经验公式, 没有理论证明). 如对于 $n=50$, 不难算出, 只要随机地选取 150 条初始可行解, 求得最优解的概率将达到 0.99. 由于求初始可行解以及求调优变换 T_3 以及 3-相邻的可行解在计算机上都是容易做到的, 因此用上面的办法就可能有 99% 的把握得到最优解.

一般认为这是一种相当有效的近似方法.

4.9　第 4 (碎片型) 最优化原理

本节起是本章的第三部分. 第二部分讨论了任意两个可行解 a, b 之间的基本变换公式, 围绕简单互易对 (改变度) 概念, 得到基本性质. 像第三 (爬山型、切线型) 微分法求解一元连续函数最优解那样, 建立求解组合最优化实例的一般邻点法以及所引出的一些方法.

下面, 我们将考虑的基本变换公式中, a 是最优解, 而 b 是某个指定的可行解的情形, 它们所构成的互易对并不要求是简单的. 与改变度概念不同之处在于一是比改变度更一般, 二是, 从某种意义上讲, 总不是调优的.

我们把这样的事实称为第 4 (碎片型) 最优化原理. 它是

$\mathrm{P}_4^{(4)}$: **第 4 (碎片型) 最优化原理.** 在实例 XYZ: S 的可行解 a 中, 把它的碎片 D 作为整体, D 的任一碎片 A 作为局部, $A \subseteq D \subseteq a$. 如果整体 D 是最优碎片, 则它的局部 A 在某种意义下是最优的.

可行解的子集是碎片. 两个极端的情形是, 可行解自身和空集都是碎片, 碎片的子集是碎片. 碎片通常以它们的值来确定优劣.

设非空可行解 a 按主元素划分为四个碎片 $a = \alpha \bigcup \beta \bigcup \gamma \bigcup \delta$, 其中每个碎片允许是空集, 碎片的子集是碎片, 碎片 $\beta \bigcup \gamma$ 是碎片 β 的一个**扩充**, γ 是 β 的一个**扩充部分**.

把碎片 β 的若干个扩充部分记作 $\Gamma = \{\gamma^{(i)}: 0 \leqslant i \leqslant m_\gamma\}$, Γ 中每一个碎片都可以替换 a 中的碎片 γ, 不仅使得 $\beta \bigcup \gamma^{(i)}$ 是 β 的一个扩充, 而且 $\alpha \bigcup \beta \bigcup \gamma^{(i)} \bigcup \delta$ 总是实例的可行解. a 可以通过 Γ 得到 $m_\gamma + 1$ 个扩充, 记作 $\beta \bigcup \Gamma$.

如果 $a = \alpha \bigcup \beta \bigcup \gamma \bigcup \delta$ 是实例 XYZ 的一个最优解, 设 $\gamma \equiv \gamma^{(0)}$. 根据基本变换公式, a 的碎片 $\beta \bigcup \gamma$ 是 $\beta \bigcup \Gamma$ 中最优的, 用符号 $*$ 表示求最优碎片的算子. 我们有

$\mathrm{P}_4^{(4)}$: **第 4 (碎片型) 最优化原理.** 设有实例 XYZ: S, 它的子实例 XYZ: $\Gamma = \{\gamma^{(i)}: 0 \leqslant i \leqslant m_\gamma\}$ 的最优解, 记作 Γ^*.

$\mathrm{P}_{41}^{(4)}$: 唯一性. Γ 有唯一解 Γ^*, 写 $\Gamma = \Gamma^* \bigcup \overline{\Gamma}, \Gamma^* \bigcap \overline{\Gamma} = \varnothing$.

$\mathrm{P}_{42}^{(4)}$: 合理性. $\Gamma^* \neq \varnothing$, 当且仅当 $\Gamma \neq \varnothing$.

$\mathrm{P}_{43}^{(4)}$: 方法公式. $(\beta \bigcup \Gamma)^* = (\beta \bigcup \Gamma^*)^*$. $\hspace{2cm}$ (4.9.1)

　　组合最优化问题的一个实例由论域、对象和与之配伍的某个提法所组成. 可以按下面的一般步骤尝试建立具体对象的碎片型最优化原理.

　　第一, 在所给的论域 S 中, 发现所论对象 XYZ 的特征.

　　第二, 探讨碎片所具有的特征, 因为并非任意两个碎片的并总是一个碎片. 譬如说, 用希腊字母 ξ, η 等表示碎片的特征. 对于一个 η 型碎片 β, 查清什么样的 ξ 型碎片子簇 $\Gamma = \{\gamma\}$ 能够使 $\beta \bigcup \Gamma$ 是一个 η 型碎片簇.

　　第三, 形式地模仿写出 (关于) 对象 XYZ 的第 4 (碎片型) 最优化原理, 论证在什么论域和什么提法下, 所写的原理成立.

　　第四, 把成立的条件写成必要性或者充分性定理, 再根据对象的种种性质建立实例的算法. 由于是按同一个形式和思路所建立的具体对象的碎片型最优化原理, 我们期望不同对象可能会有类似的求解方法和工具.

　　我们把这样建立求解某些问题的实例的方法称为**一般最优扩充方法**, 它是基于第 4 (碎片型) 最优化原理所设计的方法.

4.10　几个具体对象的碎片型最优化原理

4.10.1　路的优化原理

　　在赋值有向图中, 需要讨论两点之间的最优路的题目.

　　设路 $a = \alpha \bigcup \beta \bigcup \gamma \bigcup \delta$ 是可行解, 以它的任意一节作为碎片, 譬如说, 它是 $\beta \bigcup \gamma$. 作一个特定的碎片 (子) 簇 $\beta \bigcup \Gamma$, 其中 $\Gamma = \{\gamma^{(i)}: 0 \leqslant i \leqslant m_\gamma\}$, $\gamma^{(0)} \equiv \gamma$, 而且 Γ 中每个碎片都可以替换 a 中的碎片 γ, 不仅使得 $\beta \bigcup \gamma^{(j)}$ 是 β 的扩充, 还使得 $\alpha \bigcup \beta \bigcup \gamma^{(j)} \bigcup \delta$ 都是所论实例中的可行解.

　　假设路 $a = \alpha \bigcup \beta \bigcup \gamma \bigcup \delta$ 是最优路, 让碎片簇 $\beta \bigcup \Gamma$ 作为整体, 把碎片 $\gamma^{(0)}$ 作为簇 Γ 的局部, 原理 $P_4^{(4)}$ 对最优路成立吗? 特别地, 设碎片 $\beta = \varnothing$, 那么最优路的任何一节 γ 总是最优的吗?

　　设每条有向边的值为实数, 路长等于各边的值之和, 而以其值小者为优. 实践表明, 就这样的路而言, 最短路具有碎片型原理.

　　如果以路的值大者为优, 即把最长路作为最优解, 路的优化原理也是成立的.

　　但是如果把路的各边值的最大者称为路的 (峰) 值, 如果还规定路的值以小者为优, 容易举出反例, 这种峰值最小路就没有碎片型原理.

　　所以有:

　　$P_{4P}^{(4)}$: 路的优化原理. 在赋值有向图中, 设从指定的始点到指定的终点有基数型或者和值型最优 (最短、最长) 路, 它的任何一节是最优的.

用标识符 $P_{4P}^{(4)}$ 记载路的优化原理, 下标的第 2 个字母 P 是英文单词 path (路) 的第一个字母.

4.10.2 树的优化原理

在赋值连通图 G 中求一个基数最大、和值最小的支撑森林. 因为答案一定是一个树, 人们称之为最小 (支撑) 树问题的一个实例, 本书称它为属于**树的优化问题**.

设 a 是图 G 的最小支撑树, 它是连通的, 有 $n-1$ 条边, 各边的值之和最小. 在 a 中任意删去一条边 $\gamma^{(0)}$, a 成为两个连通分支, 再在图 G 中寻找不属于连通分支的子图中的边 $\gamma^{(j)}$, 就能得到一个支撑树, 所有这些边记作 $\Gamma = \{\gamma^{(i)} : 0 \leqslant i \leqslant s_\gamma\}$. 则根据最小树的特征, $\gamma^{(0)}$ 必须是 Γ 中的最短边. 所以, 最小树问题满足第 4(碎片型) 最优化原理. 或者说, 我们可以建立:

$P_{4T}^{(4)}$: 树的优化原理. 最优树的碎片是最优的.

它的标识符 $P_{4T}^{(4)}$ 的下标中第二个字母 T 是树的英文单词 tree 的第一个字母, 有的学者就把这个原理作为建立和值型最小支撑树实例的某些著名算法的出发点.

4.10.3 匹配优化原理

设赋值图 $G = G(E, V, W)$ 分成两个子图:

$$G^{(1)} = G^{(1)}(E^{(1)}, V^{(1)}, W), \quad G^{(2)} = G^{(2)}(E^{(2)}, V^{(2)}, W).$$

如果 $E = E^{(1)} \bigcup E^{(2)}$, $E^{(1)} \bigcap E^{(2)} = \varnothing$, $V = V^{(1)} \bigcup V^{(2)}$ 则说图 G 被拆分为两个子图. 称 $V^{(1,2)} = V^{(1)} \bigcap V^{(2)}$ 是邻接集, $V^{(1,2)}$ 的每一个顶点都是邻接点.

在子图 $G^{(1)}$ 与 $G^{(2)}$ 中各有一个匹配, 它们的并可能是 G 的一个匹配, 也可能不是.

把图 G 的匹配作为可行解, 构成可行解的边子集说成碎片. 设在子图 $G^{(1)}$ 中有一个碎片 (匹配) β, 在子图 $G^{(2)}$ 中有若干个能够与 β 组成匹配的碎片, 它们是 $\Gamma = \{\gamma^{(i)} : 0 \leqslant i \leqslant s_\gamma\}$.

在匹配簇 $\{\beta \bigcup \gamma^{(j)} : 0 \leqslant j \leqslant s_\gamma\}$ 中设有最优匹配 $\beta \bigcup \gamma^{(0)}$, 则 $\gamma^{(0)}$ 是在匹配簇 Γ 中最优的.

把这个事实称为匹配优化原理, 编号为 $P_{4M}^{(4)}$, 其中第二个下标 M 是匹配的英文单词 matching 的第一个字母.

$P_{4M}^{(4)}$: **匹配优化原理.** 赋值图 $G = G(V, E, W) = G^{(1)} \bigcup G^{(2)}$ 有最优匹配 M^*, 设 $\beta = G^{(1)} \bigcap M^*$ 和 $\gamma^{(0)} = G^{(2)} \bigcap M^*$, 在 $G^{(2)}$ 中所有能够和 β 组成匹配的匹配簇是 $\Gamma = \{\gamma^{(i)} : 0 \leqslant i \leqslant s_\gamma\}$, 则 $\gamma^{(0)}$ 在 Γ 中是最优的.

4.10.4 策略优化原理

在研究事物发展过程中, 一般地, 在开始, 事物处于**初** (始状) **态 0**, 到结束, 事物到达**终** (结状) **态**, 记作 n. 把其间可以做出决策让事物继续发展的位置都说成 (中间) **状态**, 所有这些状态组成集合 $\mathscr{V}$, 用自然数序列表示: $\mathscr{V} = (0, 1, 2, \cdots, n)$.

根据状态的特性或者人们的意愿, 在一个中间状态 v_j 有若干个可以做**决策**到达新状态的方案, 所谓新状态是指从当前所在状态 v_j 到以后某个状态. 譬如说方案 d 让事物到达 v_k $(k > j)$, 写作 $v_k = \varphi(v_j, d)$, 发生一个值 $r(v_j, v_k)$.

设有一个策略, 即做决策的序列 $a = (v_0, v_1, v_2, \cdots, v_i, \cdots, v_j, \cdots, v_n)$, 它是 $\mathscr{V}$ 的一个子序列, 它的每一项都是前项所做决策而形成的状态, 且 $v_0 = 0, v_n = n$, 所有的 $v_i < v_j$, 如果 $i < j$.

设在策略 a 中, 首项为 v_j, 末项为 v_k 的一个子序列称为从 v_j 到 v_k 的 (**序贯型、多阶段) 子策略** s, 通常写作 $s = (v_j, \cdots, v_k)$, 只是这样的书写形式并不方便. 我们写这个策略 s 为 $s = (v_j, s_P, v_k)$, 其中 s_P 是序列 s 中介于从 v_j 到 v_k 的子序列.

实施每个决策发生一个决策值, 策略是要做多次决策的一个过程. 把所发生的决策值, 按照某个规则得到策略的值, 把策略 a 的值记作 $l(a)$.

对于策略 a, 它在初态 v_0 做了一个决策 (初始决策), 所形成的状态是 v_1, 记作 (v_0, v_1), 再以 v_1 为初态, 沿着 a 所规定的序列, 记作 v_a, 直到规定的终态 v_n, 记作

$$a = (v_0, v_1) \bigcup (v_1, v_a, v_n),$$

a 的初始决策所发生的值是 $r(v_0, v_1)$, 而 (v_1, v_a, v_n) 是 a 的子策略, 所发生的值是 $l(v_1, v_a, v_n)$. 如果问题的实例规定的策略值 $l(a)$ 是诸决策值之和, 即初始决策值与从 v_1 起的子策略的值之和, 写作 $r(v_0, v_1) + l(v_1, v_a, v_n)$. 如果决策值都是正数, 策略 a 的值规定为诸决策值之积, 即有初始决策值 $r(v_0, v_1)$ 与其子策略的值的乘积, 写作 $r(v_0, v_1) \times l(v_1, v_a, v_n)$. 一般地, 我们规定策略值等于

$$l(a) = r(v_0, v_1) \otimes l(v_1, v_a, v_n).$$

设 b 是另一个策略, 它与 a 有相同的初态、相同的初始决策和所形成的状态 v_1, 以及相同的终态 v_n, 它和它的值可以写作

$$b = (v_0, v_1, v_b, v_n) \quad \text{和} \quad l(b) = r(v_0, v_1) \otimes l(v_1, v_b, v_n).$$

把 a 与 b 两个策略放入基本变换公式, 得到它们的互易对 $((v_1, v_a, v_n), (v_1, v_b, v_n))$. 如果 b 的子策略的值 $l(v_1, v_b, v_n)$ 优于 a 的子策略的值 $l(v_1, v_a, v_n)$, 则 $((v_1, v_a, v_n), (v_1, v_b, v_n))$ 是关于可行解 a 的调优互易对.

一个策略叫做**最优策略**, 如果与它具有相同的初态和相同终态的所有策略中任一策略的值都不比它的更优.

把寻求最优策略的问题称为**策略优化问题**.

在策略优化问题的一个实例中, 把所有的策略说成可行解.

如果 a 是从初态 v_0 到终态 v_n 的最优策略, 则 a 的子策略 (v_1, v_a, v_n) 没有调优子策略, 就是说, $l(v_1, v_a, v_n)$ 是从 v_1 经过 a 所规定的部分到终态 v_n 的最优策略.

我们把它写成一个命题, 称为策略优化原理, 或者

$\mathrm{P}_{4S}^{(4)}$: **Bellman 最优化原理 (策略优化原理).** 最优策略具有以下的性质: 无论其初态和初始决策如何, 其今后的决策序列对以初始决策所形成的状态作为初态的系统而言, 必须构成最优策略.

本节中只是示范性地列举四个数学对象, 路、树、匹配和策略的第 4 (碎片型) 最优化原理, 我们还将在本书以后章节中对它们进行系统讨论.

设法建立一个具体实例 XYZ: S 的第 4 (碎片型) 最优化原理, 是十分有意义的事. 用直白的说法就是, 在所设论域 S 中有最优解 S^*, 任意选择某种特定形式的可行碎片 (记作 U), 和论域 S 中相应的子集 S_U, 在 S_U 中, 在可能和 U 构成互易对的碎片 W 的全体中, U 必须是最优的.

我们期盼, 几乎所有的组合最优化问题的诸实例都应该在探讨邻点法之余, 再探讨它的最优解的碎片特征, 这总该是有益的.

> 证明的目的并非仅仅在于是一个句子的真摆脱各种怀疑, 而且在于提供关于句子的真之间相互依赖性的认识. 人们试图推动一块岩石, 如果没有推动它, 人们就相信这块岩石是不可动摇的. 这时人们可能会进一步问, 是什么东西这么稳定地支撑着它. 越是深入地进行这些探究, 就越不能追溯到所有事物的初真; 而且这种简化本身就是一种值得追求的目标. 也许这也证明一种希望: 人们通过认识到人在最简单的情况凭本能所做的事情, 并从中把普遍有效性提取出来, 就能够获得概念构造或论证的普遍方法, 这些方法即使在错综复杂的情况也可以应用.
>
> 弗雷格《算术基础》

第 5 章 极优代数方法

> 科学由事实建造, 正如房屋由石块建成一样; 但
> 是事实的收集并非科学, 恰如石块的堆积并非屋宇.
>
> —— 庞加莱

本章将讨论研究问题的基本事项, 由两部分组成.

(1) 再论强优选准域, 讨论它的基本性质, 包括论证 $(\overline{R}, \min, +)$, $(\overline{R}, \max, +)$, $(\overline{R_0^+}, \min, \times)$ 以及 $(\overline{R_0^+}, \max, \times)$ 四个强优选准域之间的同构性, 提出求解组合最优化问题的实例之间的同构方法.

(2) 以强优选准域为基础, 建立极优代数方法, 建议以它作为研究求解组合最优化问题的另一种基本推理运算工具, 漫谈几个应用问题.

5.1 再论强优选准域

在第 3.6.3 节中, 我们已经直接从基本变换公式初步建立了强优选准域概念. 原来, 强优选准域是基本变换公式的直接产物.

专著 [秦 44] 讨论了动态规划的 Bellman 最优化原理, 建立了强优选准域.

在第 4.10.4 节, 我们讨论了策略优化问题, 发现 Bellman 最优化原理是碎片型最优化原理的一个十分特殊的情形, 把它称为策略优化原理.

从基本变换公式到碎片型最优化原理, 再到它的一种最为特殊的情形——Bellman 最优化原理, 是从一般到特殊的三个层次. 从第一层和从第三层都能得到强优选准域. 那么, 从第二层碎片型最优化原理也应该能够得到强优选准域. 然而, 论述的过程中是否会隐藏着什么有用的结构呢? 我们不知道.

为了让一个也许很有意义的概念充分发挥作用, 譬如说碎片型最优化原理, 尽量研究清楚它的方方面面是很有必要的. 即便一无所获, 做好探索工作仍是科研工作中应该做的.

5.1.1 问题的提出

我们在第 4 章中建立了第 4 (碎片型) 最优化原理. 现在问: 它说了些什么? 有哪些没有讲明白? 如果原理成立, 它应该满足什么条件?

原理说了以下六点.

第一, 作为一个十分平凡的必要性条件, 最优碎片是一个碎片.

第二, 碎片具有可分解性. 即通常可以从所给碎片 "分解" 出碎片, 由某些碎片可以合并成碎片.

第三, 某些碎片之间可以比较优劣.

第四, 原理是一个命题, 讲述最优碎片所具有的必要条件.

第五, 原理是一个定性的命题.

第六, 原理表明碎片的最优性以及与它周边的碎片之间的关系.

可是, 碎片型原理至少没有说明以下三点.

(1) 没有定量地给出碎片的结构;

(2) 没有定量地说明碎片之间的关系;

(3) 没有说明比较碎片优劣的规则.

所以, 要从碎片型原理出发, 用数学方法进行理论研究, 添加若干与之尽量贴近的数量关系以及明确求解任务 (提法) 是必要的. 同时, "添加若干与之尽量贴近" 这种含糊说词, 表明存在自由创造的余地.

5.1.2　碎片值域的代数结构

设想碎片的值是实数, 可能涉及的值的全体记作 Q.

实例 XYZ 的论域为集合 S, 它的每个元素 s_j 的值是实数 r_j, 可行解 $a = \{s_{\alpha_j} : 1 \leqslant j \leqslant t\}$ 的值用两个函数 $f(a)$ 和 $g(a)$ 分别来定义参数值和主值, 可行解的值是 Q 中的一个元素, 等于可行元素的值之和、积、峰值或谷值, 用摹乘积 $\otimes$ 来表示, 写作 $h(a) = \prod_{\otimes} \{r_{\alpha_j} : 1 \leqslant j \leqslant t\}$, 其中函数 $h(a)$, 譬如说, 或者是 $f(a)$ 或者是 $g(a)$.

所以值集 Q 中需要有某些必要的代数运算.

满足碎片型原理的问题需要讨论它的碎片, 需要定义碎片的值. 只是一般习惯上, 其规则与可行解 a 的规则 $h(a)$ 一致. 就是说, 给定一个集合 β, 首先需要确认它是一个碎片, 然后才能确定它的值 $h(\beta)$.

确认了两个不相交的集合都是碎片, 同时它们的并仍是碎片, 讨论并集的值才有意义.

设 β 划分为三个部分 $\beta = \beta^{(1)} \bigcup \beta^{(2)} \bigcup \beta^{(3)}$, 其值等于诸子碎片的值的摹乘积 $h(\beta) = h(\beta^{(1)}) \otimes h(\beta^{(2)}) \otimes h(\beta^{(3)})$. 就是说, 子碎片的值是各自决定的, 不依赖于其他子碎片存在与否, 摹乘法满足交换律和结合律.

空集 $\varnothing$ 是平凡碎片, 它的值规定为尚待确定的值 e, 即 $h(\varnothing) = e$. 于是有

$$\beta = \beta \bigcup \{\varnothing\},$$

$$h(\beta) = h(\beta) \otimes h(\varnothing) = h(\beta) \otimes e.$$

所以, e 是幂乘法的单位元素.

还有, 在讨论交换群的过程中, 需要用 $\Gamma = \{\gamma^{(i)} : 0 \leqslant i \leqslant m_\gamma\}$ 中的碎片 $\gamma^{(i)}$ 去替换可行解 $a = \alpha \bigcup \beta \bigcup \gamma$ 中的碎片 γ, 得到可行解 $a' = \alpha \bigcup \beta \bigcup \gamma^{(i)}$. 这是用互易对 $(\gamma, \gamma^{(i)})$ 从 a 变换到 a', 它们的值有关系 $h(a') = h(a) \otimes h(\gamma, \gamma^{(i)})$, 这里我们需要计算 γ 的值的 $\otimes$ 逆.

因此, $(Q, \otimes)$ 具有交换律、结合律以及单位元素, 集合 Q 成为 $\otimes$ 的单型交换半群. 还有, 每个元素都有逆运算, 所以 $(Q, \otimes)$ 是一个交换群.

末了, 如果集合 Y 不是碎片, 它的值规定为尚待确定的值 z. Y 与不相交的碎片 γ 的并将不能是碎片. $h(Y \bigcup \gamma) = h(Y) \otimes h(\gamma)$, 需要有

$$z \otimes h(\gamma) = z. \tag{5.1.1}$$

5.1.3　碎片优劣的比较

规定任何两个需要比较的碎片都用它们的值来确定其优劣, 并用关系符号 $\prec$ 来表示. 如果两个式子可能是相同的或者两个碎片的值可能相等, 或者一个不必比另一个劣, 还采用关系符号 $\preceq$. 这两个关系符总规定: 写在有尖端的一侧优于 (不劣于) 另一侧.

如果按其函数值, 碎片 β' 不比碎片 β'' 劣, 写作

$$\beta' \preceq \beta''$$

或者

$$h(\beta') \preceq h(\beta''), \tag{5.1.2}$$

我们还写作

$$h(\beta') \oplus h(\beta'') = h(\beta').$$

一般地, 对于 $s, t \in Q$, 定义幂加法 $\oplus$, 有优选律:

$$s \oplus t = s \text{ 或 } t. \tag{5.1.3}$$

作为一种用于比较优劣的运算, 幂加法 $\oplus$ 应该具有交换律和结合律.

一个碎片和自己比较, 优者当然就是自己, 即幂加法具有等幂性:

$$s \oplus s = s.$$

设有一个碎片, 它的值为 s, 一个非碎片集合的值为 z, 两者比较, 应该以非碎片为劣:

$$z \oplus s = s.$$

结合 (5.1.1), 把 z 叫做集合 Q 的零元素. 可见规定 $(Q, \oplus)$ 具有优选律和等幂性, 还有交换律、结合律以及零元素是合理的. 这后三个条件, 使集合 Q 成为 $\oplus$ 的单型交换半群.

在第 2.7 节我们已经讲到带的概念, 带就是具有等幂性的半群, 所以 $(Q, \oplus)$ 还是一个带.

5.1.4 强优选性

设有两个碎片, 前者优于后者, 它们的交集是一个碎片, 值为 $r(\neq z)$. 而关于交集, 前一个扩充部分的值等于 p, 后一个扩充部分的值是 q, 则优者的碎片的值是 $r \otimes p$, 而后一个碎片的值是 $r \otimes q$, 记作

$$r \otimes p \prec r \otimes q. \tag{5.1.4}$$

按照碎片型最优化原理, 必须要有

$$p \prec q. \tag{5.1.5}$$

把这件事写成如下的公理形式.

消去性公理. 如果 $r \otimes p \prec r \otimes q$, 则 $r \neq z$ 且 $p \prec q$.

把两个关系式 $r \otimes p \prec r \otimes q$, $p \prec q$, 写作

$$r \otimes p = r \otimes p \oplus r \otimes q \quad \text{和} \quad p \oplus q = p.$$

把后式的右端代入前式的左端, 即得分配律 $r \otimes (p \oplus q) = r \otimes p \oplus r \otimes q$.

强保优 (序) 性. 如果 $r \neq z$ 且 $p \prec q$, 则 $r \otimes p \prec r \otimes q$.

把消去性公理和强保优性合写成:

强优选性公理. $r \neq z$ 且 $p \prec q$ 当且仅当 $r \otimes p \prec r \otimes q$.

汇总以上的讨论, 加上引入的无穷元素 inf, 所得到的代数系统称为**强优选准域**, 已经在定义 3.6 中讲了, 不赘述.

强优选准域还可以写成下面的定义.

定义 5.1 强优选准域是一个代数系统, 它满足下面两个条件:

(i) 优选律: $a \oplus b = a$ 或 b;

(ii) 带有无穷元素的准域.

定理 5.1 强优选准域是基本变换公式成立、第 4 (碎片型) 最优化原理或者 Bellman 最优化原理的代数表达形式成立的必要条件.

我们还发现, 对于提法 1 的四个情形, 如果 $p \prec q$, 当 $r \neq z$, 总有 $r \otimes p \prec r \otimes q$.

但是提法 2 是有关峰值、谷值型优化的任务. 对于某些 $r (\neq z)$, 从 $p \prec q$ 只会有 $r \otimes p \preceq r \otimes q$. 例如, 考虑可行解的值等于主元素的值中最大者, 并以小者为优,

即 $\oplus = \min, \otimes = \max$. 让 $p = 3, q = 4, r = 5$, 显然从 $p \prec q$ 只会有 $r \otimes p \preceq r \otimes q$. 所以, 关于提法 2 的情形是不具有强优选性的. 把这种情形与提法 1 区分开来, 写成:

保优性　如果 $r \neq z$ 且 $p \prec q$, 则 $r \otimes p \prec r \otimes q$.

5.2　强优选准域的基本性质

性质 1　零元素 z 和单位元素 e 都是唯一的.

证明　设另有一个零元素 z', 因为 z 是零元素, 有 $z' = z \oplus z'$. 又因为 z' 是零元素, $z = z \oplus z'$, 有 $z = z'$, 即零元素是唯一的. 同样可以证明单位元素 e 是唯一的.

用上节中规定的关系符号 $\prec$ 和 $\succ$, 当 $a \oplus b = a$, 说 a 不劣于 b, 或者 a 不在 b 之后, 记作 $a \preceq b$ 或者 $b \succeq a$. 当 $a \oplus b = a$, 且 $a \neq b$, 说 a 优于 b, 或者 a 在 b 之前, 记作 $a \prec b$ 或者 $b \succ a$. 在这个意义下, 有如下性质.

性质 2　强优选准域是 $\{\prec, \otimes\}$ **强保序的全序集**, 零元素 z 总是最劣的.

性质 3　在强优选准域中, 关于摹加法, 没有负元素.

证明　反证法. 设 a 不是零元素, 它竟然有负元素 b, 即有

$$a \oplus b = z.$$

两端各摹加一个 a, 有

$$a \oplus (a \oplus b) = a \oplus z. \tag{5.2.1}$$

把它的左端应用结合律和等幂性, 即得

$$a \oplus (a \oplus b) = (a \oplus a) \oplus b = a \oplus b = z,$$

而 (5.2.1) 的右端等于 a, 即应该有

$$a = z,$$

与假设矛盾.

这是一个论证十分简单, 却很重要的性质. 后来人们发现, 在碎片中得到的某些结果与实代数中的相应结果不一致, 重要原因常常出自于此.

性质 4　强优选准域中每一个元素都有逆.

证明　在强优选准域的定义 3.6 中, 公理 (iii) 规定集合 $SOQF \setminus \{z, inf\}$ 中每一个元素都有逆元素, 单位元素 e 的逆元素是它自己, 而公理 (v) 又规定无穷元素 inf 具有性质 $inf \otimes z = e$, 就是说, 无穷元素与零元素是互逆的.

在强优选准域中用摹加运算符所定义的阴、阳、中性元素具有下述性质 5 和性质 6, 规定: 对于元素 a,

如果 $a \neq e$ 且 $e \oplus a = a$, 说 a 是**阴元素**, 记作 $a \prec e$;

如果 $a \neq e$ 且 $e \oplus a = e$, 说 a 是**阳元素**, 记作 $a \succ e$.

元素 yin 是其值为阴的元素. 设碎片 Q 的值是 $q (\neq z)$ 而零元素 e 自身是**中性元素**, 在碎片 Q 中, $yang$ 是其值为阳的元素. 则有如下性质.

性质 5　$q \otimes yin \prec q \prec q \otimes yang$.　　　　　　　　　　　　(5.2.2)

证明　由强优选性, 由 $yin \prec e$, 得到 $q \otimes yin \prec q \otimes e = q$, 同样, 由 $e \prec yang$ 得到 $q = q \otimes e \prec q \otimes yang$. 所以有 (5.2.2).

性质 6　下面三个条件是等价的:

Bellman 公理　如果 $c \otimes a \prec c \otimes b$, 则 $c \neq z$ 且 $a \prec b$.

分配律　$c \otimes (a \oplus b) = c \otimes a \oplus c \otimes b$.

强保优性　如果 $c \neq z$ 且 $a \prec b$, 则 $c \otimes a \prec c \otimes b$.

证明　按 "Bellman 公理 → 分配律 → 强保优性 → Bellman 公理" 的思路来证明.

(i) Bellman 公理 → 分配律. 由强优选性公理有

$$c \otimes a = c \otimes a \oplus c \otimes b \quad \text{与} \quad a \oplus b = a.$$

把后一个等式的右端代入前一个等式的左端, 就得到分配律

$$c \otimes (a \oplus b) = c \otimes a \oplus c \otimes b.$$

(ii) 分配律 → 强保优性. 设 $a \prec b$, 即有 $a \oplus b = a$ 且 $a \neq b$. 由分配律 $c \otimes (a + b) = c \otimes a \oplus c \otimes b$ 与 $a \oplus b = a$ 得到

$$c \otimes a = c \otimes a \oplus c \otimes b,$$

于是有 $c \otimes a \preceq c \otimes b$.

$c \otimes a$ 是不能等于 $c \otimes b$ 的, 因为如果 $c \otimes a = c \otimes b$, 由定义 3.6 中的公理 (iii), 用 $c (\neq z)$ 的逆 $c^{[-1]}$ 摹乘等式两端, 得到 $a = b$, 它与假设矛盾. 所以 $c \otimes a \prec c \otimes b$, 强保优性成立.

(iii) 强保优性 → Bellman 公理. 由强保优性, 当 $c \neq z$, 从 $a \prec b$ 得到

$$c \otimes a \prec c \otimes b.$$

就是说, 用非零元素摹乘严格不等式, 结果仍是严格不等式.

再用一次强保优性, 用 c 的逆元素 $c^{[-1]}$ 摹乘上式得到

$$c^{[-1]} \otimes (c \otimes a) \prec c^{[-1]} \otimes (c \otimes b).$$

所以 $a \prec b$, Bellman 公理成立.

5.3　强优选准域的同构性

5.3.1　问题的提出

本书已经证明了, 强优选准域可作用的范围只要基本变换公式成立. 第 4 (碎片型) 最优化原理比离散动态规划要宽得多. 因为后两者仅限于组合最优化中的原理, 而基本变换公式是组合数学的一个概念, 期盼它为组合数学发挥作用. 这好像在数学分析中, 导数概念可以为连续型最优化问题服务, 它更为整个数学分析做出了大量的工作那样.

在连通图中各边赋有实数, 求和值最小的支撑树, 有了求解这个实例的算法. 譬如说, 贪婪法或者避圈法, 如果问题的提法只修改为求和值最大支撑树. 有的学者论述, "类似地, 我们可以明显地把取小改为取大, 贪婪法或者避圈法思想依然可以用来求解最大支撑树". 人们经验地接受这个论述. 如果把所给实例的提法修改为 "求积值最小型实例" 时, 人们就表现地谨慎得多, 如果各边的值全是正数与有正有负的情形将大不一样. 为什么不能 "类似地" 呢?

对于这类现象, 从理论上探讨究竟是必要的.

5.3.2　同构映射

设有两个代数系统 $(P, \oplus, \otimes)$ 与 $(\overline{P}, \overline{\oplus}, \overline{\otimes})$, φ 是从 P 到 $\overline{P}$ 的一个映射, $\overline{P}$ 中的元素 $\varphi(p)$ 是 P 中的元素 p 的象, p 是 $\varphi(p)$ 的原象, 集合 $\varphi(P)$ 是 P 在 $\overline{P}$ 中的象. 如果有 $\varphi(P) = \overline{P}$, 则称 φ 是满射映射. 如果 P 中没有两个元素具有相同的象, 则称映射 φ 为入射 (即一一对应的映射). 如果映射 φ 既是满射又是入射 (一一对应), 则称为双射.

两个代数系统 $(P, \oplus, \otimes)$ 与 $(\overline{P}, \overline{\oplus}, \overline{\otimes})$ 称为同态的, 如果存在一个映射 φ, 使得

(i) $e_{\overline{P}} = \varphi(e_P), z_{\overline{P}} = \varphi(z_P), inf_{\overline{P}} = \varphi(inf_P)$;

(ii) 对于 $p_1, p_2 \in P$, 有 $\varphi(p_1 \oplus p_2) = \varphi(p_1) \overline{\oplus} \varphi(p_2), \varphi(p_1 \otimes p_2) = \varphi(p_1) \overline{\otimes} \varphi(p_2)$, 并称 $\varphi(P)$ 是 P 的同态象.

如果映射 φ 是双射, 则称 φ 是从 $(P, \oplus, \otimes)$ 到 $(\overline{P}, \overline{\oplus}, \overline{\otimes})$ 的一个同构映射, $(P, \oplus, \otimes)$ 与 $(\overline{P}, \overline{\oplus}, \overline{\otimes})$ 是同构的.

在同一个集合 P 中, 赋予不同的运算规则, 可以得到不同的代数系统. 设有代数系统 $(P, \oplus, \otimes)$ 与 $(P, \overline{\oplus}, \overline{\otimes})$, 在它们之间所讨论的同态和同构概念常称为自同态和自同构.

关于同构性有下面的定理.

定理 5.2　设有两个代数系统 $(P, \oplus, \otimes)$ 与 $(\overline{P}, \overline{\oplus}, \overline{\otimes})$, 从 P 到 $\overline{P}$ 的映射 φ 如果能够

(i) 使得各自的零元素、单位元素和无穷元素相对应;

(ii) 对于任意三个元素 $p_1, p_2, p_3 \in P$, 有 $\varphi(p_1 \oplus p_2 \otimes p_3) = \varphi(p_1) \,\overline{\oplus}\, \varphi(p_2) \,\overline{\otimes}\, \varphi(p_3)$, 则映射 φ 是同构映射.

证明 依次令 $p_3 = e$ 和 $p_1 = z$, 就有

$$\varphi(p_1 \oplus p_2) = \varphi(p_1 \oplus p_2 \otimes e) = \varphi(p_1) \,\overline{\oplus}\, \varphi(p_2) \,\overline{\otimes}\, \varphi(e) = \varphi(p_1) \,\overline{\oplus}\, \varphi(p_2),$$

$$\varphi(p_2 \otimes p_3) = \varphi(z \oplus p_2 \otimes p_3) = \varphi(z) \,\overline{\oplus}\, \varphi(p_2) \,\overline{\otimes}\, \varphi(p_3) = \varphi(p_2) \,\overline{\otimes}\, \varphi(p_3),$$

所以映射 φ 是同构映射.

同构概念具有等价性, 即有自反性、对称性和传递性.

5.3.3 与极小准域同构的强优选准域

为了寻找实数集上的强优选准域, 先作一般的讨论.

把扩展实数集 $\overline{R}$ 上严格单调函数 $\varphi(x)$ 作为入射, 值域记作 $\overline{P} = \{\varphi(x) : x \in \overline{R}\}$, 反函数 φ^{-1} 也是单调的. 对于值域 $\overline{P}$ 中每一个实数 $\overline{p}$, $\underline{R}$ 中对应有唯一的实数 p, 记作 $p = \varphi^{-1}(\overline{p})$.

利用所给极小准域 P 和函数 $\varphi(x)$, 我们要在集合 $\overline{P}$ 上建立一个与 P 同构的强优选准域, 分四步来完成.

第 1 步, 设 $(P, \oplus; z_P)$ 是具有优选律的单模半群, 用下面的关系, 在集合 $\overline{P}$ 上定义幂加法 $\overline{\oplus}$, 使得 $(\overline{P}, \overline{\oplus}; z_{\overline{P}})$ 与 $(P, \oplus; z_P)$ 之间具有同构关系

$$\overline{p}_1 \,\overline{\oplus}\, \overline{p}_2 = \varphi(\varphi^{-1}(\overline{p}_1) \oplus \varphi^{-1}(\overline{p}_2)). \tag{5.3.1}$$

第 2 步, 在 $\overline{P}$ 上定义幂乘法 $\overline{\otimes}$, 让 $(\overline{P} \backslash \{z_{\overline{P}}, inf_{\overline{P}}\}, \overline{\otimes})$ 与 $(P \backslash \{z_P, inf_P\}, \otimes)$ 之间具有群同构关系

$$\overline{p}_1 \,\overline{\otimes}\, \overline{p}_2 = \varphi(\varphi^{-1}(\overline{p}_1) \otimes \varphi^{-1}(\overline{p}_2)). \tag{5.3.2}$$

第 3 步, 在 $\overline{P}$ 上具有分配律.

第 4 步, 确认 $\overline{P}$ 的零元素、单位元素和无穷元素 $z_P = +\infty, e_P = 0, inf_P = -\infty$. 通过函数 $\varphi(x)$ 在集合 $\overline{P}$ 上对应各自的 $z_{\overline{P}}, e_{\overline{P}}$ 和 $inf_{\overline{P}}$.

这就完成了建立与极小准域同构的强优选准域 $(\overline{P}, \overline{\oplus}, \overline{\otimes})$ 的手续.

现在讨论第 1 步, 用 (5.3.1) 来定义幂加法是合理的. 因为要求对 $\overline{P}$ 中任意两个数 $\overline{p}_1, \overline{p}_2$ 定义幂加法, 写作 $\overline{\oplus}$, 通过反函数 φ^{-1} 找出 $\overline{p}_1, \overline{p}_2$ 的原象 p_1, p_2, 在极小准域 P 中作出幂和, 再找出在 $\overline{P}$ 中所对应的象. 但是这个象能否有资格作为 $\overline{p}_1, \overline{p}_2$ 的幂和 $\overline{p}_1 \,\overline{\oplus}\, \overline{p}_2$, 须验证 $(\overline{P}, \overline{\oplus})$ 能否构成单模半群, 并发现优选律的表现情况.

关于 $\overline{\oplus}$, 交换律显然成立. 又因为

$$
\begin{aligned}
(\overline{p}_1 \overline{\oplus} \overline{p}_2) \overline{\oplus} \overline{p}_3 &= \varphi(\varphi^{-1}(\overline{p}_1 \overline{\oplus} \overline{p}_2) \oplus \varphi^{-1}(\overline{p}_3)) \\
&= \varphi(\varphi^{-1}\varphi(\varphi^{-1}(\overline{p}_1) \oplus \varphi^{-1}(\overline{p}_2)) \oplus \varphi^{-1}(\overline{p}_3)) \\
&= \varphi(\varphi^{-1}(\overline{p}_1) \oplus \varphi^{-1}(\overline{p}_2) \oplus \varphi^{-1}(\overline{p}_3)),
\end{aligned}
$$

同样有

$$
\overline{p}_1 \overline{\oplus} (\overline{p}_2 \overline{\oplus} \overline{p}_3) = \varphi(\varphi^{-1}(\overline{p}_1) \oplus \varphi^{-1}(\overline{p}_2) \oplus \varphi^{-1}(\overline{p}_3)),
$$

所以 $\overline{\oplus}$ 的结合律成立. 因为映射使 $\overline{P}$ 的零元素 $z_{\overline{P}}$ 与 P 的零元素 z_P 相对应, 所以有

$$
\begin{aligned}
\overline{p} \overline{\oplus} z_{\overline{P}} &= \varphi(\varphi^{-1}(\overline{p}) \oplus \varphi^{-1}(z_{\overline{P}})) \\
&= \varphi(p \oplus z_P) = \varphi(p) = \overline{p}.
\end{aligned}
$$

按照定义 $\overline{p}_1 \overline{\oplus} \overline{p}_2 = \varphi(\varphi^{-1}(\overline{p}_1) \oplus \varphi^{-1}(\overline{p}_2))$, 右端中间式子 $\varphi^{-1}(\overline{p}_1) \oplus \varphi^{-1}(\overline{p}_2)$ 的结果或者是第一项 $\varphi^{-1}(\overline{p}_1)$, 或者是第二项 $\varphi^{-1}(\overline{p}_2)$. 所以有 $\overline{p}_1 \overline{\oplus} \overline{p}_2 = \overline{p}_1$ 或者 $\overline{p}_2$, 即 $\overline{\oplus}$ 具有优选律.

至于选优规则, 在极小准域中, 元素以小者为优: 即当 $p_1 < p_2$, 有 $p_1 \oplus p_2 = p_1$, 在 $(\overline{P}, \overline{\oplus}; z_Q)$ 中, 将以什么为优?

分两种情形来讨论. 如果函数 $\varphi(x)$ 是单调增加, 当 $\overline{p}_1 < \overline{p}_2$, 则有 $p_1 < p_2$ 且

$$
\overline{p}_1 \overline{\oplus} \overline{p}_2 = \varphi(\varphi^{-1}(\overline{p}_1) \oplus \varphi^{-1}(\overline{p}_2)) = \varphi(p_1 \oplus p_2) = \varphi(p_1) = \overline{p}_1.
$$

$\overline{\oplus}, \overline{p}_1, \overline{p}_2$ 之间也以小者为优.

如果函数 $\varphi(x)$ 单调减小, 设 $\overline{p}_1 > \overline{p}_2$, 有 $p_1 < p_2$, 于是

$$
\overline{p}_1 \overline{\oplus} \overline{p}_2 = \varphi(\varphi^{-1}(\overline{p}_1) \oplus \varphi^{-1}(\overline{p}_2)) = \varphi(p_1 \oplus p_2) = \varphi(p_1) = \overline{p}_1.
$$

$\overline{\oplus}, \overline{p}_1, \overline{p}_2$ 之间则以大者为优.

定理 5.3   对于任何单调函数 $\varphi(x)$, 按照公式 (5.3.1), 具有优选性的单模半群 $(P, \oplus; z_P)$ 与它的象 $(\overline{P}, \overline{\oplus}; z_{\overline{P}})$ 是同构的.

第 1 步, 如果函数单调增加, 则选优规则不变, 否则象集 $\overline{P}$ 中选优规则与原象集 P 中的相反.

第 2 步, 在 $\overline{P} \backslash \{z_{\overline{P}}, inf_{\overline{P}}\}$ 中用公式 (5.3.2) 定义的摹乘法.

用几乎同样的步骤, 证明 $(\varphi(P \backslash \{z_P, inf_P\}), \otimes)$ 具有交换律和结合律, 且任何一个元素的原象设为 p, 即 $\varphi(p) = \overline{p}$. 因为 $P \backslash \{z_P, inf_P\}$ 中任何元素都有逆, p 的逆记作 $p^{[-1]}$, 即 $p^{[-1]} \otimes p = e_P$. 从而

$$
\varphi(e_P) = \varphi(p \otimes p^{[-1]}) = \varphi(p) \overline{\otimes} \varphi(p^{[-1]}),
$$

同样

$$\varphi(e_P) = \varphi(p^{[-1]} \otimes p) = \varphi(p^{[-1]}) \; \overline{\otimes} \; \varphi(p).$$

根据映射规则 (i), $\varphi(e_P)$ 是 $(\varphi(P\backslash\{z_P\}), \overline{\otimes})$ 的单位元素, 从而元素 $\varphi(p^{[-1]})$ 是 $\varphi(p) = p$ 的逆元素.

P 的特定元素 z_P, inf_P 是互逆的, 根据映射规则, 它们在 $\overline{P}$ 中的象也是互逆的.

所以 $(\varphi(P\backslash\{z_P, inf_P\}), \overline{\otimes})$ 是交换群.

第 3 步, 因为

$$\begin{aligned}
\overline{p}_1 \; \overline{\otimes} \; (\overline{p}_2 \; \overline{\oplus} \; \overline{p}_3) &= \varphi(p_1) \; \overline{\otimes} \; (\varphi(p_2) \; \overline{\oplus} \; \varphi(p_3)) = \varphi(p_1) \; \overline{\otimes} \; (\varphi(p_2 \oplus p_3)) \\
&= \varphi(p_1 \otimes (p_2 \oplus p_3)) = \varphi((p_1 \otimes p_2) \oplus (p_1 \otimes p_3)) \\
&= \varphi(p_1 \otimes p_2) \; \overline{\oplus} \; \varphi(p_1 \otimes p_3) = \overline{p}_1 \; \overline{\otimes} \; \overline{p}_2 \; \overline{\oplus} \; \overline{p}_1 \; \overline{\otimes} \; \overline{p}_3.
\end{aligned}$$

同理有 $(\overline{p}_2 \; \overline{\oplus} \; \overline{p}_3) \; \overline{\otimes} \; \overline{p}_1 = \overline{p}_2 \; \overline{\otimes} \; \overline{p}_1 \; \overline{\oplus} \; \overline{p}_3 \; \overline{\otimes} \; \overline{p}_1$. 所以, 象集 $(\varphi(P), \overline{\oplus}, \overline{\otimes})$ 具有分配律.

第 4 步, 关于无穷元素问题, 设 P 与 $\overline{P}$ 的无穷元素为 inf 和 $inf_{\overline{P}}$. 因为

$$inf \oplus p = inf, \quad inf \otimes p = inf, \quad inf \otimes z = e,$$

有

$$\begin{aligned}
\varphi(inf) &= \varphi(inf \oplus p) = \varphi(inf) \; \overline{\oplus} \; \phi(p), \\
\varphi(inf) &= \varphi(inf \otimes p) = \varphi(inf) \; \overline{\otimes} \; \varphi(p), \\
\varphi(e) &= \varphi(inf \otimes z) = \varphi(inf) \; \overline{\otimes} \; \varphi(z).
\end{aligned}$$

所以有

$$inf_{\overline{P}} \; \overline{\oplus} \; \overline{p} = inf_{\overline{P}}, \quad inf_{\overline{P}} \; \overline{\otimes} \; \overline{p} = inf_{\overline{P}}, \quad inf_{\overline{P}} \; \overline{\otimes} \; z_{\overline{P}} = e_{\overline{P}}.$$

总之, $(\overline{P}, \overline{\oplus}, \overline{\otimes})$ 与极小准域同构.

推论 强优选准域的同构象和自同构象是强优选准域.

5.4 互为同构的强优选准域

5.4.1 四个强优选准域

设有 $W_1 = \overline{R} \equiv R \bigcup \{-\infty, +\infty\}$, $(\min, +)$ 准域或是 (和值) 极小准域 P, 它的零元素 z、单位元素 e 和无穷元素 inf 依次是扩展实数集中的 $+\infty, 0$ 和 $-\infty$, 两个运算是 $\oplus = \min, \otimes = +$, 在这个准域上所有正数都是阳元素, 负数都是阴元素, 实数 0 是中性元素.

极大 (和值) 准域. 设严格单调减函数

$$\varphi_2(x) = -x,$$

$W_1 = \overline{R} \equiv R \bigcup \{-\infty, +\infty\}$ 的象集是 $W_2 = \overline{R} \equiv R \bigcup \{-\infty, +\infty\}$, 它的零元素 z_{W_2}、单位元素 e_{W_2} 和无穷元素 inf_{W_2} 依次是扩展实数集中的 $-\infty, 0$ 和 $+\infty$, 两个运算是 $\oplus = \max, \otimes = +$, 所有负数都是阳元素, 正数都是阴元素, 实数 0 是中性元素. 这个代数系统是极大准域, 记作 $(\max, +)$ 准域或者 $(\overline{R}, \max, +)$.

极小 (积值) 准域. 设有单调增函数

$$\varphi_3(x) = e^x,$$

它的象是扩充正数集 $W_3 = \overline{R_0^+} \equiv R^+ \bigcup \{0, +\infty\}$, 它的零元素 z_{W_3}、单位元素 e_{W_3} 和无穷元素 inf_{W_3} 依次是 $+\infty, 1$ 和 0, 两个运算是 $\oplus = \min, \otimes = \times$, 所有大于 1 的数都是阳元素, 小于 1 的正数都是阴元素, 1 是中性元素. 这个代数系统是极小 (积值) 准域, 记作 $(\min, \times)$ 准域或 $(\overline{R_0^+}, \min, \times)$.

用单调减函数 $\varphi_4(x) = e^{-x}$ 可以在 $W_4 = \overline{R_0^+} \equiv R^+ \bigcup \{0, +\infty\}$ 上构造极大 (积值) 准域, 记作 $(\max, \times)$ 准域或者 $(\overline{R_0^+}, \max, \times)$.

因为上述几个函数都是严格单调的, 我们容易证明.

定理 5.4　在实数集上, 上述四个强优选准域是同构的.

我们把这些互相同构的强优选准域汇集成表 5.1.

表 5.1　四个互为同构的强优选准域

准域名称	符号	z	e	inf	阴元素	阳元素
极小和值	$(\overline{R}, \min, +)$	$+\infty$	0	$-\infty$	$(-\infty, 0)$	$(0, +\infty)$
极大和值	$(\overline{R}, \max, +)$	$-\infty$	0	$+\infty$	$(0, +\infty)$	$(-\infty, 0)$
极小积值	$(\overline{R_0^+}, \min, \times)$	$+\infty$	1	0	$(0, 1)$	$(1, +\infty)$
极大积值	$(\overline{R_0^+}, \max, \times)$	0	1	$+\infty$	$(1, +\infty)$	$(0, 1)$

当然, 我们可以讨论它们的某些子准域, 例如, 把扩展实数集改为扩展有理数集.

在上述诸强优选准域中如果不含有无穷元素 inf, 极小和值准域与极大和值准域不能在 $R \bigcup \{-\infty, +\infty\}$ 上构成同构关系. 同样, 极小积值准域与极大积值准域不能在 $W_3 = R^+ \bigcup \{0, +\infty\}$ 上构成同构关系.

这几节只是回答了问题的一个部分, 四个强优选准域是可以设想出有意义的应用, 是否还可以设想出别的运算简明、实际意义丰富的强优选准域, 我们至今还不知道. 我们曾经尝试采用上述的同构映射的方法, 没有得到有益的结果.

在这里, 令人烦心的是, 在这个系统中无穷元素 inf 的合理性. 有了它, 这四个强优选准域成了同构的系统, 使得许多组合优化问题的讨论变得更为方便. 但是, 这样的概念合理吗?

在讨论实数系统时, 人们就为正负无穷烦心过.

符号不代表任何数. 例如, 在问到记号 $+\infty, \infty$ 是什么时, "最正确最清楚的就是说, 它们本身什么意义也没有: 但 "$+\infty$ 的邻域" 这种说法是有意义的, 它表示的是全部大于某个 (任意的) 数 a 的全体实数的一个集合: 对于这样的集合给一个简单的名称是很方便的. 因为在分析中, 我们经常要碰到这类集合, 所以就称它为 "$+\infty$ 的邻域"[辛 1].

5.4.2　同构方法

第 1.5 节中讨论了提法 1 的问题. 设在某个强优选准域中求一个可行解, 它的 $\{P^{(3)}_{12}, SOQF\}\text{-}h(a)$ 最优. 下面提出一个解题方法:

同构方法. 设有 $\{\pi^{(1)}, \pi^{(2)}, \pi^{(3)}\}$-问题 XYZ-$i_0$, 在一个强优选准域 P 上有算法 ABC, 又通过映射 ζ, 强优选准域 P 与 $\overline{P}$ 是同构的, 而且映射使 $\zeta(\pi^{(3)})$ 有意义, 则 $\{\pi^{(1)}, \pi^{(2)}, \zeta(\pi^{(3)})\}$-问题 XYZ-$\zeta(i_0)$ 在强优选准域 $\overline{P}$ 上有相应的算法 $\zeta(\text{ABC})$.

5.5　极 优 代 数

像实数域上的线性空间和代数那样, 我们也希望强优选准域上有相应的概念, 例如, 代数式、多项式、向量、矩阵、特征值和特征向量等. 但是数域与准域之间的一个重要不同, 在于强优选准域中不存在幂加法的负元素 (见第 5.2 节的性质 3), 为此只能在 $\oplus$ 半群上, 在强优选准域上定义**极优代数**.

定义 5.2　$SOQF$ **线性半群**是一个代数系统, 它由强优选准域 $(SOQF, \oplus, \otimes)$ 和加法半群 $(S, \tilde{\oplus})$ 所组成. 其中, 对于 $\alpha \in SOQF, a \in S$, 数乘积是 S 的一个确定元素, 写作 αa 或者 $a\alpha$, 对于 $\alpha, \beta \in SOQF$, 和 $a, b \in S$, 有

(i) $(\alpha \oplus \beta)a = \alpha a \,\tilde{\oplus}\, \beta a$;

(ii) $\alpha(a \,\tilde{\oplus}\, b) = \alpha a \,\tilde{\oplus}\, \alpha b$;

(iii) $(\alpha\beta)a = \alpha(\beta a)$;

(iv) e 是强优选准域 $SOQF$ 的单位元素, 且有 $ea=a$.

一个十分接近的代数系统是陈文德等[基 18]所提出的极大代数与半群组成的 "模".

定义 5.3　$SOQF$ **代数**是一个代数系统, 它由强优选准域 $(SOQF, \oplus, \otimes)$ 和半环 $(S, \tilde{\oplus}, \tilde{\otimes})$ 所组成. 其中 $\alpha \in SOQF$ 和 $a \in S$ 的数乘积是 S 的一个确定元素, 写作 αa 或者 $a\alpha$, 满足以下条件:

对于 $\alpha, \beta \in SOQF$ 和 $a, b \in S$, 有

(i) $(\alpha \oplus \beta)a = \alpha a \,\tilde{\oplus}\, \beta a$;

(ii) $\alpha(a \,\tilde{\oplus}\, b) = \alpha a \,\tilde{\oplus}\, \alpha b$;

(iii) $(\alpha\beta)a = \alpha(\beta a)$;

(iv) e 是 $SOQF$ 的单位元素, 且有 $ea=a$;

(v) $\alpha(a \,\tilde{\otimes}\, b) = \alpha a \,\tilde{\otimes}\, b = a \,\tilde{\otimes}\, (\alpha b)$.

比较定义 5.2 与定义 5.3, 立刻得到如下定理.

定理 5.5　强优选准域 $(SOQF, \oplus, \otimes)$ 上线性半群是极优代数, 如果在 S 中规定乘法运算 $\tilde{\otimes}$ 满足下列条件:

(i) 对于任意的 $\alpha \in SOQF, a, b \in S$,

$$(\alpha a) \,\tilde{\otimes}\, b = \alpha(a \,\tilde{\otimes}\, b) = a \,\tilde{\otimes}\, (\alpha b).$$

(ii) 对于 $a, b, c \in S$, 具有分配律:

$$(a \,\tilde{\oplus}\, b) \,\tilde{\otimes}\, c = a \tilde{\otimes} c \,\tilde{\oplus}\, b \,\tilde{\otimes}\, c;$$

$$c \,\tilde{\otimes}\, (a \,\tilde{\oplus}\, b) = c \,\tilde{\otimes}\, a \,\tilde{\oplus}\, c \,\tilde{\otimes}\, b.$$

强优选准域本身是关于 $\oplus$ 的半群, 是关于 $(\oplus, \otimes)$ 的半环, 所以强优选准域和它自身能够组成线性半群和极优代数. 有的学者干脆直接把强优选准域叫做**强优选代数** (**极优代数**、$(\oplus, \otimes)$ **代数**).

根据本章的讨论, 我们写成下面的一个定理以强调强优选准域的重要性.

定理 5.6　强优选准域和极优代数是直接来自于基本变换公式的代数系统.

5.6　应用极优代数

5.6.1　引言

从本节起, 漫谈式地介绍极优代数方法在组合最优化中的应用, 包括全日制普通高等学校运筹学教学大纲中涉及的若干问题, 例如, 背包问题、资源分配问题、动态库存问题和时刻表问题等.

像实代数那样, 人们将几乎无须细述地在强优选准域上引入代数式、多项式、分式、矩阵、方程、特征值、变换、特征多项式和特征向量等概念和方法, 构成极优代数. 必要时, 诸术语可前缀 "摹" 字, 以区别于实代数的相应术语.

我们约定, 不管 $\oplus, \otimes$ 所代表的是什么, 运算的层次总是先摹乘、摹逆, 再摹加 $\oplus$.

用符号 $\oplus, \otimes$ 表示当前问题所在的极优代数的运算, 如果必须强调时, 约定采用符号 $\oplus^\wedge, \oplus^\vee, \otimes^+, \otimes^\times, \preceq^\wedge, \preceq^\vee$ 等来表示相应的运算.

先讨论极优代数的基本运算所能表述的自然语言中的关系.

在极优代数中, 当 a, b 是两个未知的实数, 代数式 $a \oplus b$ 表示选其较优者, 结果或者是 a, 或者是 b, 而总有 $a \oplus a = a$. 从任何有限个文字 $a_1, a_2, \cdots, a_n$ 中选一个最优数, 可表示为代数式 $a_1 \oplus a_2 \oplus a_3 \oplus \cdots \oplus a_n$ 即 $\sum_{\oplus}\{a_j : l \leqslant i \leqslant n\}$.

极优代数不同于实代数, 因为至少前者不能定义相反数, 见第 5.2 节性质 3.

把两个数 a, b 作摹乘积, 它的值等于 $a \otimes b$. 在 $(\min, +)$ 或 $(\max, +)$ 代数中, a 的 k 次摹幂记作 $a^{[k]}$ 或者 $a^{\otimes k}$, 相当于实代数中 a 与 k 的乘积. 当 k 是任一实数, 规定 a 的 k 次根写作 $a^{[1/k]}$ 或者 $^{[k]}\sqrt{a}$, 相当于实代数中的 a/k.

$(\min, +)$ 或 $(\max, +)$ 准域中任意实数总有任意次根, 而且这根是唯一的.

摹乘运算具有逆运算. b 的 "摹逆" 记作 $\dfrac{e}{b}$, 在 $(\min, +)$ 或 $(\max, +)$ 代数中, 它相当于实代数中的实数 $-b$, 用 $\dfrac{a}{b}$ 表示 a 摹除以 b, 它是 $a \otimes \dfrac{e}{b} \equiv a - b$.

为了表达方便, 在用极优代数讨论演算题目时, 人们有时在不引起混乱的前提下, 把实数域中的诸多运算符直接引入极优代数混合使用.

5.6.2 基本应用模型

我们可以把 "在状态 v_j 做决策发生的值为 d_{jk}, 所形成的状态为 v_k" 的这一过程用赋值有向边表示. 现在再谈两个图论模型.

木桶原理 (cannikin law, 或者称为木桶模型). 木桶由一个圆形底板和几条侧板所围成 (图 5.1), 木桶容量不仅与桶的底面积有关, 还与侧板的长度有关. 如果 14 条侧板长度为 $\{a_j : 1 \leqslant j \leqslant 14\}$, 最短侧板的长度可以用极小准域的代数式写成

$$a_1 \oplus^\wedge a_2 \oplus^\wedge a_3 \oplus^\wedge \cdots \oplus^\wedge a_{14} \quad \text{或者} \quad \sum{}_{\oplus^\wedge} \{a_i : 1 \leqslant i \leqslant 14\}.$$

以木桶为模型来思考一个管理机构. 组成木桶的侧板如果长短不齐, 木桶的盛水量取决于最短侧板, 而最长侧板决定一个组织的特色与优势, 如果所有侧板具有相同的高度, 则能够充分发挥所有侧板的功能, 但是也是最稳固、最保守的. 在一个稳固的管理机构中, 增长某一个侧板, 往往很难有突破性的作为; 削弱某个最短侧板, 整个机构的作用立刻随之而削弱.

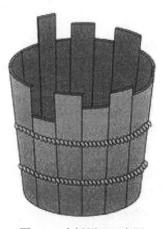

图 5.1 木桶原理示意图

论述这类问题时, 上述木桶有 14 个侧板, 最短的还可以用极小代数的摹向量积来表示

$$[a_1 \ a_2 \ a_3 \ \cdots \ a_{14}] \otimes^\wedge [e \ e \ e \ \cdots \ e]^\mathrm{T}.$$

同时还可以用极小准域的公式计算最长侧板的值. 因为对于这些实数有

$$\max\{a_1, a_2, \cdots, a_{14}\} + \min\{-a_1, -a_2, \cdots, -a_{14}\} = 0,$$

即

$$\max\{a_1, a_2, \cdots, a_{14}\} \otimes^\wedge \min\{-a_1, -a_2, \cdots, -a_{14}\} = e,$$

所以

$$\max\{a_1, a_2, \cdots, a_{14}\} = \frac{e}{\min\{-a_1, -a_2, \cdots, -a_4\}}$$
$$= \frac{e}{[-a_1 \ -a_2 \cdots -a_{14}] \otimes^\vee [e \ e \ \cdots \ e]^\mathrm{T}}.$$

恋人游模型. 对于过程 "恋人用手机相约: 即去一景点入口处会合, 计划游玩 c 小时", 两人同时出发, 各花时间 a 与 b 到达入口处, 到齐时刻是 a 与 b 中的大者, 用极大代数的 $a \oplus b$ 即 $a \oplus^\vee b$ 表示. 游玩结束的时刻写作 $(a \oplus b) \otimes c$ 即 $(a \oplus^\vee b) \otimes^+ c$, 用下面的有向图 (图 5.2) 来表示.

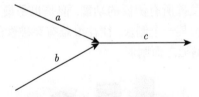

图 5.2 恋人游模型示意图

把这类 "恋人游" 作为一个模型, 工程、管理中有许多事情本质上就属于这个模型:

(1) 工件 J 在机器 M 上加工 c 小时. 首先, 工件 J 就绪的时刻为 a, 机器 M 就绪的时刻为 b, 两者就绪用极大代数的式子 $a \oplus b$ 来表示, 所以加工工件 J 完毕的时刻为 $(a \oplus b) \otimes c$.

(2) 两列车在武汉站交会后需要有 c 分钟停车, 方便旅客转车, 两车到站时刻为 a, b, 它们离站的时刻用极大代数中的代数式 $(a \oplus b) \otimes c$ 来表示.

(3) 校长召集全体院长开一个会议.

(4) 师生到齐讲一节课.

5.6.3 例 5.1 过程的代数表示

例 5.1 设从城市 A 出发, 花费 1 小时乘火车到达城市 B_1, 这是一个基本过程. 除了用有向边来表示, 还可以用规模为 1×1 的幂矩阵来表示

$$\begin{array}{cc} \text{从} \backslash \text{到} & B_1 \\ A & [1] \end{array} \quad \text{或者} \quad \begin{array}{cc} & B_1 \\ A & [1] \end{array}.$$

左上角的文字可省略不写.

从 A 还可设想花费 7 小时到 B_2, 花费 2 小时到 B_3. 从 A 出发有三种备择方案, 用从 A 出发的三条有向边来表示, 读作 "或者 $\cdots$, 或者 $\cdots$, 或者 $\cdots$". 还可以用幂矩阵表示

$$\begin{array}{cccc} & B_1 & B_2 & B_3 \\ A & [1 & 7 & 2] \end{array}.$$

如果再有

$$\begin{array}{cc} & C \\ B_1 & \begin{bmatrix} 4 \\ 1 \\ 3 \end{bmatrix}, \\ B_2 \\ B_3 \end{array}$$

则从 A 到 C 经历最短路所需时数可以在 $(\min, +)$ 准域上进行计算, 得到

$$\begin{array}{cccccc} & B_1 & B_2 & B_3 & & B_1 \\ A & [1 & 7 & 2] & \otimes^{\wedge} & B_2 \\ & & & & & B_3 \end{array} \begin{bmatrix} 4 \\ 1 \\ 3 \end{bmatrix} = \begin{array}{cc} & C \\ A & [5] \end{array} \equiv \begin{array}{cc} & C \\ A & [5/B_1, B_3] \end{array}. \tag{5.6.1}$$

计算结果等于 5, 表明从 A 到 C 的最短时数. 我们还写成最后的式子 "$5/B_1, B_3$", 把它理解为最短时数等于 5, 而且它是从 A 到 C 经过 B_1 或者 B_3 而得到的. 引入这样的小技巧不仅得到了最优值, 而且容易得到最优解, 把这技巧称为**回溯法**.

人们已经有极优代数, 应用于讨论求解各种问题的实例和数字例, 这些统称为极优代数方法. 我们还不知如何合理地把它进一步分类, 但是为了归结为本书的框架, 还是给它一个标识符 $\mathrm{M}_2^{(4)}$,

$$\mathrm{M}_2^{(4)}: \textbf{极优代数方法}.$$

5.7 幂多项式及其应用

5.7.1 幂多项式

幂多项式是用幂加号连接若干个幂单项式所成的式子. 在极优代数中定义两

类幂单项式, 第一类幂单项式是 $a \otimes t^{[k]}$, 其中 $a \in \overline{\underline{R}}$, t 是文字, 在极大、极小代数中, $3 \otimes t^{[4]} = 3 + 4t$, 是实代数的一次代数式.

第一类幂多项式是若干个第一种单项式的幂和. 例如, 在极小代数上有

$$3 \otimes t^{[-2]} \oplus 6 \otimes t^{[1]} \oplus 7 \otimes t^{[3]}$$
$$= (3 + (-2) \times t) \oplus (6 + 1 \times t) \oplus (7 + 3 \times t)$$
$$= (3 - 2t) \oplus (6 + t) \oplus (7 + 3t)$$
$$= \min\{3 - 2t, 6 + t, 7 + 3t\}.$$

因此, 实代数中若干个一次式的最小值问题可以转化为极小代数的第一类幂多项式的求值问题.

第二类幂单项式是 at^r, 其中 t 是一个文字, 不具有实际意义, 系数 a 与 t 的乘幂并列.

第二类幂单项式的运算, 我们规定:

$$zt^r \equiv z,$$

$$a_r t^r \oplus a_s t^s = \begin{cases} a_r t^r \oplus a_s t^s, & r \neq s, \\ (a_r \oplus a_s) t^r, & r = s, \end{cases}$$

$$a_r t^r \otimes a_s t^s = (a_r \otimes a_s) t^{r+s},$$

等等. 不难验证, 极优代数的幂多项式具有传统多项式的相加、相乘那样的性质.

5.7.2   例 5.2 匹配优化问题的数字例

例 5.2   在图 5.3 中, 求所有基数最大、和值最大的匹配.

解   像这样极简单的数字题在实数域上似乎也没有好的代数工具来求解, 现在我们用极大代数方法来研究它.

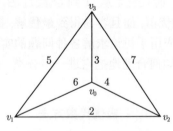

图 5.3   赋值正四面体图

连接顶点 v_j, v_k 的边 e_{jk} 以及它的值记作 w_{jk}, 它可能是、也可能不是匹配边, 这对应一个二项式 $\varnothing \oplus w_{jk} e_{jk}$. 于是图 5.3 的所有匹配含在下列的代数式之中:

$$(\varnothing \oplus 6e_{01}) \otimes (\varnothing \oplus 4e_{02}) \otimes (\varnothing \oplus 3e_{03}) \otimes (\varnothing \oplus 2e_{12}) \otimes (\varnothing \oplus 5e_{31}) \otimes (\varnothing \oplus 7e_{23}).$$

依次展开上式时, 每作一次羃乘 $\otimes$ 积, 所得到的代数式中有些项是不可能属于最优匹配的, 因为匹配的子集仍是匹配, 一个非子匹配不可能含在一个匹配中. 例如, 任何两个匹配边不能有公共顶点, 直接删去这些非匹配项可以减少以后的计算量, 把这两件事合并作为运算 $\check{\otimes}$ 的结果. 下式得到图 5.3 的所有匹配:

$$M_{13} \equiv (\varnothing \oplus 6e_{01}) \check{\otimes} (\varnothing \oplus 4e_{02}) \check{\otimes} (\varnothing \oplus 3e_{03}) = \varnothing \oplus 6e_{01} \oplus 4e_{02} \oplus 3e_{03},$$
$$M_{46} \equiv (\varnothing \oplus 2e_{12}) \check{\otimes} (\varnothing \oplus 7e_{23}) \check{\otimes} (\varnothing \oplus 5e_{31}) = \varnothing \oplus 2e_{12} \oplus 7e_{23} \oplus 5e_{31}.$$

于是

$$M_{13} \check{\otimes} M_{46} = \varnothing \oplus 6e_{01} \oplus 4e_{02} \oplus 3e_{03} \oplus 2e_{12} \oplus 7e_{23} \oplus 5e_{31}$$
$$\oplus 13\{e_{01}, e_{23}\} \oplus 9\{e_{02}, e_{31}\} \oplus 5\{e_{03}, e_{12}\}.$$

各项对应图中的匹配, 所以基数最大、值最大的匹配是 $\{13, \{e_{01}, e_{23}\}\}$.

5.7.3 例 5.3 温课迎考问题的数字例

例 5.3 某学生参加四门期末课程考试: 数学、英语、生物和语文, 除了必要的复习时间外, 他还安排了 4 个机动单元 (时间), 并预期各门课程多复习若干个机动单元可得的成绩如表 5.2 所示.

表 5.2 （单位: 分）

课程 单元	数学	英语	生物	语文
0	74	70	70	83
1	80	81	87	87
2	85	85	92	—
3	90	—	96	—
4	93	—	—	—

问该学生如何安排时间, 使得预期总成绩最大?

解 复习数学课的所有可能方案如下:

$$P_1(t) = 74t^0 \oplus 80t^1 \oplus 85t^2 \oplus 90t^3 \oplus 93t^4.$$

注意, 第 1 个单项式 $74t^0$ 表示不用机动复习时间, 预期成绩为 74 分. 同样有

$$P_2(t) = 70t^0 \oplus 81t^1 \oplus 85t^2,$$
$$P_3(t) = 70t^0 \oplus 87t^1 \oplus 92t^2 \oplus 96t^3,$$
$$P_4(t) = 83t^0 \oplus 87t^1.$$

像常义多项式的乘法那样, 我们计算羃乘积

$$P_1(t) \otimes P_2(t) = 144①t^0 \oplus 155①t^1 \oplus 161①t^2 \oplus 166①t^3$$

$$\oplus\, 171①t^4 \oplus 175②t^5 \oplus 178②t^6. \tag{5.7.1}$$

它是 6 次暮多项式. 结合本数字例, 总共只有 4 个机动时间单元, 所以对于 (5.7.1) 无须关注 4 次以上项. 为此, 用 $\otimes$ 表示截去暮乘积高于 4 次各项, 于是有

$$P_1(t)\breve{\otimes}P_2(t) = 144①t^0 \oplus 155①t^1 \oplus 161①t^2 \oplus 166①t^3 \oplus 171①t^4. \tag{5.7.2}$$

上式各项系数中含有带圈的自然数, 例如, $166①t^3$ 的圈中有自然数 1, 表明系数 166 是由暮乘式的 1 次项与被暮乘式的 2 (=3–1) 次项的暮乘积, 等等.

四个暮多项式的暮乘积计算如下:

$$P_1(t)\breve{\otimes}P_2(t)\breve{\otimes}P_3(t) = 214①t^0 \oplus 231①t^1$$
$$\oplus\, 242①t^2 \oplus 248②t^3 \oplus 253(①,②)t^4, \tag{5.7.3}$$
$$P_1(t) \otimes P_2(t) \otimes P_3(t) \otimes P_4(t) = \{\cdots\} \oplus 336①t^4. \tag{5.7.4}$$

总共有 4 个机动单元, 查看 (5.7.4) 的 4 次幂项 $336①t^4$, 表明问题的预期最大成绩为 336 分.

关于时间分配最优方案, 这 4 次幂项中有符号 ①, 表明语文课无须机动时间. 可见 4 (=4–0) 个机动时间分配给前 3 门课程. 从 (5.7.3) 中, 查看 4 次幂项 $253(①,②)t^4$, 前三门课程将得成绩 253 分, 符号 ① 或者 ② 表明有两个方案.

一是取①, 即要求分配 1 个单元给第 3 门课 (生物), 余下 3 (= 4 − 1) 个单元给前两门课, 而这时在 (5.7.2) 中 3 (= 4 − 1) 次幂项 $166①t^3$ 中表明第 2 门课用 1 个机动单元, 第 1 门课用 2 个机动单元. 得到问题的

第一个最优方案:　　2, 1, 1, 0.

二是取②, 即第 3 门课的机动时间为 2 个单元, 余下 2 (= 4 − 2) 个单元分配给前两门课, 查看 (5.7.2) 的 2 次幂项 $161①t^2$, 可见前两门课, 数学和外语各得 1 个机动单元, 所以

第二个最优方案:　　1, 1, 2, 0.

容易复验, 预期总成绩都是 336 分.

容易求解类似的背包问题、平面下料问题和资金分配问题等.

把资金、人力、时间、重量、长度等物理量理解为资源, 上述题目来自不同行业, 都是在分配资源使某种效益最优, 把这类题目统称为**资源分配问题**. 这是一个应用十分广泛、研究很深入的大题目, 尽管这里所讨论的是些十分简单的题目.

与资金、人力、重量和长度不同, 时间是一种特殊的资源, 它不可借贷、不可储藏, 它给每个人的一天都是 24 小时, 但使用的目的和效力各人会大不一样, 这是每个人必须认真对待的.

像下面的三个问题

$$\max z = \sum_{\oplus} \{\varphi_j(x_j) : 1 \leqslant j \leqslant 3\}$$
$$\text{s.t.} \begin{cases} 2x_1 + 3x_2 + x_3 \leqslant 10, \\ x_1, x_2, x_3 \geqslant 0, \quad \textbf{整数}; \end{cases}$$

$$\max z = \sum_{\oplus} \{\varphi_j(x_j) : 1 \leqslant j \leqslant 3\}$$
$$\text{s.t.} \begin{cases} 2x_1^2 + 3x_2^2 + x_3^2 \leqslant 20, \\ x_1, x_2, x_3 \geqslant 0, \quad \textbf{整数}; \end{cases}$$

以及

$$\max z = \sum_{\oplus} \{\varphi_j(x_j) : 1 \leqslant j \leqslant 3\}$$
$$\text{s.t.} \begin{cases} h_1(x_1) + h_2(x_2) + h_3(x_3) \leqslant 10, \\ x_1, x_2, x_3 \geqslant 0, \quad \textbf{整数}, \end{cases}$$

等等称为整数规划的类似的条件, 只要诸函数 $\varphi(x)$ 与 $h(x)$ 都是单调增加的, 它们都是用初等函数甚至用表格法来表示, 都可以尝试用极优代数方法来求解.

5.8 列车时刻表问题的数字例

讨论一个十分简化的列车时刻表问题的数字例.

例 5.4 设有一个地区铁路系统, 机车从 YC 市沿南线行驶到 WH 市需 35 分钟, 从 WH 沿北线行驶到 YC 需 50 分钟, 在 YC 市内有环形铁路, 绕行一圈需 20 分钟, 在 WH 市内有环形铁路, 绕行一圈需 30 分钟.

用 S_1 表示 YC 站, S_2 表示 WH 站, 图 5.4 是 WH 与 YC 两城市间铁路系统的示意图.

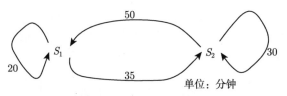

图 5.4 两城市间铁路线图示

铁路局规定: 每条路上各有一辆机车运行, 在 S_2 和 S_1 这两个车站, 两辆机车到达后等候乘客转车完毕, 立刻同时发车, 尽量多行驶班车, 如何讨论列车开车时刻表问题.

每天清晨时刻 $x_1(0)$, 从 S_1 同时开出当天第 1 班的两列机车, 一是去 S_2, 二是市内车, 在时刻 $x_2(0)$ 从 S_2 开出第 1 班去 S_1 和 S_2 市内车, 我们有

$$
\begin{array}{ccc}
\text{开} & S_1 & S_2 \\
\odot & [x_1(0) & x_2(0)]
\end{array}.
$$

设 $x_1(0)$ 和 $x_2(0)$ 是两站列车第 1 班开出时刻, 结束第 1 班车, 即第 2 班车出发的时刻是 $x_1(1)$ 与 $x_2(1)$, 从 S_2 到达 S_1 的时刻为 $50 \otimes x_2(0)$(即实代数的式子 $x_2(0)+50$), 而市内车回到 S_2 时刻为 $30 \otimes x_2(0)$, 从 S_1 开出两列车完成第 1 班行车任务时刻是, 回到 S_1 的时刻为 $20 \otimes x_1(0)$, 而到达 S_2 站的时刻为 $35 \otimes x_1(0)$. 所以, 得到

$$
x_1(1) = 20 \otimes x_1(0) \oplus 50 \otimes x_2(0),
$$
$$
x_2(1) = 35 \otimes x_1(0) \oplus 30 \otimes x_2(0).
$$

写成下式有

$$
\begin{array}{cccccccc}
\text{开} & S_1 & S_2 & \text{开} & S_1 & S_2 & \text{开} \backslash \text{到} & S_1 & S_2 \\
\odot & [x_1(1) & x_2(1)] & = & \odot & [x_1(0) & x_2(0)] & \otimes & \begin{array}{c} S_1 \\ S_2 \end{array} & \left[\begin{array}{cc} 20 & 35 \\ 50 & 30 \end{array} \right]
\end{array}.
$$

一般地, 这两站第 k 班发车的时刻记作 $x_1(k-1)$ 和 $x_2(k-1)$, 结束第 k 班车的时刻记作 $x_1(k)$ 与 $x_2(k)$. 因为从 S_2 到达 S_1 的时刻是 $50 \otimes x_2(k-1)$, 而市内车回到 S_2 的时刻为 $30 \otimes x_2(k-1)$. 从 S_1 开出两列车的时刻是 $x_1(k-1)$, 市内车回到 S_1 站的时刻为 $20 \otimes x_1(k-1)$, 而到达 S_1 的时刻为 $35 \otimes x_1(k-1)$. 所以有递推公式:

$$
x_1(k) = 20 \otimes x_1(k-1) \oplus 50 \otimes x_2(k-1),
$$
$$
x_2(k) = 35 \otimes x_1(k-1) \oplus 30 \otimes x_2(k-1).
$$

不写矩阵的左侧和上侧文字, 上述递推公式有

$$
[x_1(k) \ x_2(k)] = [x_1(k-1) \ x_2(k-1)] \otimes \left[\begin{array}{cc} 20 & 35 \\ 50 & 30 \end{array} \right],
$$

以及

$$
[x_1(k) \ x_2(k)] = [x_1(0) \ x_2(0)] \otimes \left[\begin{array}{cc} 20 & 35 \\ 50 & 30 \end{array} \right]^{\otimes k}.
$$

当然, 这样的一种火车时刻表模型是最为基本、为时速很低的十分简单的系统而设计的.

5.9 计数强优选半环

5.9.1 问题的提出

在第 5.6.3 节例 5.1 讨论过程表示的数字例中, 计算结果表明, 从 A 到 C 的最短路有两条, 长度为 5, 计算结果直接显示成 $(2,5)$ 的形式; 在第 5.7.3 节讨论例 5.3 温课迎考问题的数字例中计算结果有两个最优方案, 期盼总成绩为 336 分, 计算结果为 $(2,336)$, 再用回溯法可求解出具体的两个方案. 如果有一个数字题, 一种方法是计算得到的答案是有众多的长度为 27 的最短路, 最后再一一统计出, 一共有 173 条; 另一种方法是通过计算答案直接得到 $(173,27)$, 再用回溯法逐一查找出这些最短路, 事情是大不一样的. 本书第一作者 1979 年提出了用下面形式的数偶表示基本过程的问题 [秦 2].

在一个可以用赋值图描述的题目中, 从顶点 v_1 到顶点 v_2 有 α_1 条长度为 β_1 的有向边, 把这个事情用数偶 (α_1, β_1) 来表示; 从 v_2 到 v_3 有 α_2 条长度为 β_2 的有向边, 记作 (α_2, β_2). 从 v_1 经过 v_2 到 v_3 有 $\alpha_1\alpha_2$ 条路, 每一条的 (和值) 长度都等于 $\beta_1 + \beta_2$, 记作 $(\alpha_1\alpha_2, \beta_1 + \beta_2)$. 我们希望在 (α_1, β_1) 与 (α_2, β_2) 之间作一种运算规则, 得到 $(\alpha_1\alpha_2, \beta_1 + \beta_2)$, 还用运算符 $\otimes$ 来表示这种运算:

$$a_1 \otimes a_2 = (\alpha_1 \times \alpha_2, \beta_1 \otimes \beta_2).$$

如果在图中把从 V_i 到 V_j 的有向边分成两组, 一组有 α_1 条, 长度均为 β_1; 另一组有 α_2 条, 长度均为 β_2, 分别记作 (α_1, β_1) 与 (α_2, β_2), 我们希望在它们之间用 $\oplus$ 定义一种合取运算 (幂加), 其结果正好表示较短的有向边的条数及长度. 即有公式

$$a_1 \oplus a_2 = \begin{cases} \alpha_1, & \beta_1 < \beta_2, \\ \alpha_2, & \beta_1 > \beta_2, \\ (\alpha_1 + \alpha_2, \beta_1), & \beta_1 = \beta_2. \end{cases} \tag{5.9.1}$$

当这些数偶的第二个分量取自于极小准域, 上式写作

$$a_1 \oplus a_2 = \begin{cases} (\alpha_1 + \alpha_2, \beta_1), & \beta_1 = \beta_2, \\ \alpha_i, & \beta_1 \oplus \beta_2 = \beta_i. \end{cases} \tag{5.9.2}$$

让求预期总成绩最大时, 应规定取多项式的系数表示成绩最大时, 幂乘的公式与最小路长的一样, 但是与幂加法不同, 那时需要让每一条边的值或者幂多项式的系数用数偶来表示, 把它们称为边或系数的**嘉量**. 由于在计算诸幂矩阵的过程中, 用到幂加法满足交换律和结合律. 幂乘法满足交换律、结合律, 还满足分配律, 尽管

　　极小准域还涉及元素之间的羃除法, 在图和多项式中并不用到, 从而要求数偶全体中, 构成极小准域上具有半环的结构.

　　不仅如此, 如果在多阶段有向图中求从始点到终点的和值最长路, 就需要讨论极大准域上的优选半环. 不仅如此, 还可能讨论积值极小、极大准域问题.

　　为此, 我们需要论证并建立在相应的强优选准域上的**极优半环**.

5.9.2　计数强优选半环

　　在相应的数偶簇 $S=\{(N, SOQF)\}$ 中用运算符 $\oplus$ 既表示强优选准域中的羃加法, 也表示数偶之间的羃加法, 这样做并不会发生严重困难. 如果数偶的第二个分量属于极大准域, 就好像我们习惯地用加号 $+$ 既表示两个实数之和, 同时又表示两个向量甚至两个矩阵之和, 用运算符 $\otimes$ 定义实数之间的乘积和矩阵之间的羃乘积.

　　在 20 世纪 70 年代后期, 为了求解多阶段有向图中的最短路问题, 用今日的术语说, 我们建立了强优选极小半环. 为了回答有多少条最短路的问题, 本书第一作者建立了**计数极小半环**[秦 4-6]. 下面, 为了做一般性的讨论, 我们建立**计数强优选半环**概念.

　　用两个数 α, β 建立数偶 $a = (\alpha, \beta)$. 第一个分量 α 取自自然数, 第二个分量 β 取自强优选准域; 第二个分量可以是 inf, 写 $(\alpha, inf) = inf$.

　　说两个数偶 $a_i = (\alpha_i, \beta_i)$ $(i = 1, 2)$ 是相等的, 记作 $a_1 = a_2$, 是指

$$或者 \ \alpha_1 = \alpha_2, \beta_1 = \beta_2; \quad 或者 \ \beta_1 = \beta_2 = inf. \tag{5.9.3}$$

两个数偶之间的羃加法定义为

$$a_1 \oplus a_2 = \begin{cases} (\alpha_1 + \alpha_2, \beta_1), & \beta_1 = \beta_2, \\ \alpha_i, & \beta_1 \oplus \beta_2 = \beta_i. \end{cases} \tag{5.9.4}$$

　　再定义两个数偶之间的羃乘法运算:

$$a_1 \otimes a_2 = (\alpha_1 \times \alpha_2, \beta_1 \otimes \beta_2). \tag{5.9.5}$$

　　数偶间的羃乘法, 交换律和结合律都是成立的, 至于数偶间的羃加法的交换律和结合律也是成立的. 下面需要论证分配律, 因为

$$a_2 \oplus a_3 = \begin{cases} \alpha_2, & \beta_2 \prec \beta_3, \\ \alpha_3, & \beta_3 \prec \beta_2, \\ (\alpha_2 + \alpha_3, \beta_2), & \beta_2 = \beta_3, \end{cases}$$

于是

$$a_1 \otimes (a_2 \oplus a_3) = \begin{cases} a_1 \otimes \alpha_2, & \beta_2 \prec \beta_3, \\ a_1 \otimes \alpha_3, & \beta_3 \prec \beta_2, \\ a_1 \otimes (\alpha_2 + \alpha_3, \beta_2), & \beta_2 = \beta_3. \end{cases}$$

如果 $\beta_2 \prec \beta_3$, 有

$$a_1 \otimes a_2 = a_1 \otimes a_2 \oplus a_1 \otimes a_3.$$

同样, 如果 $\beta_3 \prec \beta_2$, 有

$$a_1 \otimes a_3 = a_1 \otimes a_2 \oplus a_1 \otimes a_3.$$

如果 $\beta_2 = \beta_3$, 同样有

$$
\begin{aligned}
a_1 \otimes (a_2 \oplus a_3) &= a_1 \otimes (\alpha_2 + \alpha_3, \beta_2) \\
&= (\alpha_1, \beta_1) \otimes (\alpha_2 + \alpha_3, \beta_2) \\
&= (\alpha_1 \times (\alpha_2 + \alpha_3), \beta_1 \otimes \beta_2) \\
&= (\alpha_1 \times \alpha_2 + \alpha_1 \times \alpha_3, \beta_1 \otimes \beta_2) \\
&= (\alpha_1 \times \alpha_2, \beta_1 \otimes \beta_2) \oplus (\alpha_1 \times \alpha_3, \beta_1 \otimes \beta_2) \\
&= (\alpha_1, \beta_1) \otimes (\alpha_2, \beta_2) \oplus (\alpha_1, \beta_1) \oplus (\alpha_3, \beta_3) \\
&= a_1 \otimes a_2 \oplus a_1 \otimes a_3.
\end{aligned}
$$

所以数偶簇所定义的摹加法和摹乘法具有分配律.

请注意, 在上式中从倒数第 3 行到倒数第 2 行, 最末因子 β_2 被换成 β_3, 是应用了所给条件 $\beta_2 = \beta_3$ 的结果. 于是我们有如下定义.

定义 5.4　在强优选准域上所构成的数偶簇 $S = \{(\alpha, \beta) : \alpha \in \mathbf{N}, \beta \in SOQP\}$ 采用摹加法与摹乘法 (5.9.3—5.9.5) 所构成的代数系统称为**强优选准域上的计数优选半环**.

定理 5.7　强优选准域上的计数优选半环具有强优选性.

我们以后将计数优选半环和基数强优选半环混称而不加区别, 可以应用计数优选半环计算例 5.1 有两条最短路的过程. 我们写

$$
\begin{array}{c}
\begin{array}{ccc}
 & B_1 & B_2 & B_3 \\
A & [(1,1)\,(1,7)\,(1,2)]
\end{array}
\otimes^{\wedge}
\begin{array}{c}
 C \\
B_1 \\
B_2 \\
B_3
\end{array}
\left[
\begin{array}{c}
(1,4) \\
(1,1) \\
(1,3)
\end{array}
\right]
\end{array}
$$

$$
= A \quad [(1,1) \otimes (1,4) \quad (1,7) \otimes (1,1) \quad (1,2) \otimes (1,3)]
$$

$$
= A \quad [(1,5)/B_1 \oplus (1,8)/B_2 \oplus (1,5)/B_3] \;=\; A \quad [(2,5)/B_1, B_3]
$$

计算过程是明白的.

5.10　一点注记

早在 20 世纪 70 年代末 80 年代初, 为了用代数方法求解赋权多阶段有向图的最短路问题, 我们推广了实代数的矩阵概念为幂矩阵 [秦 2,4], 发现它的有用性. 多位学者从各自工作的需要, 输入式地建立了极大、极小代数的多种公理系统. 在 2009 年专著 [秦 44] 中, 从分析 Bellman 最优化原理入手得到强优选准域概念的主要内容. 本书第 3 章, 从基本变换公式得到强优选准域基本的公理模型, 本章中我们又从碎片型最优化原理得到类似的结果以及策略优化问题的图形表示. 在 20 世纪 90 年代, 林谂勋 [基 20] 讨论了 "到底对怎样的运算 ⊕, Bellman 最优化原理是成立的", 他分析原理的特征, 除得到目标函数具有可分性, 决策预案无后效性外, 数值上还得到保序性的条件 $b_1 \leqslant b_2 \Leftrightarrow a \oplus b_1 \leqslant a \oplus b_2$. 其实有了这些, 就已经踏进了强优选准域. 因为把林谂勋所用的 $b_1 \leqslant b_2$ 改写为 $b_1 \oplus b_2 = b_1$, 把 $a \oplus b_1 \leqslant a \oplus b_2$ 改写为 $a \otimes b_1 \oplus a \otimes b_2 = a \otimes b_1$, 这样, 幂加法构成半群, 幂乘法构成交换群, 把上面的两个不等式合在一起还得到分配律等都是向前再走一步的工作. 总之, 无论采用这几个途径中的哪一个, 人们就有机会无须期盼上天落下美味的馅饼. 事实上, 归根到底, 有了基本变换公式, 组合最优化内部的丰腴土壤 "生长" 出强优选准域和极优代数方法只是时机的事情.

对于所得系统, 人们的任务在于如何精雕细刻地设置零元素、单位元素和无穷元素, 设置必要的性质, 使得而后的理论工作顺利开展, 更贴近于实际的需要. 总希望, 经过半个世纪的努力之后, 让相关极大、极小代数的众说纷纭的代数系统逐步归结为一个合理稳妥的基础框架. 更希望, 强优选准域为理论研究带来方便, 让极优代数在自己的家园, 即组合数学及其最优化中显现身手.

在建立这个代数系统的过程中, 我们先是自作主张地做了两项规定: 一是任何两个需要比较的碎片规定都用它们的值来确定其优劣; 二是规定碎片的值是各自决定的, 不依赖于其他碎片是否存在.

在定义 3.6 中我们自作主张地添加无穷元素和相关的运算规则, 是有以下三点理由.

第一, 用来讨论涉及碎片型原理的问题更为方便.

第二, 第 5.5 节使得强优选准域的四个具体的准域互相同构, 这个事实也许对研究组合最优化问题基础理论具有意义.

第三, 传统数学中, 最初人们在实数系统中讨论各种问题, 随着代数方程求解的进展, 出现了数域, 出现了群和半群的概念, 出现了环和半环的深入讨论. 把基本代数系统 —— 群、半群、环、半环和域合写在表 5.3 中, 人们总感到缺漏了什么东西.

表 5.3 基本代数系统

$(S, \oplus, \otimes)$ 具有分配律		$(S \backslash \{z\}, \otimes)$	
		半群	交换群
$(S, \oplus)$	半群	半环	(准域)
	交换群	环	域

现在把准域这个系统列入表 5.3 中, 令人感到代数系统的和谐一致. 这是偶然巧合, 还是人们在领悟客观现实的过程中, 逐步完善认识 "世界的内在和谐性" 的一个侧面、一种表现呢? 我们不知道.

　　征服并广为使用无限性是数学的最伟大的成就之一, 微积分成了具有巨大能力和极为漂亮的工具. 就此而言, 纯粹的有限数学还未真正成为它的竞争者和对立物. 事实上, 许多离散现象的重要结果还是通过使用微积分才得到了最好的证明.

　　　　　　　　　　　　　　　　　　阿蒂亚《数学的统一性》

第6章　组合最优化问题的研究纲领

> 人为什么要建立起一个又一个理论? 更深层的
> 动力在于力求使一个理论的各项前提统一而且简化.
>
> 马赫

本章由三部分组成. 为深入认识已得到的结果, 展望和开展中、下两篇工作做准备.

(1) 综论前五章所做的工作, 揭示基本变换公式 BTF 将成为组合最优化论的一个核心概念, 认识到它与导数之间甚至与生物进化论的亲缘关系, 不仅为组合最优化, 甚至为组合数学建立三个基本结构: 序结构、代数结构和拓扑结构.

(2) 建立组合最优化论的基本公理框架.

(3) 提出拉卡托斯 (Lakatos Imer, 1922—1974) 型的科学研究纲领 —— 发现精确算法的方法 $M_5^{(9)}$, 并把它汇集成框图形式.

它们构成组合最优化的理论基础.

6.1　基础理论框架

6.1.1　基本变换公式是一个核心概念

本书前五章所论述的内容是以所确立的组合最优化问题及其实例的定义、一般最优化原理以及可行解之间的基本变换公式 (简述为定义、原理和公式) 为基础, 建立组合最优化理论.

组合最优化由众多的问题所组成. 每个问题含有多个实例和无数的数字例, 每个实例涉及各自的论域、可行解 (包括最优解) 和可行域三个集合. 对于它们的元素, 还涉及所赋有的实数值 (权) 集合.

我们直接从组合最优化问题及其实例的定义出发, 得到五种八个求解实例的初等方法: 枚举法、隐枚举法、同解法、分支法和归结法, 统称为第 0 类 (求解)方法.

一般最优化原理 $P_0^{(4)}$ 是指: 在序集上, 整体最优解在局部是最优的.

对于一个问题的实例, 把这个原理及其公理形式应用于它的论域, 得到了第 1 (论域型) 最优化原理, 代数地导得递推法、扩展法、生成法、去劣法、分治法和贪婪法等 6 种论域型方法, 统称为第 1 类 (求解实例的) 方法. 应用一般最优化原理于实例的可行域, 建立了第 2 (可行域型) 最优化原理, 得到基本分支定界法、分支定界 Doig 广探法和分支定界 Dakin 深探法 3 个分支定界法, 统称为第 2 类方法.

这两个原理和所得到的 $9 \, (= 6 + 3)$ 个方法本质上都是讨论集合、它的子集以及它们的元素之间的关系, 都是比较简单的.

在第 3.3 节, 我们建立了基本变换公式和分解对称差的技术, 并在第 3—5 章中初步得到如下的一些结果, 以回应第 3.2.2 节诸位前辈学者的教导.

就其概念的构成而言, 基本变换公式是对导数概念的一个摹写, 伴随这个公式建立了改变度簇和邻域的概念, 这为可行域建立了拓扑结构和图形表示.

用可行解 a 的邻域概念, 建立第 3 (邻域型) 最优化原理, 导得**一般邻点法**, 它和微分学中 (爬山型、切线型) 迭代法思路源出一致, 建立了多个具体的邻点法.

当基本变换公式中有一个可行解是最优解, 得到了第 4 (碎片型) 最优化原理, 建立了它的公理形式, 提出了属于这个原理的**一般最优扩充方法**.

我们发现, 从下面四个概念和论述中的任何一个出发, 只要再前进一步, 都能得到一个抽象代数系统 —— 强优选准域.

(1) 从基本变换公式;

(2) 从 Bellman 最优化原理[秦 44];

(3) 从第 4 (碎片型) 最优化原理;

(4) 从林诒勋[基 20] 所提的问题: 序性条件 $b_1 \leqslant b_2 \Leftrightarrow a \oplus b_1 \leqslant a \oplus b_2$ 下, "到底对怎样的运算 $\oplus$, Bellman 最优化原理是成立的"?

证明了四个具体的强优选准域 (max/min, $+/\times$), 适当安排了无穷元素 inf 后, 它们是互为同构的.

应该说, 强优选准域不是从组合数学外部强行输入的代数工具, 而是组合数学自身的产物. 我们发现, 它是十分有用的.

这样, 我们在组合最优化中, 不仅有常用的实数域上的组合分析法和实代数方法, 还有很值得关注的另一种推理与计算工具 —— 强优选准域和**极优代数方法**.

Bellman 最优化原理是策略优化问题即动态规划的理论基础, 发现它只是碎片型最优化原理的最为简单的一个应用. 源自基本变换公式的启发, 甚至是反复调用基本变换公式, 发现往往可以论证组合数学中众多的求解方法, 尤其是图论中众多对象的性质定理、设计和论证.

如果可行解 a 的改变度簇 $\mathbf{C}(a)$ 的基数特别大, 很难用一般邻点法得到最优解. 但是可以用它来设计寻求近似解的方法和启发式的求解方法. 一个直接的例子是巡回商实例的二边、三边交换近似算法; 另一个是林诒勋所说排序论中无论多么复杂的题目都可以用基本变换公式得到好处.

这样, 我们从基本变换公式正面提出了求解实例的一般邻点法、一般最优扩充方法和极优代数方法, 提出一般近似方法.

我们重温在第 3.2.2 节所引述的前辈学者的见解.

我们从基本变换公式讨论匹配优化问题时, 感到 Lawler、马仲蕃和林诒勋所指出的交错路 (链) "是组合最优化方法的核心" 的见解的温暖. 在探讨基本变换公式的过程中, 感到阿蒂亚所说的对于对称性 "对象之间的相互关系比对象的本质更为关键" 的本质意义, 证实迪奥多涅所讲的研究一个数学对象簇不止得到更多的性质, 而是多出了一套具有**系统性**的结果, 从而增强了对 "数学在本质上的**统一性**" 的信念. 使本书作者信服哈代所认为的, 一个有意义的概念, 一条严肃的数学定理, 该具有的普遍意义, 就是说, 它 "应该是许多数学构造的要素, 应能用于许多不同种类定理的证明, 数学理论越是向前发展, 它的结构就变得越加调和一致", "相互隔绝的分支之间也会显露出原先想不到的关系".

我们能够像布尔巴基所说的那个内容丰富的 "毛线团" 开始整理出一些头绪, 做出这一些工作, 根本的动机正在于相信科学理论内在的和谐一致性.

数学分析的基础围绕着导数概念, 有实数域的四则运算、连续、极限、邻域等概念以及比较大小前后优劣的规则. 用布尔巴基学派的见解来说, 数学分析有实数域上的代数结构, 有邻域概念的拓扑结构, 还用不等式定义比较大小前后优劣的关系, 即建立有明确的序结构、代数结构和拓扑结构. 组合最优化这一数学分支中, 在早期发展阶段, 一般最优化原理给定了序的结构, 人们依赖直觉用组合分析方法研究问题. 现在有了基本变换公式, 我们建立了邻域的概念和拓扑结构; 再从算术运算建立了强优选准域和极优代数, 得到了代数系统. 就是说, 我们在组合最优化内部, 建立了自己的序结构、拓扑结构和代数结构, 得到了极优代数系统.

不仅如此, 我们仔细检查, 拓扑结构和代数结构的出现过程, 固然可以经历所列四个途径 (参看第 151 页中段) 中任何一个而得到. 但是后三个途径都涉及最优性概念, 而第一个途径只是讨论任意两个可行集 (解) 而得到的. 就是说, 我们所建立的三种数学结构不止是为组合最优化服务, 为组合数学服务也是顺理成章的事, 只要所讨论问题的可行集是论域中的子集.

期盼基本变换公式将在组合数学种种分支中发挥作用是一件事, 重要的事情是如何在实践中一步一个脚印地发掘它的作用, 显示出它的重要性.

6.1.2　什么是基础理论框架

建立什么框架? 什么基础? 各家的出发点不同, 见解也各异. 上面就是一种基础理论.

当然人们总是把长期流传的学习、认识或研究问题的思想、方法和观念进行归纳和肯定.

从希尔伯特、戴德金时代起, 人们就已经认识到, 数学论证问题过程中, 大部分的论述都是用一些更为简明的命题按某些规则组织而成的. 或者说, 是由少数精选出来的简明命题所组成的, 这些最简明的命题说成是公理. 这样, 用公理的形式来构造成这个学科的公理系统, 作为所论学科的公理基础.

布尔巴基学派还把那些简明的命题形式化归结为代数运算的, 关于邻域、极限的, 以及关于比较大小前后优劣的, 再识别出、理解成它们在代数、拓扑以及序论三个学科中是什么结构, 具有什么特征的产物. 布尔巴基学派认为, 用数学结构的方法比公理系统方法更能容易掌握事物的本质.

要认识一个学科, 研究一个学科, 人们需要有一个研究问题的基本原则, 进而建立一个科学研究纲领, 有否证方法和纲领方法.

我们还曾经尝试用函子和范畴的思路认识组合最优化问题[李 1], 但是没有在组合最优化中为我们所关心的题目取得深入结果.

6.2 基本变换公式与某些数学分支的关系

2015 年 4 月 26—27 日郑州大学举办了 "全国排序论和组合最优化第二次学术论坛", 作者在会上就基本变换公式与导函数等概念的关系谈了以下的见解.

6.2.1 基本变换公式与导函数概念的同构性

遵从不少前辈学者和先驱者的创意, 讨论可行集之间的关系似乎是研究理论问题更为重要的事情.

在第 3 章中, 在问题 XYZ 的某个实例中, 设有可行集 a, b, 我们有对称差公式 $b = a\Delta\tau(U, W)$, 其中 $U = a\backslash b, W = b\backslash a$, 符号 Δ 是集合间的对称差运算, $\tau(U, W) = U \bigcup W$ 是变换规则.

如果互易对 (U, W) 不存在真子集对 (U', W') 使得 $a\Delta\tau(U', W')$ 是可行集, 则说 a, b 是紧邻, 这时

$$b = a\Delta\tau(U, W) \tag{6.2.1}$$

称为基本变换公式. (U, W) 是它们间的改变度. 如果可行解的值用公式 $h(x)$ 表示, 得到

$$h(b) = h(a) + (-h(U) + h(W)). \tag{6.2.2}$$

用极优代数表示还有

$$h(b) = h(a) \oplus \frac{h(W)}{h(U)}. \tag{6.2.3}$$

把公式 (6.2.1), (6.2.2) 和 (6.2.3) 依次称为第 1, 2, 3 种形式的基本变换公式.

设在闭区间 $[0,1]$ 上的一点 x_0 处连续的函数 $h(x)$ 的导数是

$$h'(x_0) = \lim\left\{ \frac{h(x_0 + \Delta x) - h(x_0)}{\Delta x} : \Delta x \to 0 \right\}.$$

让它与基本变换公式 (6.2.1)—(6.2.3) 相比较, 它们同样都是在两个可行解处计算函数值之差, 在导数中, 要作运算 $\Delta x \to 0$, 在离散型中, 没有极限趋于零这个概念, 但是采用了简单子集对 (U', W'). 这样可以把导数与基本变换公式理解为具有相同思路的两个概念.

在区间 $[0,1]$ 上, 把含有 x_0 的开区间作为它的邻域, 函数 $h(x)$ 有导函数 $h'(x_0)$, 而在这里, 可行集 a 邻域是由改变度簇所构成的, 记作 $\mathbf{C}(a)$.

用基本变换公式同样能够建立改变度簇和邻域概念, 为可行域建立拓扑结构、代数结构、序结构和图形表示.

于是, 在微分学中的至关重要的概念 —— 导数, 在这里改变度簇成了那些构造组合数学中的一个要素, 在组合最优化中已经开始出现某些有意义的, 有时甚至说是基本的作用.

这个基本变换公式与拉格朗日有限增量 (改变度) 公式成为互相呼应的两个概念.

6.2.2　离散型、连续型数学优化问题的求解过程的并行性

在微分学中为了求解在闭区间上连续函数的最优 (大、小) 解的问题, 应用拉格朗日有限增量定理建立了基本的理论和求解方法.

函数增减判定法则如下.

定理 6.1　设有可导函数 $y = h(x)$,

(i) $h'(x) > 0$ 的区间是单调增加的;

(ii) $h'(x) < 0$ 的区间是单调减少的;

(iii) $h'(x) \equiv 0$ 的区间上函数值恒等于常数.

注意, 定理 6.1(i) 的条件是单调增加的充分条件, 而并不是必要的, 例如, 在区间上个别点处导数等于零是可以的.

如果在 x_0 的某个邻区 (域) 不等式

$$h(x_0) > h(x) \quad (x \neq x_0)$$

成立, 说函数 $h(x)$ 在 x_0 取得极大值 $h(x_0)$, x_0 是极大点. 如果上式中的不等式取反号, 则称为极小值和极小点 x_0. 两者称为极值和极值点.

在组合最优化中, 用可行解 a 的邻域概念, 建立第 3 (邻域型) 最优化原理; 按改变度的正、负、零分解改变度簇, 导得一般邻点法, 它和微分学中 (爬山型、切线型) 迭代法思路源出一致.

人们早已有微分学中的导数概念和爬山型迭代法或牛顿切线法, 组成了求解连续型优化实例的基本方法, 记作〖(导数) + (牛顿切线法)〗. 当前在组合最优化中, 我们有了基本变换公式, 让可行解 a 的改变度簇 $\mathbf{C}(a)$ 与导函数相互对应, 得到了一般邻点法, 记作〖(基本变换公式) + (一般邻点法)〗. 可以认为后者是对微分法的一种摹写. 一方面, 前者在连续型问题, 特别是在求解优化问题方面已经做出了巨大的贡献; 另一方面, 我们期盼后者在组合数学, 特别是在求解组合优化问题的诸实例中发挥应有的作用.

探究科学理论和求解问题的方法, 真的像似人们在昏暗道路上向目标摸索前进, 有说似 "瞎子爬山". 我们陪伴一盲人扶着拐棍向山上前进, 他用拐棍向四周探索前进的方向. 我们已经用〖(导数概念) + (牛顿切线法)〗作为求解连续型优化问题的基本理论、技术和方法, 用〖(基本变换公式) + (一般邻点法)〗作为求解离散型优化问题的基本理论、技术和方法, 第 3 最优化原理和第 4 最优化原理与微分学中讨论最优解的理论和定理是何等并行不悖!

在微分学中求最优解的过程中, 常常让目标函数的导数等于零, 用解方程的技术完成求最优解的任务. 在微积分的各种教科书所列举的例题中, 它们的目标函数的一阶导数等于零的方程往往是那么轻松愉快地得到方程的解. 我们不要误以为所有连续型优化问题都是那些特别简单的题目. 大量应用题从方程到精确解, 常常不是容易得到的. 有时需要求解更为复杂的方程, 讨论目标函数的高阶导数, 等等. 不过, 当求解一元方程发生困难时, 可以让牛顿切线法发挥作用.

6.2.3　生物进化论与求解优化问题的同源性

1995 年, 本书作者在《论组合优化 (I)—— 一个公理系统》[秦 19] 中说: "作者近来特别关心以下三件事: 如何把组合最优化的定义形式化; 如何把经验命题 '整体的最优解在局部也最优' 形式化; 以及如何模拟导数的定义发展出有用的方法. 经过这些年的工作, 写了一些文章和两本专著 [秦 8—15], 似乎已经看到了一种可能的前景: 总有一天, 会建立起一个代数与几何相结合的公理框架, 作为研究一大类组合优化问题, 甚至研究组合数学的基础. "

长时间以来, 我们一直在思考, 为什么迄至思索的那一时刻, 组合最优化这一学科发展状况依然被认为见外于数学分析? 微分学与组合数学真的是判若两种数学吗?

基本变换公式是模拟了导数而得到的概念. 微分学的实践证实了, 导数是异常有效的概念. 我们模仿这个概念所发展出来的基本变换公式在组合最优化的一些基础概念上、原理上、方法上开始看到所起的作用, 似乎也可以开始说, 基本变换公式在组合最优化中也将可能是有效的.

　　每个科学分支有自己的发展史. 起先, 也许仅仅是一种模糊的现象, 也许有某些雏形的问题 "发生" "寄生" "隐藏" 在已经存在的学科之中. 敏锐的智者按照某个思路把它们聚集到一起, 形成一个基本概念, 给以一个称呼, 引导人们对它的重视和关心. 果真有不少人愿意为它浇注心血, 也许有一日形成一个新的天地. 发展、积累的成果多了, 人们思考深入了, 会有人从各种不同角度来研究这门学科所包含的东西、其间的关系, 做出新的成绩.

　　导数是关于力学的速度、加速度等概念的摹写, 是固体物理的密度概念的摹写, 是对运动型、连续型的事物的摹写. 基本变换公式是涉及两个匹配的交错链等概念的摹写, 是图论某两个对象之间的关系的摹写, 是受导数概念的启发, 是静态的、离散的优化概念的摹写.

　　有两个值得注意的问题. 第一, 从我们在求解连续型与组合型最优化的问题的种种实例的过程中, 所概括出的共性的东西, 像第 6.2.2 节所讲, 不仅仅只有基本变换公式; 第二, 导数和基本变换公式两个如此有效的概念仅仅是人们的纯思维、纯形式相互摹写的产物吗? 它们有什么共同的实践背景或者自然原型?

　　作者本人对达尔文的进化论知识了解不多, 但是直观地认识到, 物种的进化一般是生物借助某种繁衍手段一代代地传承下去的, 用自然选择过程而改善, 期盼到达更为繁荣的景象.

　　生物繁衍的手段有二, 除了无性繁殖之外, 还有更为重要的有性繁殖. 上一代的两性个体通过选择、交配, 从生殖细胞 (父体所准备的精子与母体所准备的卵子) 相结合, 产生了结晶生物体 (受精卵), 作为下一代的一个个体的起点, 经过发育形成种子、婴儿, 作为一个新生物的第一阶段, 再在适宜的环境下, 种子独立地繁衍生长成下一代. 我们能否说, 求解连续型或者离散型最优化实例所用的手段 (〖(导函数) + (牛顿切线法)〗、〖(基本变换公式) + (一般迭代法)〗) 是对生物进化的一种比较粗糙的摹写.

　　所说的 "比较粗糙" 是指两点: 一, 没有提到生殖细胞, 而直接是体细胞, 让体细胞与生殖细胞混为一谈; 二, 不是生殖细胞的结合, 而是体细胞之间某些部分的交换.

　　导数是对两性繁殖的一种摹写, 微分学中讨论关于最优值的优化问题的过程中, 借助目标函数导函数的增减性建立调优性与导数的增减性的关系, 建立最优解的充分必要条件. 第 3 (邻域型) 最优化原理与第 4 (碎片型) 最优化原理, 恰好与它们相对应.

　　请注意, 在图 6.1 中, 有双向的箭头, 那是表示反复轮番出现的意思.

　　请求读者评论, 能否理解大自然借助两性交配的手段, 得到种子, 通过反复轮番的繁衍过程而逐步进入物种的繁荣昌盛境地的进化过程. 所讨论的连续型问题的微分学方法是对达尔文的进化论的一种摹写. 现在〖(基本变换公式) + (一般邻点法)〗用来求解离散型种种优化问题, 能否认为也是对生物进化过程的一种近似摹写. 果真如此, 对于最优化问题, 连续型的用〖(导函数) + (牛顿切线法)〗, 离散型的用〖(基本变换公式) + (一般邻点法)〗, 人们采用了相同的逻辑推理所得的理论和方法何等并行不悖.

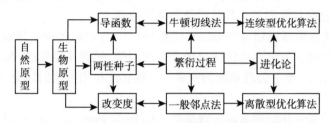

图 6.1 连续型、离散型寻优算法与生物进化原型

这两个基本方法有共同的自然原型, 都是大自然的恩赐. 是的, 数学内部在这一点上, 不是互相挑战各据一方, 而是和谐一致并存!

用上面的思路来认识智能计算中的进化算法, 同样找到了数学的实践背景.

生物进化的繁殖手段与繁衍过程证明自然实践是有效的, 从过去 350 年微积分的历史看, 〖(导函数) + (牛顿切线法)〗是十分有效的. 在本书的初步论述中所造成的印象, 认为〖(基本变换公式) + (一般邻点法)〗在组合最优化中的有效性是可以期盼的. 人们还看到诸种近似摹写生物进化所讨论的进化算法的三个典型执行策略: 遗传算法、演化策略与进化算法.

有了这样的理解, 微分学的导数概念、组合最优化的基本变换公式、非线性规划的梯度方法以及智能计算中的进化算法, 有了一个共同的自然原型与实践背景、同一结构的基本概念和求解过程. 我们期盼, 那些相关的数学分支的内部以及它们之间的秩序会出现新的更为鲜明的组合.

6.3 组合最优化论的基本公理框架

我们已经用一般最优化原理和基本变换公式, 建立了一些最优化原理, 分层如下:

第 0 级原理:

$P^{(4)}$: 一般最优化原理;

$P_0^{(4)}$: 半序型最优化原理.

第 1 级原理:

$P_1^{(4)}$: 论域型最优化原理; $P_2^{(4)}$: 可行域型最优化原理;

$P_3^{(4)}$: 邻域型最优化原理; $P_4^{(4)}$: 碎片型最优化原理.

第 2 级原理：关于具体对象的优化原理, 例如, 有

$P_{4P}^{(4)}$: 路的优化原理；$P_{4T}^{(4)}$: 树的优化原理；

$P_{4M}^{(4)}$: 匹配优化原理；$P_{4S}^{(4)}$: 策略优化原理, 等等.

在第 7 章中, 我们还将建立首 N 阶优化原理和关于多目标的有效性原理. 我们更相信可以建立其他的关于具体对象的优化原理.

在专著《离散动态规划与 Bellman 代数》[秦 44] 中已经为动态规划建立了基本公理框架. 我们尝试为组合最优化也建立公理系统. 尽管几经修改, 总显得捉襟见肘, 难以令人满意. 至于公理系统的完备性、独立性和相容性的讨论, 远没有深入探讨.

以下是组合最优化论的基本公理框架 (the basic axiomatic system of the theory of combinatorial optimization). 它是一个初稿, 供读者批评, 也作为以后修改的基础.

组合最优化论的基本公理框架

组合最优化是在给定有限集的所有具备某些特性的子集中, 按某种目标找出一个最优的子集的**一类数学规划**.

A　基本概念部分

用符号 π-ABC 或 ABC$\in \pi$ 表示具有一组性质 π 的事物 ABC.

给定的有限集, 记作 $\pi^{(1)}$-S, 称为所论题目的**论域**. S 中具备某些特性的子集, 记作 $\pi^{(2)}$-XYZ, 成为一个数学对象, 称为可行集或**可行解**.

所有可行解记作 $\mathscr{D}$, 称为题目的**可行域**.

赋予论域的元素以实数值, 可行解 a 的值用参数函数 $f(a)$ 和目标 (主值) 函数 $g(a)$ 表示.

题目的任务是求满足条件 $\pi^{(3)}$ 的对象, 称为题目的**提法**.

最优的子集称为题目的优化解或**最优解**.

对于一个数学对象 XYZ, 当确定了它的论域和提法, 组成关于对象 XYZ 的一个题目, 称为 XYZ 的一个**实例**. 不同的论域与提法, 组成诸多的 XYZ 的实例, 它们的全体总称为 XYZ 的**优化问题**.

面对 "问题 XYZ", 人们只需把所描述的事情理解清楚, 没有回答问题的任务.

面对 "实例 XYZ: S", 人们需要回答在所指定的论域类型与具体的提法下, 写出求解它的算法是什么, 论证它的正确性.

面对 "数字例 XYZ: S", 人们需要回答用什么算法求解以及得到的具体答案是什么.

数学对象 XYZ 的实例的一个**算法** (algorithm) 是一组规则, 能够用来在有限多个步骤内正确地得到该实例的答案.

问题 XYZ 的任意一个数字例 (题) 可以用所属实例的算法得到答案.

实例类的一个**方法** (method) 是一组规则, 对于这个类的每个问题的实例, 能够用这组规则做有限多步调整, 导得一个算法.

A_1 组合最优化 (离散最优化) 是一类数学规划.

关于 "实例 XYZ: S", 是指: 对于 $\pi^{(1)}$ 集 S, 在其所有的 $\pi^{(2)}$ (子) 集中, 求一个 $\pi^{(3)}$ (优化) 集.

实例的**答案**分三个部分: 最优解、最优值以及与所论实例 (数字例) 相关的信息.

A_2 在实例 XYZ: S 的可行域 $\mathscr{D}$ 上有目标函数 $g(a)$. 对于某个 $\pi^{(1)}$ 子集 $A\,(\subseteq S)$, 实例 XYZ: $A(\subseteq S)$ 的可行域 $\mathscr{D}'$ 上有目标函数 $l(a)$. 如果对于 $a \in \mathscr{D} \bigcap \mathscr{D}'$, 总有 $g(a) = l(a)$, 把实例 XYZ: S 称为**正则的**, 并把实例 XYZ: A 叫做实例 XYZ: S 的**子实例**.

注意: 在集合论中, 关于集与子集的关系, 总是用符号 $\subset$ 来表述而避免用 $\supseteq, \subseteq$. 在本书中为了便于一般地表述子集外还讨论子图、子网络、各种代数子系统, 对于集与子集间也直观地用 $\supseteq, \subseteq$ 之类的符号.

把正则性写成一个命题, 并用标识符 $P_0^{(0)}$ 来标记.

B 可行域的数学结构

B_1 实例 XYZ: S 称为**正则的**, 如果 $a, b \in \pi^{(2)}$ 且 $U = a \backslash b, W = b \backslash a$, 则有公式

$$P_3^{(2)}: \quad b = a\Delta\tau(U, W),$$

其中 $\tau(U, W) = U \bigcup W$, (U, W) 是 a, b 的对称差的一种分解形式, 称为**互易对**. 集对 $(\varnothing, \varnothing)$ 称为平凡互易对, 用 I 表示.

B_2 **对称差分解技术** 设系统 XYZ: S 中有可行解 a, 考虑集对

$$(U, W), \quad U \subset a, \ W \subset S\backslash a$$

使得

$$a\Delta\tau(U, W) \in \pi^{(2)},$$

U 叫做关于 a 的**可行碎片**, 而 W 是关于 a 的**自由碎片**.

在 $P_3^{(2)}$ 中, 说 (U', W') 是互易对 (U, W) 的一个 (真)**子互易对**, 如果它的两项不同时为空集或者不同时等于 U 与 W, 而且能使 $a\Delta\tau(U', W') \in \pi^{(2)}$ 成立.

如果非平凡互易对 (U, W) 没有真子互易对, 则说它是**关于 a 的一个简单互易对**, 或者是 a 的一个**改变度**, b 是 a 的一个 (1 步) 邻点 (**紧邻**).

a 的所有改变度, 说成改变度簇, 记作 $\mathbf{C}(a)$. a 的紧邻 (可行集) 簇记作 $\mathbf{N}(a)$, 它是

$$\mathbf{N} \equiv \mathbf{N}(a) = \{a\Delta\tau(U, W) : (U, W) \in \mathbf{C}(a)\}.$$

这些称为对称差分解技术.

B_3　**觅芳图**　在可行域中, 把可行解 (集) 理解为顶点, 两个紧邻可行解用边相连, 得到**可行解簇图**. 甚至依然称为可行域, 记作 $\mathscr{D}$ (XYZ), 甚至仍记作 $\mathscr{D}$.

建立两种图形表示, 一种是 γ 平面上的可行解簇图, 另一种是 γ-z 立体图和双竖线图. 在求解问题时, 把它们统称为**觅芳图**.

C　最优化原理

$P^{(4)}$: **一般最优化原理**　整体最优解在局部是最优的.

$P_0^{(4)}$: 第 0 (序集型) 最优化原理 (公理形式).

设有实例 XYZ: POSET, $\pi^{(1)}$-POSET 是偏序集, 实例 XYZ: $A(\subset$ POSET) 的最优解记作 A^*.

$P_{01}^{(4)}$: 唯一性.　A 有唯一解 A^*, 写 $A = A^* \bigcup \overline{A}, A^* \bigcap \overline{A} = \varnothing$.

$P_{02}^{(4)}$: 合理性.　$A^* \neq \varnothing$ 当且仅当 $A \neq \varnothing$.

$P_{03}^{(4)}$: 方法公式.　$(A^* \bigcup B)^* = (A \bigcup B)^*$.

$P_1^{(4)}$: **第 1 (论域型) 最优化原理**

把 $P_0^{(4)}$ 应用于实例 XYZ: S 的论域 S.

设 $A \subseteq D \subseteq S$, 如果整体 D 的最优解在局部 A 之中, 则它是局部 A 的最优解. 它的公理形式是:

$P_1^{(4)}$: 第 1 (论域型) 最优化原理.

在实例 XYZ: S 中, 设子实例 XYZ: A ($\subseteq S$) 的最优解记作 A^*, 有三条公理 $\{P_{11}^{(4)}, P_{12}^{(4)}, P_{13}^{(4)}\}$, 依次与 $P_0^{(4)}$ 的公理系统在形式上一致, 写作

$$\{P_{11}^{(4)}, P_{12}^{(4)}, P_{13}^{(4)}\} \cong \{P_{01}^{(4)}, P_{02}^{(4)}, P_{03}^{(4)}\}.$$

$P_2^{(4)}$: **第 2 (可行域型) 最优化原理**

把 $P_0^{(4)}$ 应用于实例的可行域 $\mathscr{D}$. 对于实例 XYZ: S, 设 $A \subseteq D \subseteq \mathscr{D}$, 如果整体 D 的最优解在局部 A 之中, 则它是局部 A 的最优解.

它的公理形式是:

在实例 XYZ: S 中, 设实例 XYZ: $A(\subseteq D)$ 的最优解记作 A^*. 有三条公理 $\{P_{21}^{(4)}, P_{22}^{(4)}, P_{23}^{(4)}\}$ 依次与 $P_0^{(4)}$ 的公理系统在形式上一致, 写作

$$\{P_{21}^{(4)}, P_{22}^{(4)}, P_{23}^{(4)}\} \cong \{P_{01}^{(4)}, P_{02}^{(4)}, P_{03}^{(4)}\}.$$

$P_3^{(4)}$: **第 3 (邻域型) 最优化原理**

在可行集簇图上, 把 $\mathbf{N}(a) \bigcup \{a\}$ 作为整体 D 的一个局部, 如果对于每个 $b \in \mathbf{N}(a)$, 有 $g(a) \preceq g(b)$, 则称 a 是**极优 (大、小) 点**或者**局部最优点**.

把基本变换公式应用于实例 XYZ: S 的最优解中, 得到

$P_4^{(4)}$: **第 4 (碎片型) 最优化原理**

实例 XYZ: S 的子实例 XYZ: $W(\subseteq R)$ 的最优解记作 W^*.

$P_{41}^{(4)}$: 唯一性. W 有唯一解 W^*, 写 $W = W^* \bigcup \overline{W}, W^* \bigcap \overline{W} = \varnothing$.

$P_{42}^{(4)}$: 合理性. $W^* \neq \varnothing$, 当且仅当 $W \neq \varnothing$.

$P_{43}^{(4)}$: 方法公式. $(u \bigcup W)^* = (u \bigcup W^*)^*$.

第 j 最优化原理的算子 $*$ 叫做**第 j 类优化算子**.

D   两个值域系统

在实数集上有两个代数系统:

常义的实数域 (略);

强优选准域 $(SOQF, \oplus, \otimes; z, e, inf) \equiv (SOQF, \oplus, \otimes)$ 是基本变换公式的产物, 是满足以下公理的代数系统.

(i) 优选律: $a \oplus b = a$ 或 b.

(ii) $(SOQF, \oplus)$ 是交换单型半群, 零元素记作 z.

(iii) $(SOQF \backslash \{z\}, \otimes)$ 是交换群, 单位元素记作 e.

(iv) 对于 $SOQF$ 中任何一个元素 $a, a \otimes z = z$.

(v) $SOQF$ 中存在无穷元素 inf, 满足以下条件

$$u \oplus inf = inf, \quad z \oplus inf = inf, \quad inf \oplus inf = inf,$$

$$u \otimes inf = inf, \quad inf \otimes z = e.$$

(vi) 强优选性公理: $c \neq z$ 且 $a \prec b$, 当且仅当 $c \otimes a \prec c \otimes b$.

有四个互为同构的强优选准域, 它们是 $(min, +)$ 准域、$(max, +)$ 准域、$(min, \times)$ 及 $(max, \times)$ 准域.

在强优选准域上建立有代数学, 称为**极优代数**.

E   组合最优化论是研究满足定义 1.1 的诸题目的理论、原理、方法、算法和应用的学问.

回顾本书的工作, 建立基本变换公式的思路和表达形式是如此的简单明白, 却能在组合最优化中干净利落地建立了拓扑结构、代数结构和本节建立的理论. 实在是出人意料的.

6.4   拉卡托斯型的科学研究纲领

6.4.1   学科发展的过程

早在两千三百年前, 孙武总结了春秋末期及其以前作战经验, 揭示了战争的基本规律, 著成《孙子兵法》一书, 至今仍为世界各国军事家所重视.

人们学习语文时, 应用所谓 5W1H (what, why, when, where, who and how) 方法, 分析句子、段落、甚至文章. 人们还应用这个方法分析各种安全、质量控制以及研究管理科学中出现的各种案例, 常常收到很好的效果.

汇集并论述解决所论学科中诸种问题的方法, 可以给人们更多启发.

如果把 Lawler E L 的 1976 年的著作[基 13] 作为这个数学分支的诞生标志, 至今已有三分之一个世纪. 人们已经求解了大量问题, 积累了丰富的经验并得到了众多的成果, 而今后, 还要求解层出不穷的组合最优化问题和它们的实例.

组合最优化论应该按什么样的结构来更好地研究、论述和发展呢?

一般而言, 重要的概念、定理、方法和学科都有自身的发展过程.

概念发展的典型过程是, 起先仅仅是一种模糊的观念, 随着所属学科的进展, 取得更为精确、严谨的形式而明确起来. 一个发展中的学科中, "一词各表" 和 "一事多名", 借用另一学科的思想和术语, 甚至直接采用生活习惯中的说法、比喻, 来挑明概念之间的关系, 是常有的事. 当前表述的形式未见得永远不变, 也许最终被抛弃, 也许消融在更为清晰的概念之中. 如果一个概念能够成为构造学科中许多事情的共有的要素, 我们说这个概念是重要的、有意义的, 甚至说它是基本的.

在一个学科中, 解各种题目是重要的, 发展基础理论研究也是重要的.

6.4.2 纲领的正文

人们认为, 推进科学进步的理论方法, 早先有归纳主义、逻辑实证主义和证伪主义等几个历史阶段. 到 20 世纪 60—70 年代, 出现了以拉卡托斯为首的科学研究纲领方法论的新流派.

拉卡托斯主张, 一个学科的理论是一个具有结构的整体.

学科要能获得比较有效的进步, 首先需要有一个结构和谐的**科学研究纲领**, 来从正、反两面指导学科研究, 规范研究内容, 结构中要包含相当明确的路线和规则.

科学研究纲领主要由 "**硬核**" 和 "**保护带**" 两个部分所组成, 它们以及它们的推理不能发生矛盾, 尤其不得与硬核相矛盾.

硬核是纲领的中心, 是今后发展的基础. 硬核是一种约定, 它的基本假定不容变更. 纲领的不同在于它们的硬核各异.

牛顿力学的研究纲领的硬核是它的运动三定律和引力定律.

把所有物体组成集合记作 M, 所有的外力组成的集合记作 F, 我们有引力系统 $\{M, F \bigcup \{f_0\}\}$. 其中,

(1) 设物体沿直线匀速运动或处于静止状态. 只要没有外力作用, 物体仍将沿直线匀速运动或保持静止.

(2) 物体 m 在外力 f 的作用下有关系 $f = ma = m\dfrac{\mathrm{d}v}{\mathrm{d}t}$.

(3) 两个相互作用的物体, 它们之间的作用力与反作用力总是大小相等, 方向相反, 作用在同一条直线上.

(4) 相距为 r 的两个物体 m_1, m_2 之间有引力 $f_0 = \dfrac{\mu m_1 m_2}{r^2}$.

把这四个定律作为科学研究纲领的硬核.

硬核周围有一个保护带, 由各种辅助假说所组成. 保护带的功能是使这个纲领免于被否证, 调整这些辅助假说的目的是保护硬核.

发现求解问题的方法常常是智慧者的灵机一动的一种顿悟, 是发现者的艺术表现. 人们根据正、反经验和前人的工作成果, 对计算的工具、实验手段、学术上的观点等理性地提出注意事项, 提出解决问题的前瞻性方法, 总称为 "(正、反) 助发现法".

反助发现法告诫人们哪些研究途径应该避免, 即告诉他们不应该干什么.

正助发现法告诉人们应该干什么, 包括两个方面的功能: 一是指出应遵循的研究途径, 提出预先设想的研究方向、研究次序或研究政策, 预计到会有哪些事件发生以及如何解决这些事件, 以取得进展; 二是如何发展研究纲领, 如何修改、精炼保护带的一些指令, 以提高纲领的质量.

科学研究纲领必须是开放的、积极的. 欢迎学者修改保护带的内容, 包含如何推广研究问题的领域, 包含将来发展的前景.

附带说一句, 科学研究纲领未必组成学科的公理系统. 像力学中的定律之间, 据孙熙椿 [孙 2] 《几何定理计算机证明》第 72 页讲到 "吴文俊于 1986 年在计算机上在不足半小时用他的方法从 Kepler 的两个定律可以证明牛顿万有引力的定律, 或者说牛顿的引力定律是与 Kepler 定律是相容的, 却不是独立的."

6.5 研究组合最优化实例的纲领

6.5.1 科学研究的纲领

在第 1.1.4 节中界定了算法与方法的概念.

我们希望从已经做了的工作中, 整理出一个有条不紊的研究实例的提纲, 成为发现求解实例的方法或算法的一般方法. 不妨称为 **发现 (精确) 算法的方法**, 或者是研究组合最优化实例的一个较详细的 **(拉卡托斯型的) 科学研究纲领**, 用标识符 $M_5^{(9)}$ 来记载. 编号 "95" 表明不同于先前所得到的方法, 采用《易经》中所谓 "君王之位" "九五至尊" 的说法, 表明它的异常地位, 同时, 估计这个编号 95 不致妨碍增删纲领中的条目与方法.

基本公理框架和研究实例的纲领存在 "大同有异" 之嫌. 它们必须 "大同", 因为它们都是讨论组合最优化的基础部分. 也必须 "有异", 它们的任务不同. 前者是对学科最基本的概念、理论和方法的一种概括性陈述, 而后者是陈述一种比较有系统的求解实例的思路.

$M_5^{(9)}$：研究组合最优化问题实例的纲领
(发现 (精确) 算法的方法)

注意：本纲领用于总结基本内容时, XYZ 是泛指任意一个对象;

作为如何发现某个问题的实例的算法时, XYZ 是特指的一个具体对象.

95001　给定. 实例 XYZ：S.

95002　符号. MM：前景良好方法集, AA：转成为求解本实例的算法.

95005　任务. 求一个最优解和它的目标函数值.

95011　初始. 根据定义, 确认 95001 所给实例属于组合最优化问题.

95012　检验. 用各种方法发现对象 XYZ、论域 S 和提法的各种性质.

95013　确认实例的正则性.

95014　转换. 把本题目中的术语、概念和特性转换为本书的术语、概念和性质.

95021　MM:=$\{\varnothing\}$.

95022　直接根据组合最优化问题的定义探讨求解实例 95001 的五种八个初等
　　　　方法的有效性:
　　　　$\tilde{M}^{(0)} = \{M_0^{(0)}$ 枚举法, $M_1^{(0)}$ 隐枚举法, $M_{11}^{(0)}$ 改进隐枚举法, $M_2^{(0)}$ 同解法,
　　　　$M_{21}^{(0)}$ 简单同解法, $M_3^{(0)}$ 边分支法, $M_{31}^{(0)}$ 顶点分支法, $M_4^{(0)}$ 归结法$\}$;
　　　　列出前景良好的方法, 构成子方法集, 记作 $\tilde{M}^{(0)}$.

95031　构造专属第 1 (论域型) 最优化原理的问题的实例的解带及其图形表示.

95032　探讨下列六个方法的有效性:
　　　　$\tilde{M}^{(1)} = \{M_1^{(1)}$ 去劣法, $M_2^{(1)}$ 扩展法, $M_3^{(1)}$ 递推法, $M_4^{(1)}$ 生成法, $M_5^{(1)}$ 分
　　　　治法, $M_6^{(1)}$ 贪婪法 $\}$;
　　　　列出前景良好的方法, 构成子方法集, 记作 $\tilde{M}^{(1)}$.

95041　对于第 2 (可行域型) 最优化原理, 有三个方法:
　　　　$\tilde{M}^{(2)} = \{M_0^{(2)}$ 基本分支定界法, $M_1^{(2)}$ 分支定界 Doig 广探法, $M_2^{(2)}$ 分支
　　　　定界 Dakin 深探法$\}$;
　　　　列出前景良好的方法, 构成子方法集, 记作 $\tilde{M}^{(2)}$.

95051　采用可行集的基本变换公式和对称差分解技术, 研究可行集的改变度簇
　　　　的相关性质.

95052　构造可行解簇的图形表示和实例本身的觅芳图, 帮助发现求解它的思
　　　　路.

95053　如果实例满足第 3 (邻域型) 最优化原理, 探讨下列方法的有效性:
　　　　$\tilde{M}^{(3)} = \{M_{00}^{(3)}$ 一般邻点法 -00, $M_{01}^{(3)}$ 邻点法 -01, $M_{02}^{(3)}$ 邻点法 -02, $M_{03}^{(3)}$ 邻
　　　　点法 -03, $M_{04}^{(3)}$ 邻点法 -04$\}$;

用 $S_0^{(3)}$: 寻求初始可行解的 Charnes 子程序 1.

95054 求解诸提法 $1j$ 的实例相应的邻点法: $M_{11}^{(3)}$ 邻点法 -11, $M_{12}^{(3)}$ 邻点法 -12.

95055 求解提法 2 (峰、谷值型) 实例的两个方法:

$M_{11}^{(3)}$: 论域扩展型法 -1, $M_{12}^{(3)}$: 论域收缩型法 -11.

95056 求解提法 31-3 (条件最优) 实例的相应的邻点法.

95057 求解提法 34 (峰谷差型) 实例的方法: $M_2^{(3)}$: 论域挤压型法 -34.

95058 求解提法 41- 实例 $\{P_{12}^{(3)}, OQF\}$-$g(a)$ 首 N 阶优化解的实例.

95059 求解提法 42 的多目标有效解的实例.

95055 求解提法 5 (所有最优解) 实例 XYZ-ij (ALL): $S = (P, T)$. 用相应的一般邻点法.

95061 列出关于邻点法所有前景良好的方法, 构成子方法集, 记作 $\tilde{M}^{(3)}$.

95071 如果满足基本变换公式, 考虑采用极优代数方法建模求解, 记作 $\tilde{M}^{(4)}$.

95072 探讨极优代数方法的有效性.

95081 汇总从 95011 至 95072 的所有前景良好的方法和算法, 分析、转化为具体对象的实例的前景良好的算法, 列出专属对象 XYZ 的实例的一个特性–方法子清单.

95082 评估、论证所选算法及其计算复杂性.

95091 如果至今还没有找到多项式算法, 作如下的建议:

(1) 如果所给的数字例的规模巨大, 考虑采用数学规划方法求解.

(2) 考虑用本书未能讨论到的其他的精确算法求解.

(3) 已经有足够的理由来怀疑, 也许这是一个非多项式的问题.

(4) 考虑近似方法、启发式方法、随机方法以及新发展起来的各种方法来求解.

应用纲领于某个具体对象 XYZ, 按照 95081, 对应有一个专属对象 XYZ 的特性–算法子清单, 记作

$$\text{PPPM(XYZ)}.$$

我们所得到的研究纲领只是初步、粗糙、需要评估的系统, 需要通过应用而发现完善的途径. 有的语句, 例如, 95056, 95057 就是上篇中尚未讨论过的方法.

我们不知道什么是完善的研究纲领, 甚至怀疑是否需要追求完善. 至少目标函数那么多种多样, 列多了反而模糊了头绪的清晰性.

模仿一句名言的模式, 似乎可以说: "纲领道以常, 睿智者道以奇". 我们要让 "常" 的部分概括得更多一些, 并让有些 "奇" 的技术尽量转变成 "常" 的形式.

自古以来, 我国文化中关于常规与怪异之间的关系有许多的论述. 孔子认为 "工欲善其事, 必先利其器", 庄子也认为 "百艺则有济于用". 研究纲领是一种 "器",

至于庄子所说的 "然奇技似无益于人", 是否只是一家之言? 中外、古今、各家学者之间有不同见解的现象是自然的.

6.5.2　科学研究纲领的框图

把第 6.3 节中的公理框架和这里所讲的较为详细的科学研究纲领 $M_5^{(9)}$ 做进一步概括, 用下面的框图 (图 6.2) 表述它们之间的主要关系.

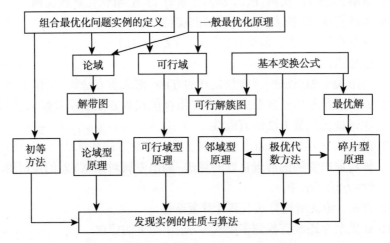

图 6.2　研究组合最优化问题实例的纲领框图

本书的组合最优化问题定义 1.1 比有些学者所定义的要狭窄得多, 要求论域的基数是有限的, 排除了无穷的情形. 纲领中主要讨论实例的精确解, 目标函数没有涉及二次以上函数, 这些大大压缩了学科的领域.

纲领中仅限于找到算法, 至于它能否、如何得到改进的算法却不是论述的主题. [基 16] 中说: "经验告诉我们, 对大多数实例而言, 一旦找到了多项式时间的算法, 那么经过研究者们的一系列努力, 很快就会降低多项式的阶数, 并且常常降到 $O(n^3)$ 甚至更低, 相反, 指数算法在实际上所需的时间, 常常与理论上所要求的时间是一样的, 并且一旦找到了多项式算法, 那么该实例的一切指数算法很快就被抛弃了. "

6.6　对科学研究纲领的评价

本书作者请求读者试用、评审和修改第 6.5 节所提出的科学研究纲领及其框图格式.

在使用时, 首先遇到的事情是: 在面临某个具体的组合最优化实例与实际着手研究它之间, 插入了这个纲领. 就是说, 在研究工作的整个过程中, 多出一个层面.

这大不同于直接通过大脑冥思苦想得来的办法. 由于逐一查核, 对每一个原理、特性以及基本方法, 无论能否接受, 都期盼有可能明确回答 "行" 或者 "不行". 这样, 对某些实例可能会检查出被忽略的、缺漏了的某个有意义的概念、特性、定理, 甚至有用的求解方法. 当检验完这个纲领时, 人们将得到一张对所论实例专用的特性–方法子清单, 进而得到一个 "前景良好" 的算法的评估报告. 人们这时可以根据自身的兴趣、熟悉程度等, 对这类算法排一个先后次序, 着手其逻辑论证工作. 如果是一个研究课题的组织者, 甚至可以从评估报告得到一个分工的草案, 让课题团队分头开展工作.

有许多睿智学者凭着那些直觉和极度依赖个人的洞察力而在数学中创造出有益的思路, 得到各种重要结果, 组合最优化中也会有这种情形. 人们需要让它们成为思路更清晰简单、论述更明白、读者更容易理解和接受的事情.

人们十分关注数学理论的统一性、类同性及简单性, 其目的在于让前人得到的方法和结果能更容易地世代相传下去.

人们应该从严谨性与能否导出新颖现象这两个方面来评价一个研究纲领的价值.

所有科学研究纲领本身具有一个共同的、致命的缺点, 它是保守的. 虽然纲领中包含开放性的部分, 它依然会限制人们的创新思维. 历史上有多个重大进展事件是突破当时的纲领之后才发生的, 所经历的艰难奋斗过程甚至是触目惊心的.

有的学者对科学研究纲领的作用, 表示很大的怀疑. 因为要指望哲学家的科学研究方法论能够决定, 在具体的科学实践中采取正确步骤提供准确的规则是不切实际的.

人们记住纲领的缺点和局限性, 似乎依然能够稳步前进, 走一段不太短的较为平坦的大路.

从这个意义上讲, 科学研究纲领不是这个学科的接生婆, 但在很多时候, 它可以为学习发展这个学科的读者聘用到一位能力平庸的辅导老师, 提供一条座右铭.

6.7 两点历史资料

6.7.1 克莱因传略

2010 年克莱因的《数学在 19 世纪的发展 (第一卷)》的中译本出版 [思 9]. 无论译文, 还是注释, 译者齐民友教授都做了出色的工作. 不仅如此, 齐教授还在译书里写有一段关于克莱因的十分精彩评价. 读了它, 对一位伟大的数学家的敬仰之情肃然起敬. 现在转录于下, 以飨读者. "克莱因 (Klein F, 1849—1925), 19 世纪后半叶至 20 世纪初最重要的数学家之一. 他的贡献最为人所知的可能是关于几何学的埃尔朗根纲领, 但是实际上远不止此, 而是贯穿了几何、代数、复分析、群论和数学物理等多个方面. 他一直主张纯粹数学与应用数学的统一, 数学与物理、力学的统一, 在数学内部则主张各个分支的统一. 他认为自己最大的贡献正是在复分析、代数与几何的统一上所做出的努力. 在方法论上, 他主张的逻辑思维与几何直觉的统一也是非常突出的. 在他的后半生, 因为健康关系不能再继续做独创性的科研工作时, 他又成为著名的组织者, 可以说在他一手策划和精心组织下, 把格丁根 (Göttingen) 大学建成了当时最高水平的世界数学中心, 为人所公认地继续和发展了高斯和黎曼的光辉传统. 希尔伯特就是由他延揽到格丁根来的. 此后, 他又以很大的精力关心数学教育的发展, 例如, 高中学生必须懂得微积分就是他一百年前所倡导的; 他认为非如此就不可能接受当代科学的成就, 这一点在当今 21 世纪开始之时已经成了全世界数学教育界的共识. 特别是在教学中贯彻数学的历史发展与当前教学的统一, 以及逻辑思维与几何直觉, 更是十分突出. "

本章所讨论的科学研究纲领是指著名的埃尔朗根纲领. 1872 年, 时年 23 岁的克莱茵在德国埃尔朗根大学数学教授的就职演讲中, 作了题为《关于近代几何研究的比较考察》的论文演讲[思 9]. 在《数学大百科全书》[思 12] 第 435 页, 有条目【埃尔朗根纲领】. 现在摘录下面三段论述, 供参考.

(1) 在集合 S 上用某种方法给出几何学的构造时, 则 S 称为空间. 埃尔朗根纲领的思想可概括如下: "设已给出空间 S 与 S 的变换群 G, 那么 S 的子集, 也就是图形, 可能具有多种性质, 研究这些性质中, 在属于 G 的所有变换下保持不变的性质的学科, 称为从属于 G 的空间 S 的几何学.

(2) 黎曼几何学一般不能看作克莱因意义下的几何学, 因而说明不属于埃尔朗根纲领的几何学是存在的.

(3) 埃尔朗根纲领使人们看清了古典几何学的本质, 成为研究几何学的指导原理, 有非常大的历史价值.

6.7.2　拉卡托斯传略

拉卡托斯出生于匈牙利的一个犹太商人家庭, 原姓利普施茨. 1944 年在德布勒森大学毕业. 纳粹德国占领匈牙利期间, 他加入了地下抵抗运动, 后又改姓为拉卡托斯. 1949 年留学莫斯科大学, 从 1969 年起在伦敦经济学院任教, 并成为波普尔 K R 的学生和同事, 1972 年任该学院科学方法、逻辑和哲学系主任, 并兼任《不列颠科学哲学杂志》主编, 1974 年突然病逝. 他的主要学术著作在死后由他人整理成《哲学论文集》出版, 第一卷名为《科学研究纲领方法论》, 第二卷名为《数学、科学和认识论》.

数学的力量在于它能回避一切非必须的思想, 在于它对心智的运用惊人的节省.

有许多人爱好科学是因为科学给他们以超乎常人的智力上的快感, 科学是他们自己的特殊娱乐, 他们在这种娱乐中寻求生动活泼的经验和对他们自己雄心壮志的满足.

马赫

参 考 文 献

基本专著、教材

[基 1] Bellman R. Dynamic Programming[M]. Princeton: Princeton University Press, 1957.

[基 2] Berg C, Ghouilla-Houti A. Programming, Games and Transportation Networks[M]. New York: John Wiley & Sons, Ins. 1965.

[基 3] Brucker P. Scheduling Algorithms[M]. 3rd ed. Berlin: Springer, 2001.

[基 4] Burkard R E. Selected Topics on Assignment Problems[M]. Bericht Nr. 175, November, 1999.

[基 5] Burkard R E. Assignment Problem[电子书].

[基 6] Cunninghame-Green R A. Minimax Algebra[M]. Springer Verlag.

[基 7] Dreyfus S E, Law A M. The Art and Theory of Dynamic Programming[M]. Academic Press,1977.

[基 8] Golan J S. Semi-rings and Their Applications[M]. Kluwer Academic Publishers, 1999.

[基 9] Gondran M, Minoux M. Graphs and Algorithms[M]. New York: John Wiley & Sons, 1984.

[基 10] Heidergott B, Olsder G J, Woude J. Max-Plus at Work[M]. Princeton: Princeton University Press, 2005.

[基 11] Hu T C (胡德强). Combinatorial Algorithms[M]. Addison-Wesley, 1982.

[基 12] Korte B, Vygen J. 组合最优化: 理论与算法 [M]. 越民义, 林诒勖, 姚恩瑜, 张国川, 译. 北京: 科学出版社, 2014.

[基 13] Lawler E L. Combinatorial Optimization: Networks and Matriods[M]. Holt, Reinhart and Winston, 1976.

[基 14] Minieka E. 网络和图的最优化算法 [M]. 李家滢, 赵关旗, 译. 北京: 中国铁道出版社, 1984.

[基 15] Nemhause G, Wolsey L A. Integer and Combinatorial Optimization[M]. New York: John Wiley & Sons, 1988.

[基 16] Papadimitriou C H, Steiglitz K. 组合最优化: 算法与复杂性 [M]. 刘振宏, 蔡茂诚, 译. 北京: 清华大学出版社, 1988.

[基 17] Zimmermann U. Linear and Combinatorial Optimization in Ordered Algebraic Structures[M]. Amsterdam: North Holland Publi. Co, 1981.

[基 18] 陈文德, 齐向东. 离散事件动态系统 —— 极大代数方法 [M]. 北京: 科学出版社, 1994.

[基 19] 林诒勖. 线性规划与网络流 [M]. 开封: 河南大学出版社, 1996.

[基 20] 林诒勖. 动态规划与序贯最优化 [M]. 开封: 河南大学出版社, 1997.

[基 21] 谢政, 李建平. 网络算法与复杂性理论 [M]. 长沙: 国防科技大学出版社, 1995.

[基 22]　越民义. 组合优化导论 [M]. 杭州: 浙江科学技术出版社, 2001.

与本书著作系统相关的数学家思想著作

[思 1]　Atiyah M F. 数学的统一性 [M]. 数学家思想库 04. 袁向东, 译. 大连: 大连理工大学出版社, 2009.

[思 2]　Bourbaki N. 数学的建筑 [M]. 数学家思想库 05. 胡作玄, 译. 大连: 大连理工大学出版社, 2009.

[思 3]　Chalmers A F. 科学究竟是什么?——对科学的性质和地位及其方法的评价 [M]. 查汝强, 江枫, 邱任宗, 译. 上海: 商务印书馆, 1982.

[思 4]　Dantzig G B. 回顾线性规划的起源 [J]. 章祥荪, 杜链, 译. 运筹学杂志, 3:1(1983): 71–78.

[思 5]　Dreyfus S E. Richard Bellman on the birth of dynamic programming[J]. Operations Research, 50 :1(2002): 48–51.

[思 6]　Einstein A, Einfeld L. 物理学的进化 [M]. 周肇威, 译. 上海: 上海科技出版社, 1979.

[思 7]　Hardy G. 一个数学家的辩白// 数学家思想库 02[M]. 李文林, 戴宗铎, 高嵘, 译. 大连: 大连理工大学出版社, 2009.

[思 8]　Hilbert D. 数学问题 [M]. 数学家思想库 01. 李文林, 袁向东, 译. 大连: 大连理工大学出版社, 2009.

[思 9]　Klein F. 数学在 19 世纪的发展 (第一卷)[M]. 齐民友, 译. 北京: 高等教育出版社, 2010.

[思 10]　Potts C N, Strusevich V A. Fifty years of scheduling: A survey of milestones[J]. Jour. Oper. Resea. Soc., 2009: 60, 541–568.

[思 11]　Reid C. 希尔伯特 [M]. 袁向东, 李文林, 译. 上海: 上海科学技术出版社, 1982.

[思 12]　方德植. 埃尔朗根纲领// 中国大百科全书·数学卷 [M]. 北京: 中国大百科全书出版社, 1988: 5, 6.

[思 13]　日本数学会编. 埃尔朗根纲领// 数学百科辞典 [M]. 北京: 科学出版社, 1984: 435.

[思 14]　中国运筹学会. 运筹学学科发展报告 [M]. 北京: 中国科学技术出版社, 2014.

[思 15]　吴学谋. 泛系方法论一百条 1976—1986[M]. 泛系联络网编, 1986.

[思 16]　吴学谋. 泛系理论和数学方法 [M]. 南京: 江苏教育出版社, 1990.

[思 17]　徐利治. 数学方法论选讲 [M]. 武汉: 华中工学院出版社, 1988.

本书作者的相关论著和资料

[秦 1]　秦裕瑗. 摹矩阵与线路寻优问题 (摘要) [C]. 79 运筹学成都会议论文集, 1979: 120.

[秦 2]　秦裕瑗. 摹矩阵与线路寻优问题 [J]. 武汉钢铁学院学报, 2 (1979): 1–21.

[秦 3]   秦裕瑗. 一个排序问题 [J]. 武汉钢铁学院学报, 2(1979): 43–60.

[秦 4]   秦裕瑗. 嘉量原理 (I)[J]. 科学探索, 1 (1981): 59–76.

[秦 5]   秦裕瑗. 嘉量原理 (II) [J]. 科学探索, 2 (1981): 101–108.

[秦 6]   秦裕瑗. 嘉量原理 (III) [J]. 科学探索, 1 (1984): 41–54.

[秦 7]   秦裕瑗. 嘉量原理 (IV) [J]. 科学探索, 1 (1985): 53–64.

[秦 8]   秦裕瑗. 论最优路的算法 [J]. 科学探索, 4 (1981): 61–94.

[秦 9]   秦裕瑗. 广义 Floyd 算法 [J]. 科学探索, 3 (1984): 91–102.

[秦 10]   秦裕瑗. 最短路的 Hu 算法的代数证明 [J]. 数学杂志, 2 (1981): 50–57.

[秦 11]   秦裕瑗. 最短路的几个算法的代数证明 [J]. 武汉钢铁学院学报, 2 (1981): 1–11.

[秦 12]   秦裕瑗. 动态规划的表格结构 (I)[J]. 武汉钢铁学院学报, 3 (1988): 114–122.

[秦 13]   秦裕瑗. 动态规划的表格结构 (II)—— 关于网络中第一类最短路问题 [J], 武汉钢铁学院学报, 1 (1990): 83–97.

[秦 14]   秦裕瑗. 嘉量原理 —— 有限型多阶段决策问题的一个新处理 [M]. 武汉: 湖北教育出版社, 1990.

[秦 15]   秦裕瑗. Optimum Path Problems in Networks[M]. 武汉: 湖北教育出版社, 1992.

[秦 16]   秦裕瑗. 对动态规划的再认识 [J]. 武汉钢铁学院学报, 1 (1992), 199–208.

[秦 17]   秦裕瑗. Bellman 最优化原理 —— 论动态规划 I [J]. 应用数学, 7:3 (1994): 349–354.

[秦 18]   秦裕瑗. 优化问题与公理体系 [C]. 中国运筹学会 1992 年代表大会及学术交流会议论文集《运筹与决策》, 1992.

[秦 19]   秦裕瑗. 论组合优化 (I)—— 一个公理系统 [J]. 武汉钢铁学院学报, 18:3 (1995): 334–345.

[秦 20]   秦裕瑗. 组合优化 (II)—— 对称差分解法的又一应用 [J]. 武汉冶金科技大学学报, 19:1(1996):113–121.

[秦 21]   秦裕瑗. 发现产品结构优化问题的一般过程 [J]. 武汉冶金科技大学学报, 19:3 (1996): 372–376.

[秦 22]   秦裕瑗. 优化路问题的代数方法 —— 论动态规划 II [J]. 应用数学, 4 (1994): 410–416.

[秦 23]   秦裕瑗. 论优化问题的公理方法IV——有限改进算法与迭代算法 [J]. 数学杂志, 3(1997): 325–330.

[秦 24]   秦裕瑗. 论组合优化的一种公理框架 (摘要)[C]. 全国第五届组合数学学术会议论文摘要汇编. 上海同济大学出版社, 1994: 41.

[秦 25]   秦裕瑗. 优化问题的公理体系 [C]. 运筹与决策 ORSC '92. 第一卷, 401–408.

[秦 26]   秦裕瑗. 论 k 阶最长路 [J]. 系统工程理论与实践, 14:5 (1994): 20–26.

[秦 27]   秦裕瑗. k 阶关键路算法 [J]. 系统工程理论与实践, 14:9 (1994): 32–39.

[秦 28]   秦裕瑗. 论组合优化 (I)—— 一个公理系统 [J]. 武汉钢铁学院学报, 18:3 (1995): 334–345.

[秦 29]   秦裕瑗. 组合优化 (II)—— 对称差分解法的又一应用 [J]. 武汉冶金科技大学学报, 19:1 (1996): 113–121.

[秦 30]   秦裕瑗. 论优化问题的公理方法 I[J]. 应用数学, 9:3 (1996): 261–265.

[秦 31] 秦裕瑗. 论优化问题的公理方法 II —— 算法原理与六个基本算法 [J]. 应用数学 (增刊), (1996): 9–12.

[秦 32] 秦裕瑗. 论优化问题的公理方法 III —— 多阶段决策问题 [J]. 数学杂志, 16:3 (1996): 329–335.

[秦 33] 秦裕瑗. 论优化问题的公理方法 IV —— 有限改进算法与迭代算法 [J]. 数学杂志, 17: 3 (1997): 326–330.

[秦 34] 秦裕瑗. 论优化问题的公理方法 V —— 优化集合的代数表达式 [J]. 数学杂志, 17: 3 (1997): 331–334.

[秦 35] 秦裕瑗. 算法的发现（I）—— 组合优化的基本方法 [J]. 数学杂志, 14:3 (1994): 436–444.

[秦 36] 秦裕瑗. 算法的发现（II）—— 对称差 (的) 分解法及其应用 [J]. 数学杂志, 15:1 (1995): 77–88.

[秦 37] 秦裕瑗, 郑肇葆. 算法的发现 (III)—— 非负独立集合问题与线性规划 [J]. 数学杂志, 18:1 (1998): 75–80.

[秦 38] 秦裕瑗, 郑肇葆. 算法的发现 (IV)—— 论组合优化的特性清单 [J]. 数学杂志, 18:4 (1998): 421–427.

[秦 39] 秦裕瑗. 初等组合最优化问题的算法的发现 [J]. 系统科学与工程研究, 许国志主编, 上海: 科技教育出版社, 2000: 277–293.

[秦 40] 秦裕瑗. 最优路问题 —— 极优代数方法 [M]. 上海: 上海科学技术出版社, 2009.

[秦 41] 秦裕瑗, 秦明复. 运筹学简明教程 [M]. 北京: 高等教育出版社与德国 Springer 出版社联合出版, 2000.

[秦 42] 秦裕瑗, 秦明复. 运筹学简明教程 [M]. 2 版. 普通高等教育 "十一五" 国家级规划教材, 北京: 高等教育出版社, 2006.

[秦 43] 秦裕瑗, 秦明复. 运筹学简明教程 [M]. 3 版. 待出版.

[秦 44] 秦裕瑗. 离散动态规划与 Bellman 代数 [M]. 北京: 科学出版社, 2009.

引用国内学者文献

[陈 1] 陈文德. 准域上系统理论的数学基础 [J]. 系统科学与数学, 6:1(1986): 1–9.

[弗 1] 弗雷格 G (Frege G). 算术基础 —— 对于数这个概念的一种逻辑数学的研究 [M]. 王路, 译. 北京: 商务印书馆, 2002.

[管 1] 管梅谷. 求最小树的破圈法 [J]. 数学的实践与认识, 4 (1975): 38–41.

[管 2] 管梅谷. 分枝定界方法简介 [J]. 运筹学杂志, 1:1 (1982): 12–19; 2:1 (1983): 28–33.

[劳 1] 劳贵. 动态规划简介 [J]. 数学的实践与认识, 3·(1974): 75–86.

[李 1] 李桃生, 秦裕瑗. max-代数的扩充及其性质 [J]. 应用数学学报, 4 (1997): 593–599.

[李 2] 李学良. Transformation Graphs thesis[D]. Holland: University of Twente, 1991.

[林 1]   林诒勋. 2×11 排序问题最优解的充要条件 [J]. 科学通报, 9 (1981).

[林 2]   林诒勋. 最小化误时费用的一台设备排序问题 [J]. 应用数学学报, 6:2 (1983): 228–235.

[林 3]   林诒勋. 排序论的一个基本模型 [J]. 许昌师专学报, 1 (1984): 1–12.

[林 4]   林诒勋. 最小树问题的全部解 [J]. 数学的实践与认识, 2 (1985): 42–45.

[林 5]   林诒勋, 张福基. 最小树图的 Hamilton 性及全部最小树的生成 [J]. 数学年刊, 6A (1985): 715–718.

[林 6]   林诒勋. 试论最优化原理的一般形式 [J]. 曲阜师院学报 (自然科学版), 3:1 (1985): 35–42.

[林 7]   林诒勋. 同顺序 $m \times n$ 排序问题的动态规划方法 [J]. 数学进展, 15:4 (1986): 328–346.

[林 8]   林诒勋. 最优化原理的逻辑基础 [J]. 运筹学杂志, 11:1 (1992): 22–26.

[林 9]   林诒勋. 单机总误时排序问题的序扩张 [J]. 应用数学学报, 17:3 (1994): 411–418.

[林 10] 林诒勋 (Lin Y X). An ordered independence system and its applications to scheduling problems[J]. European Journal of Operational Research, 74: 1 (1994):188–195.

[林 11] 林诒勋. 条目 "组合最优化" //《中国百科全书》编委会中国大百科全书·数学卷. 2 版. 北京: 中国大百科全书出版社, 2009.

[刘 1]   刘振宏, 马钟蕃, 朱永津, 蔡茂诚. 具有次限制的最小树问题 [J]. 应用数学学报, 3:1 (1980): 1–12.

[刘 2]   刘桂真. 拟阵基图的连通性 [J]. 运筹学杂志, 3:1 (1984): 59–60.

[刘 3]   刘玉敏, 徐济超. 最小树的一般算法 [J]. 应用数学, 4 (1992): 33–37.

[马 1]   马仲蕃. 交错链方法简介 [J]. 运筹学杂志, 1:1 (1982): 20–28.

[马 2]   马仲蕃. 条目 "组合最优化" // 中国大百科全书·数学卷. 1988: 865.

[覃 1]   覃国光. 泛图泛系运筹投影原理在马尔科夫过程及优化问题中的应用 [J]. 科学探索, 3 (1981): 55–62.

[孙 1]   温一慧, 孙述寰. 组合数学 [M]. 兰州: 甘肃文化出版社, 1994.

[孙 2]   孙熙椿. 几何定理计算机证明 [M]. 北京: 科学出版社, 2007.

[孙 3]   孙世杰. 排序问题的简短历史和国外发展动态 [J]. 运筹学杂志, 10:1 (1991): 22–38.

[孙 4]   孙小玲, 李端. 整数规划 [M]. 北京: 科学出版社, 2010.

[宋 1]   宋昭润. 用选边法求最优树 [J]. 系统工程理论与实践, 6:6 (1993): 52–55.

[吴 1]   吴沧浦. 多指标动态规划 [J]. 中国科学, 4 (1980): 388–395.

[吴 2]   吴沧浦. 动态规划的发展与新动向 [J]. 应用数学与计算数学, 5 (1983): 50–57

[吴 3]   吴学谋. 泛系观控性泛系逻辑与乏晰性——泛系分析的研究与应用 (IV)[J]. 华中工学院学报, 2 (1980): 1–15.

[吴 4]   吴望名. 弗晰图和弗晰树 [J]. 数学的实践与认识, 4 (1980): 50–65.

[辛 1]   辛钦 А Я 数学分析八讲 [M]. 王会林, 齐民友, 译. 武汉: 武汉大学出版社, 1998: 2–33.

[越 1]   越民义, 韩继业. 排序问题中的一些数学问题 [J]. 数学的实践与认识, 3 (1976): 59–70; 4 (1976): 62–76.

[越 2]   越民义, 韩继业. n 个零件在 m 台机床上的加工顺序问题 (I)[J]. 中国科学, 5 (1976): 462–470.

[张 1]   张福基. 无向图上最小树的唯一性定理 [J]. 数学的实践与认识, 8 (1978): 32–33.

[张 2]   张福基, 郭晓峰. 哈密顿圈的H-变换 [J]. 数学杂志, 3:4 (1983): 307–314.

[周 1]   周三明. 关于图的若干介值问题 [J]. 应用数学: 4:1 (1991): 62–69.

[邹 1]   邹至庄. 中国经济 [M]. 天津: 南开大学出版社, 1984.

所引用的外文学术文献

[B 1]   Balas E. A noting on the branch and bounding principle[J]. Opns. Res., 1:6 (1968): 442–445 (Errata p.886).

[B 2]   Bouquard J L, Lenté C, Billaut J C. Application of an optimization problem in Max-Plus algebra to scheduling problems[J]. Dis. Appl. Math., 154 (2006): 2064–2079.

[B 3]   Burkard R (2000 年) [B]

[C 1]   Carlier J. The one machine sequencing problem[J]. European J. Oper. Res., 11 (1982): 42–47.

[C 2]   Cheriton D, Tarjan R E. Finding minimum spanning trees[J]. SIAM J. Comput., 5 (1976): 724–742.

[C 3]   Conway R W, Maxwell W L, Miller L W. Theory of Scheduling[M]. Addison Wesley. Reading Mass. 1967.

[C 4]   Cook S A. The complexity of theorem proving procedures[G]. Conference Record of the 3rd ACM Symposium on Theory of Computing (1975): 151–158.

[C 5]   Cunninghame-Green R A. The Characteristic Max-polynomial of a Matrix[J]. Math. Anal. Appl., 98 (1983): 220–252.

[D 1]   Dantzig G B. All shortest routes in a graph[J]. Operations Research House, Standford Uni. Rech. Rep. 66: 3 (1966).

[D 2]   Dijkstra E W. A note on two problems in connection with graphs[J]. Numer. Math., 1(1959): 269–271.

[D 3]   Dreyfus S E. An appraisal of some shortest–path algorithms[J]. ORSA, 17:3 (1969): 395–412.

[D 4]   Du Jianzhong and Leung Joseph Y-T. Minimizing total tardiness on one processor is NP-hard[J]. Math. Opns. Res., 15 (1990): 228–235.

[E 1]   Emmons H. One-machine sequencing to minimize certain functions of job tardiness[J]. Operations Research,17:4 (1969): 701–715.

[E 2]   Edmonds J, Karp R M. Theoretical improvements in algorithmic efficiency for network flow problems[J]. J. Assoc. Comput. Mach., 19 (1972): 248–264.

[F 1]   Floyd R W. Algorithm 97, Shortest 12[J]. Comm. ACM, 5 (1962): 345.

[G 1] Glover F, Klingman D. Finding minimum spanning tree with a fixed number of links at a node // Combinatorial Programming: Methods and Applications[J]. Reidel Publishing Co., (1975) 191–201.

[G 2] Glover F, Klingman D. A new polynomially bounded shortest path algorithm[J]. Operations Research, 33 (1985): 85–73.

[G 3] Gutin G, Yeo A, Zverowich A. Traveling salesman should not be greedy: domination analysis of greedy-type heuristics for the TSP[J]. Discrete Appl. Math., 177 (2002): 81–86.

[J 1] Jünger M, Liebling T, Naddef D, et al. 50 Years of Integer Programming 1958–2008: From the Early Years to the State-of-the-Art[M]. Berlin: Springer-Verlag, 2010.

[H 1] Hu R C. Decomposition algorithm for shortest 12 in a network[J]. J. ORSA, 1 (1968): 91–102.

[H 2] Hu T C. Revised Matrix Algorithms for Shortest paths[J]. Siam J. appl. Math., 15:1 (1967): 207–218.

[K 1] Kruskal Jr J B. On the shortest spanning sub-tree of a graph and the traveling salesman problem[J]. Proc. Amer. Math.Soc,7 (1956): 48–50.

[L 1] Land A H, Doig A G. An automatic method of solving discrete programming problems[J]. Econometrica, 28 (1960): 497–520.

[L 2] Lawler E L, Lenstra J K, Rinnoog Kan A H G, Shmoys D B. The Traveling Salesman Problem[M]. Chichester: Wiley, 1985.

[L 3] Lawler E L. A pseudo-polynomial algorithm for sequencing jobs to minimize total tardiness[J]. Ann. Discrete Math, 1 (1977): 331–342.

[L 4] Lin S. Computer Solution of the Travelling Salesman Problem[J]. Bell Tech.J., 44 (1956): 2244–2269.

[M 1] Martello S, Pulleyblank W R, Tode Werra D. Balance assignment problems[J]. Operations Research Letter, 3 (1984): 275–277.

[M 2] Minieka E. Optimizationg Algorithms for Networks and Graphs[J]. Marcel Dekker, 1978.

[N 1] Nemhauser G L, Wolsey L A. Integer and Combinatorial Optimization[M]. New York: John Wiley, 1988.

[O 1] Olsder G J, Roos C. Cramer and Cayley-Hamilton polynomials in the max-algebra[J]. Linear algebra and Its App., 101: (1988): 87–108.

[P 1] Petkovsek M, Wilf H S, Zeilberger D. A=B [电子书] 1997.

[P 2] Prim R C. Shortest connection networks and some generalizations[J]. Bell. System Tech. J., 36 (1957): 1389–1401.

[P 3] Potts C N, Strusevich V A. Fifty years of scheduling: a survey of milestones[J]. J. Operational Research Soc., 60 (2009): 541-568.

[P 4]   Potts C N, Van Wassenhove L N. Dynamic programming and decomposition approaches for the single machine total tardiness problems[J]. European J. oper. Res., 32:3 (1987): 405–414.

[S 1]   Shwimmer J. On the n-job, one machine, sequence-independent scheduling problem with tardiness penalties, a branch-bound solution[J]. Manag. Sci,18: (1972): 301–313.

[S 2]   Schrage L, Baker K R. Dynamic programming solution of sequencing problems with precedence constraints[J]. opns. Res., 26: (1978): 444–449.

[S 3]   Schrijver A. Theory of Linear and Integer Programming[M]. New York: Wiley, 1986.

[W 1]   Wolsey L A. Integer Programming[M]. New York: Wiley, 1998.

[Y 1]   Yao AC-C. An $O(|E| \log \log|V|)$algorithm for finding minimum spanning trees[J]. Info. Precessing Letter, 4 (1975): 21–25.

[Z 1]   Zhou S M. Interpolation theorems for graphs, hypergraphs and matroids[J]. Dis. Math.,185 (1998): 221–229.